U0417325

中等职业教育工业分析与检验专业系列教材编委会

“十二五”职业教育国家规划教材
经全国职业教育教材审定委员会审定

》中等职业教育工业分析与检验专业系列教材

化学分析技术

冯淑琴 甘中东 主编
侯 波 主审

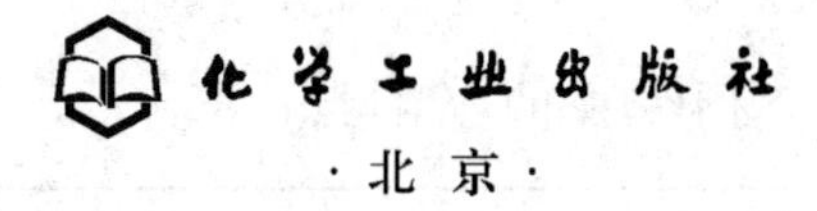

化学工业出版社
·北京·

本书按照当前职业教育“以工作过程为导向”的课程改革理念进行编写，包括十三个项目，每个项目设有“过程评价、目标检测”；并设置了四个拓展项目，一个综合实训，通过思考、查阅国家标准、讨论、交流、评价等形式促使学生自行设计实验方案；并使学生在学习过程中，做到操作过程、实验结果、知识掌握程度的全方位评价模式，促进每个学生的发展。本书在编写中使用了大量的插图，形式多样、内容丰富，形象生动的图片与教学内容情景交融、相得益彰，有助于学生更好地领悟相应的技能、知识。

本书可作为中等职业院校工业分析与检验专业及相关专业的教材，也可作为从事分析与检验工作人员的培训教材和参考书。

图书在版编目（CIP）数据

化学分析技术/冯淑琴，甘中东主编.—北京：化学工业出版社，2016.2（2024.8重印）

“十二五”职业教育国家规划教材　中等职业教育工业分析与检验专业系列教材

ISBN 978-7-122-25942-4

Ⅰ.①化…　Ⅱ.①冯…②甘…　Ⅲ.①化学分析-中等专业学校-教材　Ⅳ.①O65

中国版本图书馆CIP数据核字（2015）第315986号

责任编辑：张双进　窦　臻　　文字编辑：孙凤英

责任校对：王素芹　　装帧设计：王晓宇

出版发行：化学工业出版社（北京市东城区青年湖南街13号　邮政编码100011）

印　　装：三河市双峰印刷装订有限公司

787mm×1092mm　1/16　印张13¼　字数317千字　2024年8月北京第1版第9次印刷

购书咨询：010-64518888　　售后服务：010-64518899

网　　址：http://www.cip.com.cn

凡购买本书，如有缺损质量问题，本社销售中心负责调换。

定　　价：39.00元

前言 FOREWORD

化学分析技术是中等职业学校工业分析与检验专业的一门专业核心课程。本课程以《中等职业学校工业分析与检验专业教学标准》为依据，从职业需求出发，以企业真实工作任务为导向设计教学过程。

本教材较为显著的特点是引入了当前职业教育“以工作过程为导向”的课程改革理念，具体表现如下。

（1）全书以真实工作任务为主线来整合相应的知识、技能，着力培养学生的实践操作能力；

（2）在设置的每个项目中，都以实验操作任务为主线，融入“必需、够用、实用”理论的知识，达到理论与实践操作的有机融合，便于实施理实一体化教学；

（3）教材设置了四个拓展项目，一个根据国家标准和中国化工行业标准组织实训项目，通过思考、查阅国家标准、讨论、交流、评价等形式促使学生自行设计实验方案，自主探索检测方法和操作步骤，在学习过程中提出问题、发现问题，加强师生、学生之间的讨论、交流和展示，从而改变学生单一的被动接受知识的学习方式；

（4）本教材改变传统的评价模式，在每个项目设有“过程评价、准确度和精密度评价、目标检测”，做到操作过程、实验结果、知识掌握程度的全方位评价模式，促进每个学生的全面发展；

（5）教材使用了大量的插图，形式多样、内容丰富，形象生动的图片与教学内容情景交融、相得益彰，有助于学生更好地领悟相应的技能和知识。

本书由山西省工贸学校冯淑琴、四川化工高级技工学校甘中东任主编，甘肃省化工高级技工学校张婧任副主编，参加编写的有：冯淑琴（项目一、二、五、十三、还与李文静共同编写了项目七），甘中东（项目三、四、六、拓展项目一、二），张婧（项目八、九），广西石化高级技工学校黄凌凌（项目十、十一、拓展项目三），重庆市工业学校李文静（项目七），福建福州工业学校张星春（项目十二，拓展项目四），全书由冯淑琴统稿。新疆轻工职业技术学院侯波担任本书的主审，付云红（本溪市化工学校）、郭淑芳（阳煤集团）作为特聘专家对本书进行审定。

本书在编写过程中得到了工业分析与检验教学指导委员会、化学工业出版社的关心和支持，在此谨向所有关心和支持本书的朋友致以衷心的感谢。

由于编者水平有限，书中难免有不妥之处，敬请读者批评指正。

编者

2015 年 10 月

目录 CONTENTS

项目一

走进化学分析实验室

目前癌症（恶性肿瘤）已成为我国城乡居民的首要死因，人们谈癌色变，但我们通过化验室——检测肿瘤标志物（反映肿瘤存在的化学、生物类物质），就可做到早发现，早治疗。

地沟油是质量极差的非食用油，因大多来源于城市大型饭店下水道的隔油池而得名。地沟油中含有大量苯并［a］芘（高活性间接致癌物）和黄曲霉毒素 B_1（目前已知最强致癌物之一），长期食用会引发癌症，对人体的危害极大。为保证人民生命财产的安全，化验室提供的检测数据可以为打击地沟油违法犯罪行为提供有力的支持。表 1-1 中样本油（Ⅰ）就是地沟油。

表 1-1　食用油检测数据

检 测 项 目	样本油(Ⅰ)	样本油(Ⅱ)	食用植物油卫生标准(GB)
黄曲霉毒素 B_1/(μg/kg)	≤10	≤10	≤10
苯并[a]芘/(μg/kg)	22.6	8.8	≤10

日常生活中，牛奶中蛋白质的含量、新装修居室内甲醛（HCHO）的含量，人们都可以在实验室通过一定的试验方法获得。各种各样的化验室（实验室）为人们的生活提供极大的帮助，从今天开始我们就走进实验室，开始学习化学分析的基本知识和技能。

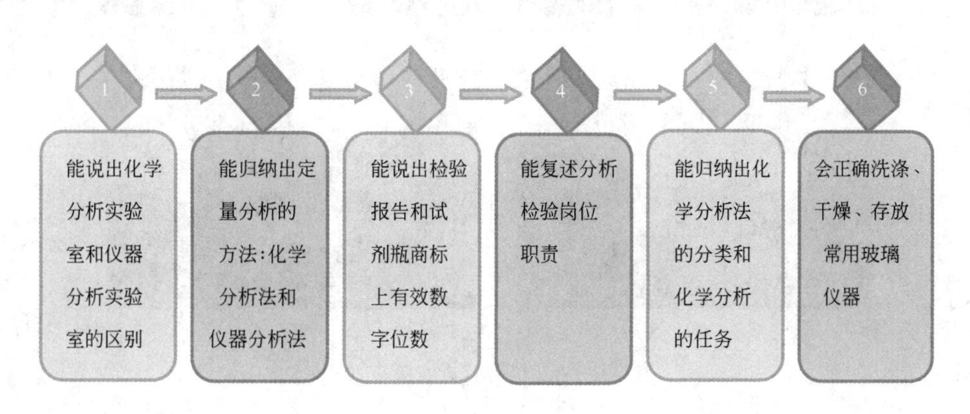

任务一　认识化学分析实验室

活动一　熟 悉 环 境

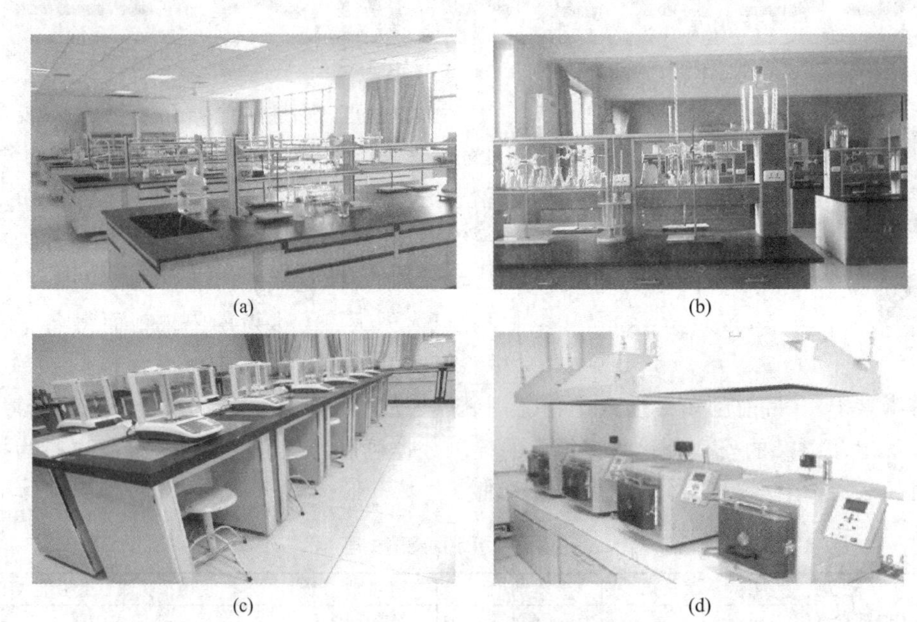
(a) (b) (c) (d)

图 1-1　化学分析实验室

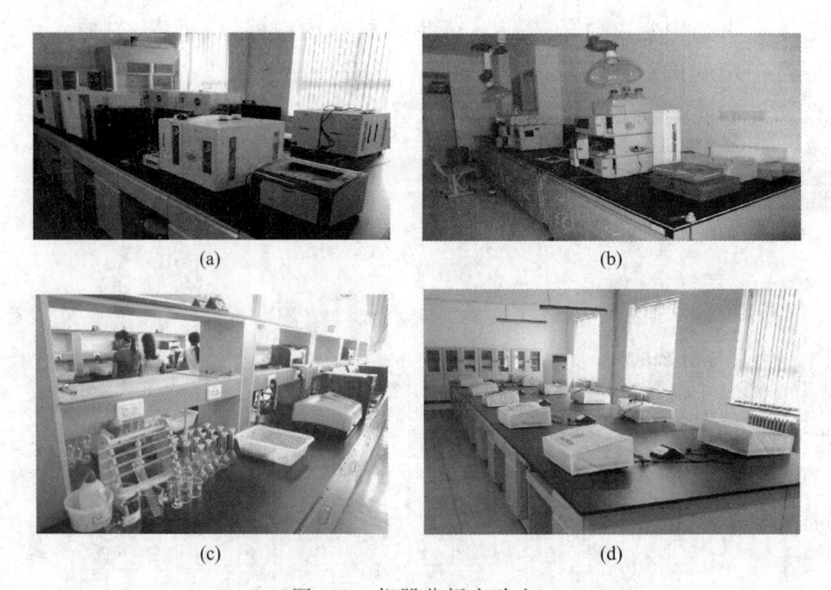
(a) (b) (c) (d)

图 1-2　仪器分析实验室

以物质的化学反应为基础的分析法称为化学分析法，实验场地——图 1-1 化学分析实验室。

以物质的物理或物理化学性质为基础的分析方法，此类分析由于需要使用特殊的仪器设备，所以称为仪器分析法。实验场地——图 1-2 仪器分析实验室。

活动二　认识分析检测岗位职责

1. 学校分析检测实验室守则

分析检测实验室守则

（1）学生实训前必须穿好工作服，按规定时间进入实验室，到达指定的工作岗位，未经同意不得擅自调换。

（2）不得穿拖鞋进入实验室；不得携带食物、饮料等进入实验室；不得让无关人员进入实验室；不得在室内喧哗、打闹、随意走动；不得乱动有关电器设备。

（3）严格执行实验室的各种规章制度，认真执行分析操作规程和安全管理规定。

（4）严格按操作规程进行操作，确保数据准确可靠，不得虚填假报分析结果。

（5）认真做好原始记录、报告单的填写。

（6）实验室要保持清洁、整齐。

（7）废液、废纸不得随意处置，应倒入废液缸和垃圾箱。

（8）实训期间发现仪器设备有损坏、故障等异常情况时，应立即停止使用且切断电源，并报告指导老师，指导老师要及时查明异常原因，并负责处理。

（9）指导老师不得擅自离开工作岗位，如有特殊情况，应办理规定的手续且安排好替班老师，并做记录。学生违反实验室使用规定，指导教师应及时给予警告和批评，若屡教不改或情节严重者，交学生处作相应处分。

（10）实验室内各种设备一般不外借，如校内相互调剂使用，需经有关领导批准，办理相关借用手续，用完后及时归还。

××××学校

 小知识

《工业分析与检验》专业培养目标中，最重要的职业岗位如下。

（1）杂质分析岗位；（2）蒸馏水制备岗位；

（3）中控分析岗位；（4）成品分析岗位；

（5）原料分析岗位；（6）溶液制备岗位等。

通过本课程的学习，同学们具备了从事上述工作所需的，化学分析方面的基本知识和技能，并为后续课程的学习打下了基础。

2. 企业分析检测岗位职责

分析检测岗位职责

（1）严格按照国家标准，化学检验分析规程进行分析，不得任意改变测试方法和条件，以保证分析结果准确无误。不得漏检和虚填假报分析结果。

（2）认真学习公司质量方针、质量目标和中心管理规定、技术标准、工作标准，了解自己的质量职责、工作程序。

（3）积极配合班长完成班组的各项分析任务。

（4）负责服务生产单位各工艺生产过程中样品的各项分析任务。

（5）负责服务生产单位生产调整期间的加样分析任务。

（6）维护保管使用的分析器皿，要保持干净，不丢不坏。

（7）负责本岗位所使用的化学试剂的领取与保管。

（8）负责本岗位化学分析所用的标准溶液的配制与领取。

（9）严格执行分析室安全操作规程、按时取样、及时分析，保证数据的准确性。

（10）严格遵守安全纪律，取样和分析时佩戴好劳保用品和个人防护用品。

（11）负责本岗位原始记录、报告单的填写，并保持页面整洁。

（12）爱护仪器，有损坏要做记录。

（13）负责本岗位环境卫生，分析仪器、消防器材及公共器具的保管及维护。

（14）认真执行交接班制度，详细记录当班情况，按时接班。

（15）及时主动地参加各项有意义的活动。

××××质检中心

任务二　认识化学分析的工作任务

活动一　阅读检测报告和试剂瓶商标

见图 1-3、图 1-4。

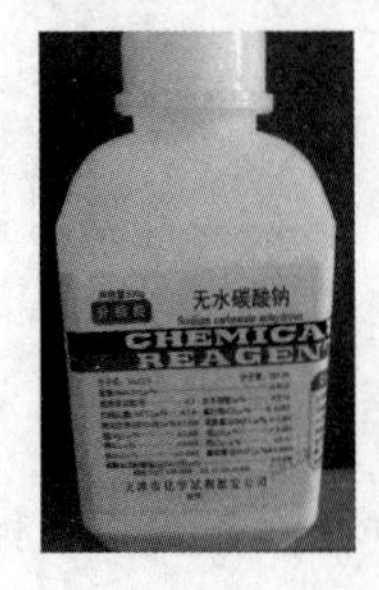

分子式：Na_2CO_3		相对分子质量：105.99	
含量(Na_2CO_3)w/%			≥99.8
澄清度试验/号	≤3	水不溶物 w/%	≤0.01
灼烧失量(300℃)w/%	≤1.0	氯化物(Cl)w/%	≤0.002
硫化合物(以 SO_4^{2-} 计)w/%	≤0.005	总氮量(以 N 计)w/%	≤0.001
镁(Mg)w/%	≤0.002	铝(Al)w/%	≤0.003
钾(K)w/%	≤0.005	钙(Ca)w/%	≤0.01
铁(Fe)w/%	≤0.0005	重金属(以 Pb 计)w/%	≤0.01
磷酸盐及硅酸盐(以 SiO_3^{2-} 计)			≤0.006

图 1-3　分析纯试剂瓶商标

产品检验报告

检验单编号：GFCPJY00071971

物料名称	液碱	规格型号	45%
取样日期	2014-04-23	批　　号	201404235
检验日期	2014-04-23	产　　量	3.6600t
检验依据	GB/T 4348.1—2013	判定依据	GB/T 4348.1—2013
检验项目	单　　位	指　　标	检验结果
氢氧化钠含量	%	≥45.0	49.0
碳酸钠含量	%	≤0.20	0.11
氯化钠含量	%	≤0.01	0.001
备注		结论 合格品	

检验员：XXX　　审核员：YYY　　批准人：ZZZ

图 1-4　某检测中心出具的产品检验报告单单

试剂商标和产品检验报告单上的数据，都是有效数字。

有效数字是指在分析工作中实际能够测量得到的数字。在保留的有效数字中，只有最后一位数字是可疑的（有±1 的误差），其余数字都是准确的。

活动二　归纳化学分析的工作任务

试剂商标和产品检验报告单上的数据，是用什么分析方法得到的呢？

分析化学是研究物质组成、含量、结构及其他多种信息的一门科学，它主要包括定性分析和定量分析。定性分析的任务是确定物质是由哪些元素、离子、官能团或化合物组成；定量分析的任务是测定物质中有关组分的相对含量。

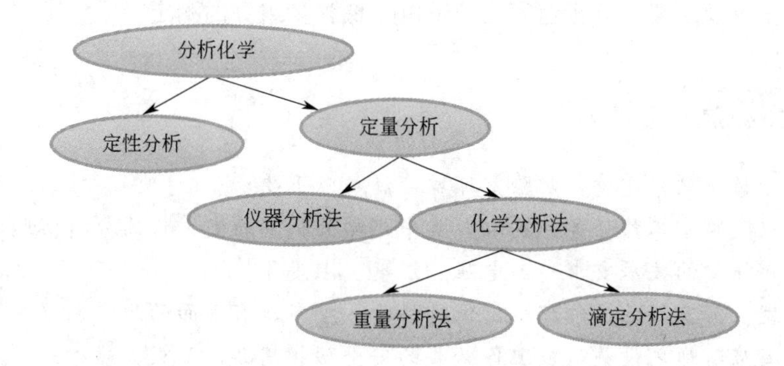

按照测定原理及操作方法的不同，定量分析法可分为化学分析法和仪器分析法。

1. 化学分析法

化学分析法是以物质的化学反应为基础的分析法，又分为滴定分析法和重量分析法两类。

（1）滴定分析法　滴定分析法通常是将一种已知准确浓度的试剂溶液（俗称标准滴定溶液或滴定剂）滴加到待测物质溶液中，直到所加试剂恰好与待测组分刚好完全反应。然后根据滴定剂的用量和浓度计算出待测组分的含量。滴定分析操作见图 1-5。

根据反应类型的不同，滴定分析法可分为以酸碱反应为基础的酸碱滴定法；以配位反应为基础的配位滴定法；以氧化还原反应为基础的氧化还原滴定法；以沉淀反应为基础的沉淀滴定法。

滴定分析法比较准确，具有简便、快速、应用范围广等优点，一般适用于常量组分的测定（含量在1%以上的组分）。

（2）重量分析法　重量分析法是根据化学反应生成物的质量，求出被测组分含量的一种分析方法，也称称量分析法。如测定试样硫酸盐的含量时，在试液中加入稍过量的 $BaCl_2$ 溶液，使 SO_4^{2-} 生成难溶的 $BaSO_4$ 沉淀，经过滤、洗涤、灼烧后，称量 $BaSO_4$ 质量，便可求出试样中硫酸盐的含量，重量分析操作见图 1-6。

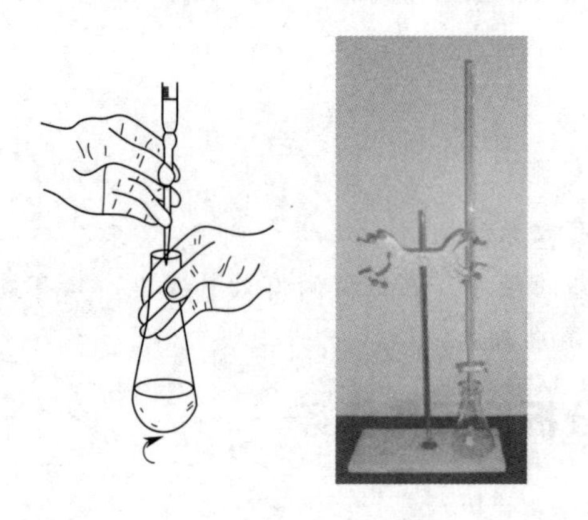

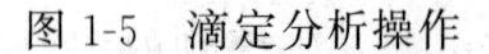

图 1-5　滴定分析操作

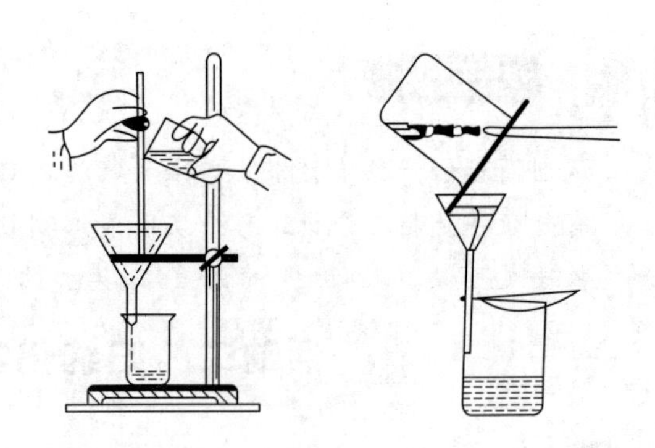

图 1-6　重量分析操作

称量分析法准确度高，但操作烦琐，目前应用较少。

2. 仪器分析法

仪器分析法是以物质的物理或物理化学性质为基础的分析方法。常用的分析仪器有酸度计、分光光度计、气相色谱仪等。

仪器分析法灵敏度高，分析速度快，适宜于低含量组分的测定。

为了保证分析检测的质量，实验室环境应满足以下要求。

（1）满足该实验室工作任务的要求，其中化学分析实验室、仪器分析实验室应满足相应的仪器设备使用保管的技术要求。如电压、湿度、温度等。

（2）实验室应有良好的工作环境，保持清洁、整齐，有书面的规章制度。

（3）化验室应有通风设施，应配备必要的安全防护用品，如灭火器材等。

任务三　认识化学分析常用器皿

化学分析实验室常用的器皿有玻璃器皿、瓷器皿、塑料器皿及金属器皿等，实验室内玻璃器皿种类很多，各种不同专业的实验室还会用到一些特殊的玻璃仪器。本任务只介绍常用玻璃器皿的洗涤、干燥和存放。

活动一　认识实验室常用器皿

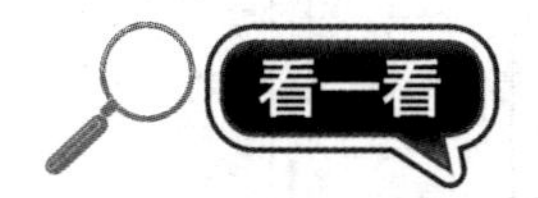

实验室常用玻璃仪器及其他物品，如图 1-7、图 1-8 所示。

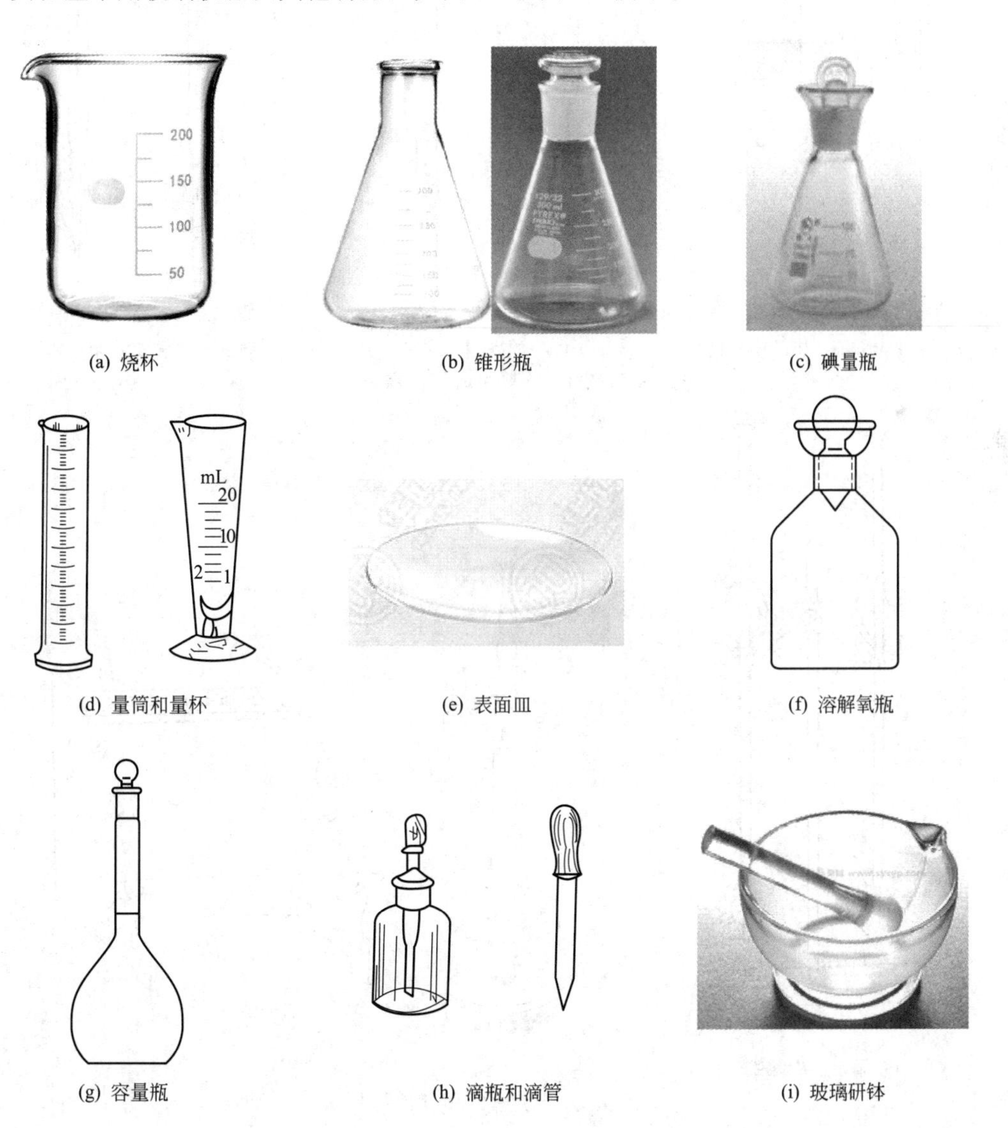

(a) 烧杯　(b) 锥形瓶　(c) 碘量瓶

(d) 量筒和量杯　(e) 表面皿　(f) 溶解氧瓶

(g) 容量瓶　(h) 滴瓶和滴管　(i) 玻璃研钵

(j) 干燥器

(k) 广口瓶和细口瓶

(l) 称量瓶

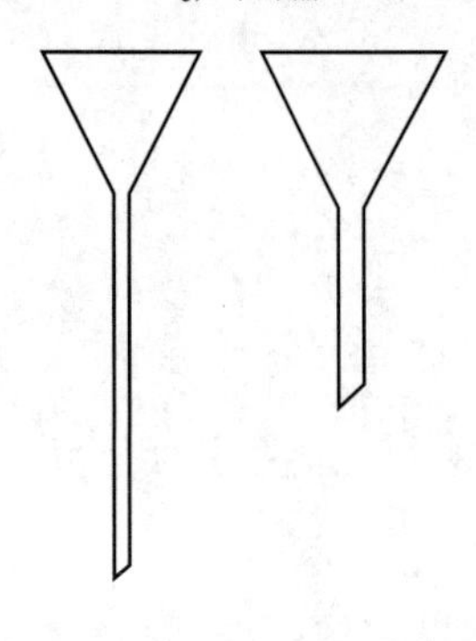

(m) 长颈漏斗和普通漏斗

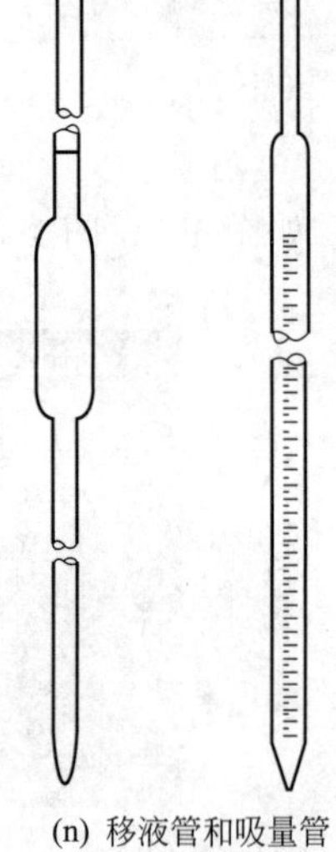

(n) 移液管和吸量管

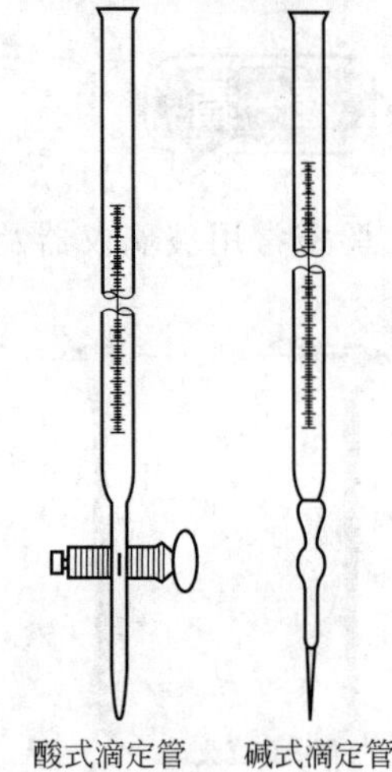

(o) 酸式滴定管和碱式滴定管

图 1-7　常用玻璃仪器

(a) 滴定台及滴定夹

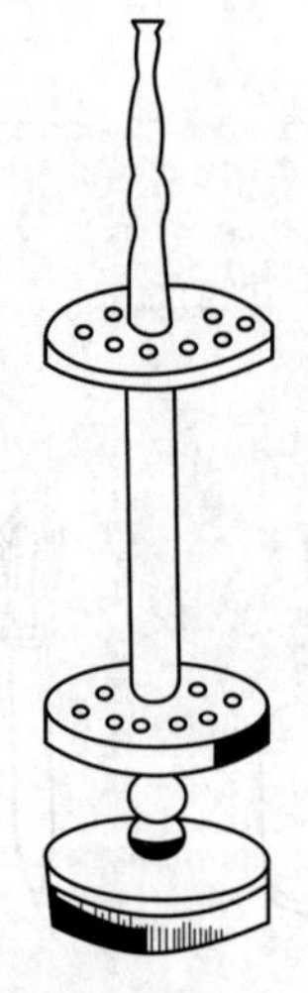

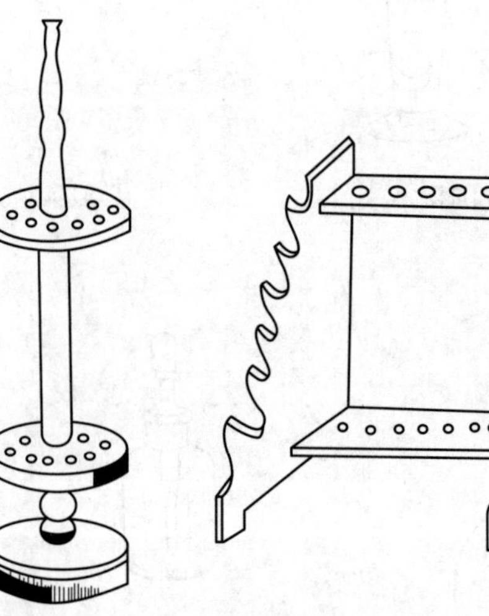

(b) 移液管架

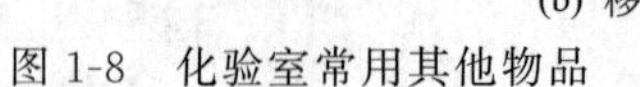

图 1-8　化验室常用其他物品

活动二　洗涤常用的玻璃器皿

洗涤玻璃器皿的一般步骤如下。

1. 水刷洗

根据要洗涤的玻璃仪器的形状选择合适的毛刷，如试管刷、烧杯刷、滴定管刷等。先用毛刷蘸水刷洗仪器，再用水冲去可溶性物质及刷去表面黏附的灰尘，但往往洗不去油污和有机物。

2. 洗涤液刷洗

根据污物的性质和沾污的程度分别选用适当的洗涤液（见“相关知识”）洗涤或浸泡，然后用自来水冲洗 3～5 次，再用蒸馏水淋洗 2～3 次。

小知识

（1）去污粉因含有细沙等固体摩擦物，有损玻璃，一般不要使用。

（2）蒸馏水冲洗的原则是：少量多次，即每次用少量的水，分多次冲洗，每次冲洗应充分振荡后，倾倒干净，再进行下一次冲洗。

（3）玻璃仪器洗干净的标准是：用蒸馏水冲洗后，仪器内壁应均匀地被水润湿而不挂水珠。在定量分析实验中，仪器用蒸馏水冲洗后，残留水分用 pH 试纸检查，应为中性。

活动三　干燥、存放常用的玻璃器皿

一、玻璃仪器的干燥

每次实验都应使用洁净干燥的玻璃仪器，所以分析工作者应养成实验结束后立即洗净所用玻璃仪器并干燥的良好习惯。仪器洗净后应沥干水滴并按下列方法干燥。

1. 自然晾干

将洗净的玻璃仪器倒置在无尘、干燥处控水晾干。自然晾干是最简便的干燥方法。

2. 用加热器烘干

这是最常用的方法，其优点是快速、省时间，将洗净的玻璃仪器置于 110～120℃ 的清洁烘箱内烘烤 1h 左右，有的烘箱还可以鼓风以驱除湿气。

烘干的玻璃仪器一般都在空气中冷却，但称量瓶等用于精确称量的玻璃仪器，应在干燥器中冷却保存。任何量器均不得用烘干法干燥。

3. 吹干

急于干燥又不便于烘干的玻璃仪器，可以使用电吹风机快速吹干。电吹风机可吹冷风或热风，供选择使用。

① 各种比色管、离心管、试管、锥形瓶、烧杯等均可用此法迅速吹干。

② 一些不宜高温烘烤的玻璃仪器如吸管、比重瓶，滴定管等也可用电吹风机加快干燥。

③ 如果玻璃仪器带水较多，可先用丙酮、乙醇、乙醚等有机溶剂冲洗一下，使吹干更快。

二、玻璃仪器的存放

在储藏室里玻璃仪器要分门别类地存放，以便取用。一般仪器的保管方法如下。

① 移液管洗净后置于有盖的防尘盒中，垫以清洁纱布。也可以置于移液管架上并罩以

塑料薄膜。

② 滴定管可倒置夹于滴定管架上，或用蒸馏水涮洗后注满蒸馏水，上口加盖玻璃短试管或小烧杯。

③ 清洁的比色皿、比色管、离心管要放在专用盒内，或倒置在专用架上。

④ 具有磨口塞的清洁玻璃仪器，如容量瓶、称量瓶、碘量瓶、试剂瓶等要衬纸加塞保存，以免日久粘住。

⑤ 凡配有套塞、盖的玻璃仪器，如比重瓶、称量瓶、容量瓶、分液漏斗、比色管、滴定管等都必须保持原装配套，不得拆散使用和存放。

有时，也将干净的玻璃仪器倒置于专用柜内，柜子的隔板上衬垫清洁滤纸，也可在玻璃仪器上覆盖清洁纱布，关闭柜门防止落尘。

相关知识

试剂商标和产品检验报告单上的有效数字，保留的位数怎么不一样？

一、有效数字及运算规则

试剂商标和产品检验报告单上的数据经过很多测量环节，读取许多实验数据，然后经过一定的运算才能获得最终分析结果。为什么这些数据的位数都不相同呢？

为了消除困惑，也为了使记录、计算的数据与测量仪器的精度相适应，必须学会有效数字的处理问题。

1. 有效数字

有效数字是指分析仪器实际能够测量到的数字。在有效数字中只有最后一位数字是可疑的，其余数字都是准确的。例如，用滴定管读出体积25.36mL，25.3是准确的，0.06是估计出来的，是可疑的，体积值可能为（25.36±0.01）mL。有效数字的位数由所使用的仪器决定，在记录测量数据时，不能任意增加或减少位数。定量分析中常见的测量数据，见表1-2。

表1-2 定量分析中常见的测量数据

项　目	数　据	有效数字(测量方式)
试样的质量/g	0.5060	四位有效数字(用分析天平称量)
溶液的体积/mL	26.23	四位有效数字(用滴定管计量)
	25.00	四位有效数字(用移液管量取)
	25	两位有效数字(用量筒量取)
溶液的浓度/(mol/L)	0.1050	四位有效数字
	0.1	一位有效数字
质量分数/%	37.58	四位有效数字
pH	4.30	三位有效数字
离解常数 K	1.8×10^{-5}	两位有效数字

在以上数据中，数字“0”有不同的意义。

（1）数字前面的 0 只起定位作用，本身不算有效数字；数字之间的 0 和小数末尾的 0 都是有效数字。

例如：0.0023　　两位有效数字

　　　2.0012　　五位有效数字

　　　25.00　　四位有效数字

（2）以 0 结尾的整数，最好用 10 的幂指数表示，这时前面的系数代表有效数字。由于 pH 为氢离子浓度的负对数值，所以 pH 的小数部分才为有效数字。

例如：2.0×10^{-5}　　两位有效数字

　　　pH＝9.70　　三位有效数字

2. 有效数字的处理规则

① 直接测量值应保留一位可疑值，记录原始数据时只有最后一位数字是可疑的。例如，用分析天平称样要称到 0.000xg（即小数点后第四位是可疑的），滴定管读数要读到 0.0xmL（即小数点后第二位是可疑的）。

② 算式中的常数、系数如 π、e、1/2、$\sqrt{2}$ 等的有效数字位数，可认为是无限制的，即在计算时，需要几位，可以写成几位。如 π 两位有效数字时为 3.1，三位有效数字时为 3.14。

③ 有效数字弃去多余的或不正确的数字，应按照“四舍六入五取双”原则。

XXXXX
- 当尾数≥6 时，进位
- 当尾数≤4 时，舍去
- 当尾数为 5 而后面还有不是 0 的任何数皆入
- 当尾数为 5 而后面数为 0 时
  - 若 5 的前一位是奇数，则入
  - 若 5 的前一位是偶数（包括 0），则舍

数字修约时只能将原始数据一次修约到需要的位数，不能逐级修约。

【例 1-1】 将下列数据修约到三位有效数字。

2.156→2.16

35.64→35.6

6.1151→6.12

4.675→4.68

31.25→31.2

7.305→7.30

④ 分析结果的数据应与技术要求量值的有效位数一致。对于高含量组分（＞10%），一般要求以四位有效数字报出结果；对于中含量组分（1%～10%），一般要求以三位有效数字报出结果；对于微量组分（＜1%），一般要求以两位有效数字报出结果。

3. 加减法运算

计算结果有效数字的位数取决于小数点后位数最少的数字。

【例 1-2】 计算 0.0015＋25.26＋5.0098 的值。

解：小数点后位数最少的数据是25.26，先计算后修约

$$0.0015+25.26+5.0098=30.2713\approx30.27$$

4. 乘除法运算

计算结果有效数字的位数取决于有效数字位数最少的数字。

【例1-3】 计算$\frac{15.1\times0.1356}{1.201}$的值。

解：有效数字位数最少的数据是15.1，先计算后修约

$$\frac{15.1\times0.1356}{1.201}=1.7049\approx1.70$$

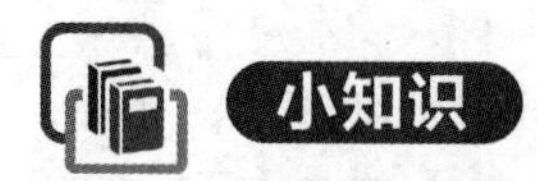

为减少计算量，以前的有效数字的运算规则是先修约后计算。使用计算器运算后，大大减少了计算的工作量，先计算后修约是现在有效数字处理的基本方式。

二、实验室常用洗涤液及使用方法

在分析工作中，仪器的洗涤是决定实验成功及准确与否的首要环节。实验要求不同，污物的性质和沾污的程度不同，所选的洗涤液也不同。化验室常用的洗涤液有以下几种。

1. 铬酸洗涤液

这是一种实验室的常规洗液，由重铬酸钾与硫酸配制而成。重铬酸钾在酸性溶液中，有很强的氧化能力。这种洗液对玻璃的侵蚀小，洗涤效果好，但六价铬能污染水质，应注意废液的处理。

将5g研细的重铬酸钾加入到10mL水中，加热使之溶解，冷却后，于不断搅拌下缓缓加入80mL浓H_2SO_4，边加边搅拌，配好的洗涤液呈深褐色，冷却后倒入磨口瓶中备用。

铬酸洗涤液用于去除器壁残留油污及有机物。洗涤时，应先将仪器中的水尽量控净，然后用洗液涮洗或浸泡。洗涤完毕，洗液应倒回原瓶，不可随意乱倒。洗液可重复使用，当颜色变绿时即为失效。

2. 工业盐酸和草酸洗涤液

市售浓盐酸或（1+1）的盐酸溶液主要用于洗去碱性物质以及大多数无机物残渣。草酸洗涤液是将5～10g草酸溶于100mL水中，再加入少量的浓盐酸配成。它主要用于洗涤除去沉积在器壁上的MnO_2，必要时可加热使用。

3. NaOH-乙醇洗涤液

取120g NaOH溶于120mL水中，再以95%乙醇稀释至1L。NaOH-乙醇洗涤液适于洗涤油污及被有机物沾染的器皿，但由于碱的腐蚀作用，玻璃器皿不能用该洗涤液长期浸泡。

4. 合成洗涤剂或洗衣粉配成的洗涤液

此类洗液高效、低毒，既能溶解油污，又能溶于水，对玻璃器皿的腐蚀性小，是洗涤玻璃器皿的最佳选择。

合成洗涤剂或洗衣粉配成的洗涤液的配法是取适宜洗涤剂或洗衣粉溶于温水中，配成浓溶液。此洗液用于洗涤玻璃器皿效果很好，并且使用安全方便，不腐蚀衣物。但洗涤后最好再用6mol/L硝酸浸泡片刻，然后再用自来水充分洗净，继以少量蒸馏水冲洗数次。

5. 有机溶剂

沾有较多油脂性污物的玻璃仪器，尤其是难以使用毛刷洗刷的小件和形状复杂的玻璃仪器，如活塞内孔、吸管和滴定管的尖头、滴管等，可用汽油、甲苯、二甲苯、丙酮、酒精、氯仿等有机溶剂浸泡清洗。

6. 碘-碘化钾溶液

取1g碘和2g碘化钾溶于水中，再用水稀释至100mL即可配成。用过硝酸银溶液后留下的褐色黏污物可用该洗涤液洗涤。

项目小结

知识要点

- 分析化学的任务
- 化学分析方法的分类
- 有效数字及运算规则

技能要点

- 能识别化学分析实验室和仪器分析实验室
- 会确定有效数字的位数
- 会进行有效数字的运算
- 会正确的洗涤、干燥、存放常用玻璃仪器

阅读材料

分析化学的发展现状和前景

现代科学技术的发展推动着分析化学的迅速发展。一方面现代科学技术对分析化学提出的要求越来越高。另一方面又不断地向分析化学输送新的理论、方法和手段。特别是近年来电子计算机与各类分析仪器的结合，更使分析化学的发展如虎添翼，新方法、新仪器不断涌现，更新周期不断加快，仪器分析正向着微机化、自动化、微型化、智能化的方向发展。

随着现代分析技术的发展，作为分析化学两大支柱之一的仪器分析将发挥越来越重要的作用，但对于常量组分的精确分析仍然依靠化学分析即经典分析。化学分析和仪器分析两者之间没有绝对的界限。化学分析是仪器分析的基础，仪器分析离不开必要的化学分析步骤，两者相辅相成，密不可分，互相补充。化学分析仍是分析化学的一大支柱。

有趣的预测：随着分子计算机、DNA计算机、光子计算机、量子计算机等的不断推出，计算机也将越来越微型化。计算机（电脑）与人脑的结合将不再是一个梦、带有植入式电脑的人的智能将大大超过不带电脑的“自然人”。

目标检测

一、选择题

1. pH=5.26中的有效数字是（　　）位。

A. 0　　B. 2　　C. 3　　D. 4

2. 用15mL的移液管移出的溶液体积应记为（　　）。

A. 15mL　　B. 15.0mL　　C. 15.00mL　　D. 15.000mL

3. 1.34×10^{-3}%有效数字是（　　）位。

A. 6　　B. 5　　C. 3　　D. 8

4. 下列数字中，有三位有效数字的是（　　）。

A. pH值为4.30　　B. 滴定管内溶液消耗体积为5.40mL

C. 分析天平称量5.3200g　　D. 台秤称量0.50g

5. 下列数值中，（　　）含有四位有效数字。

A. 0.1902　　B. 10.048　　C. 10.320　　D. 0.0001

6. 由计算器算得4.178×0.0037/60.4的结果为0.000255937，按有效数字运算规则应修约为（　　）。

A. 00002　　B. 0.00026　　C. 0.000256　　D. 0.0002559

7. 213.64+4.4+0.3244的计算结果应是（　　）位有效数字。

A. 1　　B. 2　　C. 3　　D. 4

8. 把所给的数字修约为两位有效数字，（　　）是错误的。

A. 1.25→1.3　　B. 1.35→1.4　　C. 1.454→1.5　　D. 1.7456→1.7

二、判断题

1. 有效数字是指分析工作中实际能测量到的数字，所保留的数字都是准确无疑的。（　　）

2. 在分析数据中，所有的“0”均为有效数字。（　　）

3. 任何一个测得数据，其可疑数字只有一位。（　　）

4. 有效数字的运算应先修约再计算。（　　）

三、简答题

1. 什么是有效数字？有效数字的修约规则如何？

2. 化学分析包括哪些内容？何为滴定分析？何为重量分析？

3. 分析化学的任务是什么？

4. 如何洗涤、干燥、存放常用玻璃仪器？

四、计算题

1. 0.0121+25.64+2.05582

2. 0.0134×27.35×1.0052

3. 3.032/0.520−2.05

4. 下列数据各包括几位有效数字？

（1）0.1520　（2）0.003520　（3）3.500　（4）2.03080　（5）0.0003%

（6）11.02%　（7）pH=1.0　（8）3.60%　（9）4.0×10^{-4}　（10）pH=10.74

项目二

准备试剂

在化学分析实验中经常要使用化学试剂，化学试剂种类繁多，试剂选择和使用是否恰当，将直接影响分析检测结果的准确与否。

目前我国生产的试剂，质量标准分为四级，见表2-1。试剂级别越高，其生产或提纯过程越复杂，价格越高，所以在满足实验要求的前提下，选用试剂的级别就低不就高，即不超级别造成浪费，也不能随意降低试剂级别而影响分析结果。

表2-1 国产试剂规格及标签颜色

级别	习惯等级	标签颜色	主要用途
一级	优级纯(G.R.)	深绿色	纯度很高，适用于精确分析和研究工作
二级	分析纯(A.R.)	金光红色	纯度较高，适用于一般分析及科研
三级	化学纯(C.P.)	蓝色	纯度不高，适用于工业分析及化学实验
四级	实验试剂(L.R.)	黄色	纯度较差，只适用于一般化学实验
	基准试剂	深绿色	纯度很高，适用于标准溶液的配制、标定

在分析工作中，常常需要配制各种溶液（指示剂、缓冲溶液等）来满足不同的实验要求，为了规范分析工作中一般溶液和标准溶液制备，国家标准化主管机构制定了相应的标准，分别如下。

GB/T 603—2002《化学试剂 试验方法中所用制剂及制品的制备》本标准规定了化学试剂试验方法中所用制剂及制品的制备方法。

GB/T 601—2002《化学试剂 标准滴定溶液的制备》本标准规定了化学试剂标准滴定溶液的配制和标定方法。

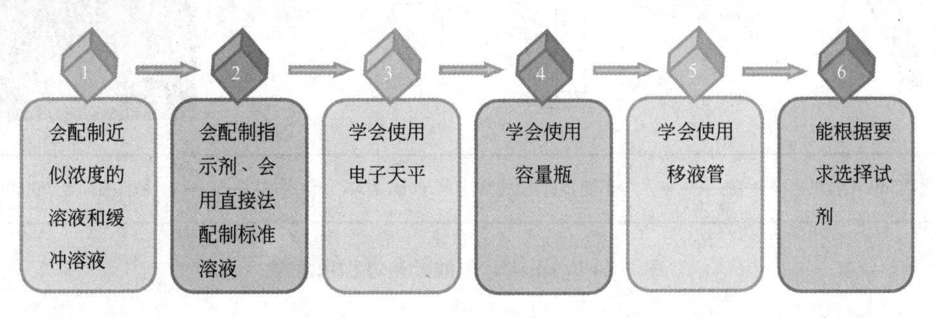

任务一　配制一般溶液

活动一　准备仪器与试剂

准备仪器

托盘天平、量筒、大烧杯（1000mL）、小烧杯（100mL）、试剂瓶、小滴瓶等。

小知识

一般溶液是分析工作中溶解样品、调节 pH、分离或掩蔽干扰离子、显色时所使用的溶液如甲基溶液、氨-氯化铵溶液等。配制一般溶液准确度要求不高，试剂质量由托盘天平称量，体积用量筒、带刻的烧杯量取即可。

准备试剂

甲基橙固体、浓硫酸（18.4mol/L）、氯化铵（A.R.）、氨水等。

活动二　配制 0.1mol/L 的硫酸溶液

1. 计算

配制 0.1mol/L 的硫酸溶液 1000mL，需要浓硫酸（18.4mol/L）的体积可根据下式计算（依据溶液在稀释前后，溶质物质的量不变）。

$$c_{浓}V_{浓}=c_{稀}V_{稀}$$

$$18.4V_{浓}=0.1\times1000$$

$$V_{浓}=5\text{mL}$$

2. 配制

见图 2-1。

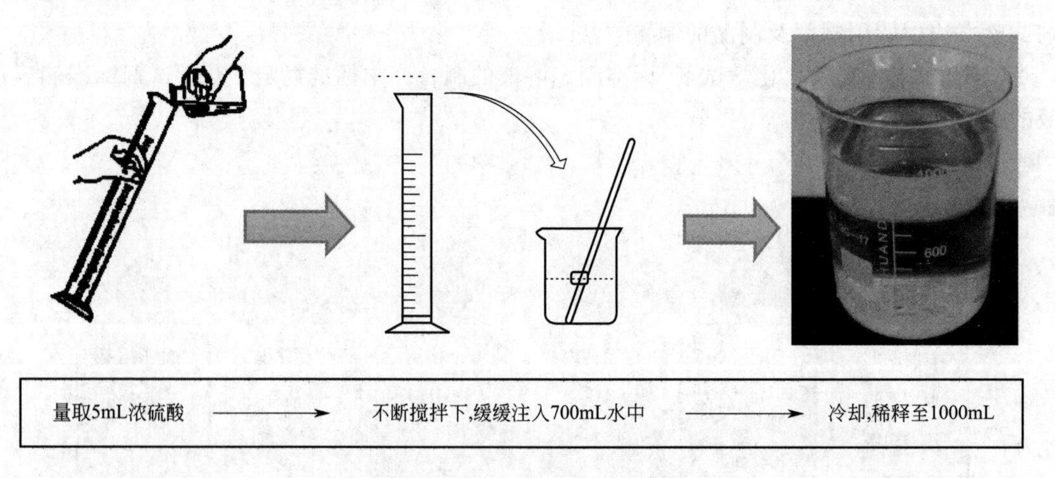

图 2-1　0.1mol/L 硫酸配制过程示意图

小知识

我国国家标准 GB/T 6682—2008《分析实验室用水规格和试验方法》中规定实验室用水分为三级。实验室用水的技术指标见“相关知识”。

一级水用于有严格要求的分析实验，包括对颗粒有要求的实验，如高效液相色谱用水。

二级水用于无机微量分析等实验，如原子吸收光谱分析用水。

三级水适用于一般实验室实验工作，是最普遍使用的纯水。

注 意

由于浓硫酸具有强烈的腐蚀性，溶于水时又放出大量的热，稀释时若将水加入硫酸中，则易使水沸腾而引起硫酸飞溅，因此配制硫酸溶液时应该“酸入水，沿器壁，慢慢倒，不断搅”。

活动三　配制 0.1%甲基橙溶液

见图 2-2。

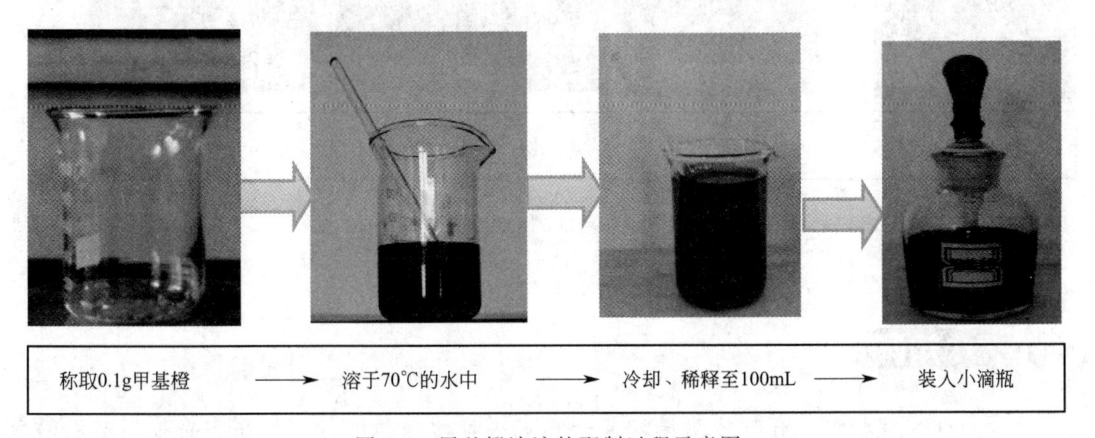

图 2-2　甲基橙溶液的配制过程示意图

小知识

(1) 甲基橙是一种常用的酸碱指示剂，适用于强酸与强碱、弱碱间的滴定。

(2) 甲基橙的变色范围是：pH<3.1 时变红，pH=3.1～4.4 时呈橙色，pH>4.4 时变黄。

(3) 甲基橙有毒，应避免与皮肤和眼睛接触，发生事故或感觉不适时，应立即就医。

活动四　配制 pH=10 的氨-氯化铵缓冲溶液

见图 2-3。

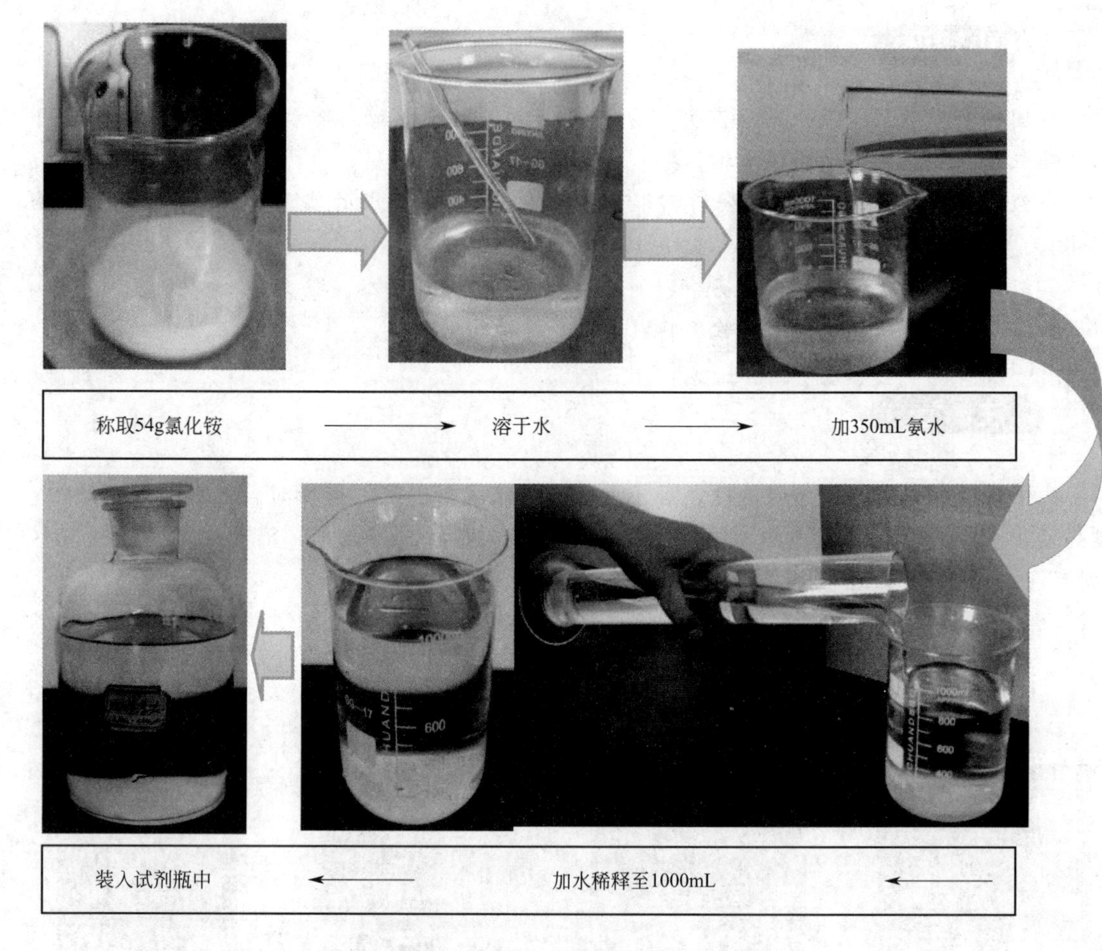

图 2-3 缓冲溶液的配制过程示意图

小知识

在分析化学试验中，有时为了保证某一测定项目的顺利进行，往往需要控制溶液的酸度，使用缓冲溶液就能达到这种效果。

1. 缓冲溶液及其作用

缓冲溶液是一种能对溶液的酸度起稳定作用的溶液。向缓冲溶液中加入（或在反应中生成）少量的强酸或强碱，或将溶液稍加稀释，溶液的 pH 基本不变。这种作用称为缓冲作用。

2. 缓冲溶液的组成

① 弱酸及其盐，如 HAc-NaAc。

② 弱碱及其盐，如 NH_3-NH_4Cl。

③ 两性物质，如 NaH_2PO_4- Na_2HPO_4。

④ 高浓度的强酸、强碱，如 0.1mol/L 的 HCl 溶液、0.1mol/L 的 NaOH 溶液等。

任务二　学会使用电子分析天平

活动一　准备仪器与试剂

准备仪器

电子分析天平、表面皿、小烧杯、瓷坩埚、称量瓶、铜片、锥形瓶、胶帽滴瓶。

准备试剂

固体氯化钠试样、液体试样。

活动二　认识电子分析天平

分析工作中，常常要对物质的质量进行精确的称量，电子分析天平是定量分析中最主要、最常用的称量仪器之一，如图 2-4 所示。

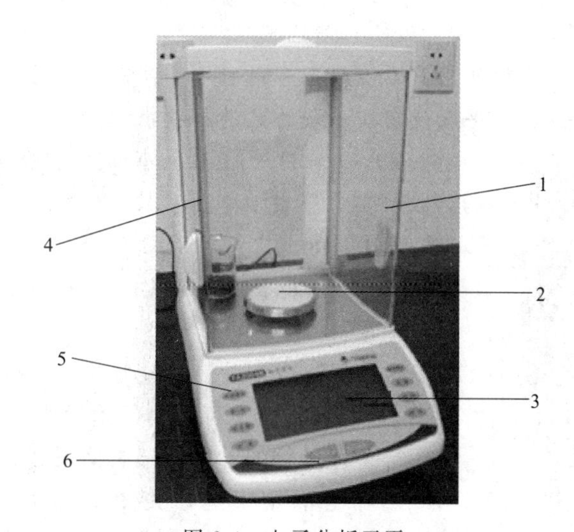

图 2-4　电子分析天平

1—天平右侧门；2—称量盘；3—显示屏；4—天平左侧门；5—开/关键；6—调零、去皮键

电子天平的特点如下。

(1) 性能稳定，灵敏度高，体积小，操作方便。

(2) 称量速度快，精度高，使用寿命长。

活动三　使用电子分析天平

一、电子天平称量前的检查

① 叠好天平罩放于左后方；

② 接通电源（电插头），使天平处于待机状态，预热 30min 以上；

③ 清扫，用软毛刷清扫天平秤盘及周边；

④ 检查水平仪（在天平后面），如水平仪水泡偏移，应通过调节天平前边左、右两个水平支脚，使水泡位于水平仪中心，见图 2-5；

⑤ 按一下开/关键，显示屏很快出现“0.0000g”，如果显示不是“0.0000g”，则要按一下“调零”键，即可开始称量，见图 2-6。

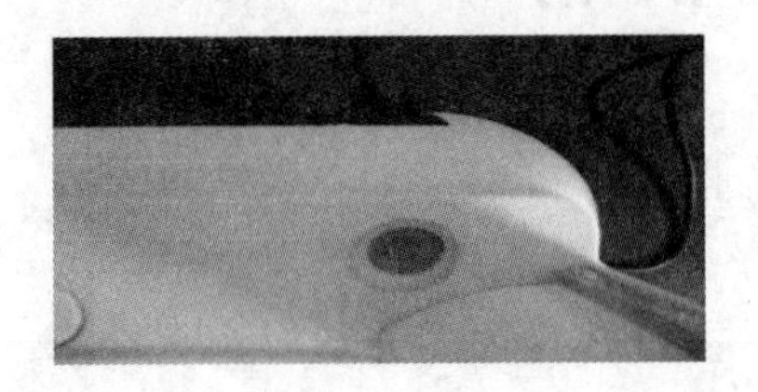

图 2-5　水平仪

图 2-6　调零

小知识

（1）天平安装后，第一次使用前，应对天平进行校准。因存放时间较长、位置移动、环境变化或为获得精确测量，天平在使用前一般都应进行校准操作。

图 2-7　直接称量示意图

（2）天平采用外校准（有的电子分析天平具有内校准功能），按“调零”键清零后，按“CAL”键，放上 100g 校准砝码，显示 100.000g，即完成校准。

二、直接法称量练习

① 调零；

② 将称量物（铜片、称量瓶等）直接放在天平秤盘上，待数字稳定后，即可读出称量物的质量值，见图 2-7；

③ 记录称量物的质量，记录见表 2-2；

④ 实验全部结束后，关闭显示器，切断电源，罩上天平罩。

表 2-2　直接称量法记录表

天平型号		天平编号		实验日期	
室温		相对湿度		实验人	
称量物	表面皿	小烧杯	瓷坩埚	称量瓶	铜片
质量/g					

注　意

（1）直接称量法适合称量在空气中不吸湿，不与空气反应的物质。

（2）开、关天平时动作要轻、缓。

（3）读数时左右侧门均应关闭，防止气流影响读数。

（4）不能用手直接取放被称物，可采用戴细纱手套或用纸条夹取。

（5）被称物外形不能过高过大，重物应位于秤盘中央。

三、减量法称量练习

① 调零；

② 从干燥器中将盛有适量 Na_2CO_3 的称量瓶取出，直接放在天平秤盘上，待数字稳定后，直接读出称量瓶+样品质量 m_1；

图 2-8　称量瓶的拿取

③ 从天平中取出称量瓶，将 0.1～0.2g 范围内的 Na_2CO_3 小心倾入锥形瓶中，再次称取称量瓶+剩余样品的质量 m_2；

④ 两次质量之差，即为倾出样品的质量 $m=m_1-m_2$；

⑤ 记录称量物的质量，见记录表 2-3；

⑥ 重复操作②、③、④步，可称量多份试样；

⑦ 实验全部结束后，关闭显示器，切断电源，罩上天平罩。

小知识

(1) 称量瓶在使用前要洗净烘干或自然晾干，称量时不可直接用手抓，可采用戴细纱手套或用纸条夹取，要用纸条套住瓶身中部，用手指捏紧纸条进行操作（如图 2-8 所示），这样可避免手汗和体温的影响。

(2) 敲样操作　将称量瓶从天平上取出，在接收容器的上方倾斜瓶身，用称量瓶盖轻敲瓶口上部使试样慢慢落入容器中，瓶盖始终不要离开接收容器上方（如图 2-9 所示）。当倾出的试样接近所需量时，一边继续用瓶盖轻敲瓶口，一边逐渐将瓶身竖直，使黏附在瓶口上的试样落回称量瓶，然后盖好瓶盖，准确称其质量。

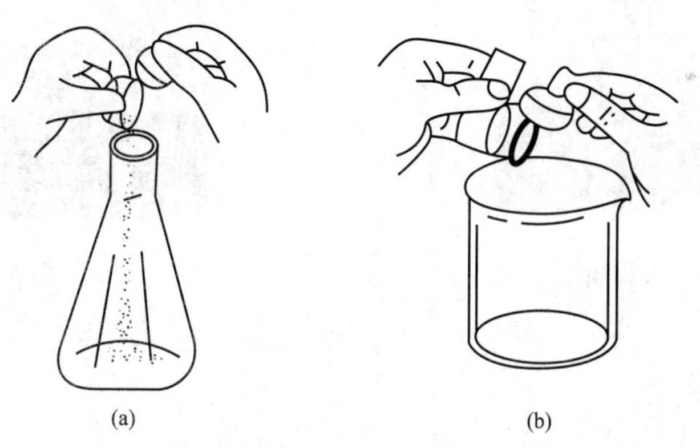

图 2-9　减量法倾出试样操作示意图

表 2-3　减量称量法记录表（固体样品）

天平型号		天平编号		试验日期	
室温		相对湿度		实验人	

锥形瓶编号	1号	2号	3号	4号
称量瓶+样品质量 m_1/g				
称量瓶+剩余样品的质量 m_2/g				
样品质量 m/g				

（1）减量称量法适合称量在空气中易吸湿，易氧化，易与 CO_2 反应的物质。

（2）试样绝不能洒落在秤盘上和天平内。

（3）只能用同一台天平完成实验的全部称量。

（4）严禁将化学品直接放在天平秤盘上称量。

（5）不得称量过热或过冷的物体。

（6）称量易吸潮和易挥发的物质必须加盖密闭。

四、液体试样的称量练习

① 调零；

② 将装有适量纯水样品的胶帽滴瓶（图 2-10），直接放在天平秤盘上，待数字稳定后，直接读出胶帽滴瓶＋纯水质量 m_1；

③ 取出胶帽滴瓶，将 0.4～0.6g 范围内液体样品小心滴入锥形瓶中（可以数滴数，图 2-11），再次称取胶帽滴瓶＋剩余样品的质量 m_2；

④ 两次质量之差，即为纯水样品的质量 $m=m_1-m_2$；

⑤ 记录称量物的质量，见记录表 2-4；

⑥ 重复操作②、③、④步，可称量多份水样；

⑦ 实验全部结束后，关闭显示器，切断电源，罩上天平罩。

图 2-10　胶帽滴瓶

图 2-11　滴加样品操作

小知识

（1）用减量法只适于称量性质稳定、不易挥发的液体样品。

（2）由于分析天平内放有干燥剂，称量时液体样品不要碰到小滴瓶口，否则会使天平读数不稳（或取出干燥剂，称量结束再放回）。

表 2-4　减量称量法记录表（液体样品）

天平型号		天平编号		试验日期	
室温		相对湿度		实验人	

锥形瓶编号	1号	2号	3号	4号
胶帽滴瓶＋液体样品质量 m_1/g				
胶帽滴瓶＋剩余样品的质量 m_2/g				
液体样品质量 m/g				

任务三　学会使用容量瓶

活动一　认识容量瓶

常用的容量瓶有 50mL、100mL、250mL、1000mL 等多种，主要用于配制准确浓度的溶液或定量稀释溶液，故常和分析天平、移液管配合使用，如图 2-12 所示。

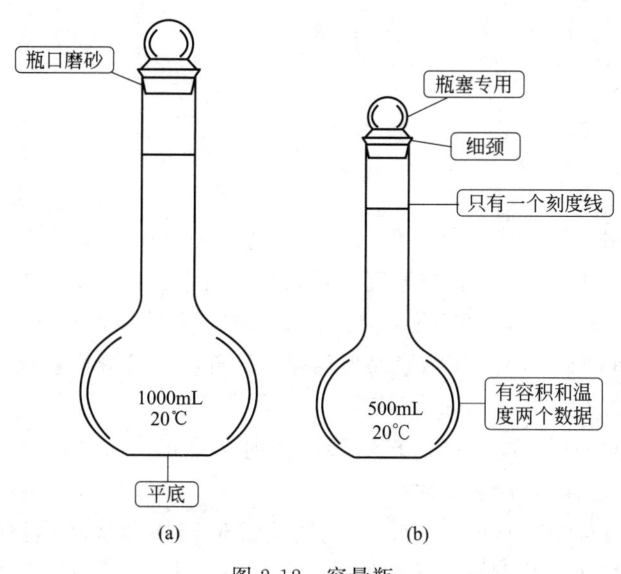

图 2-12　容量瓶

活动二　使用容量瓶

1. 试漏

使用前，应先检查瓶塞处是否漏水，为此，可在容量瓶内装入自来水到标线附近，塞紧瓶塞，用左手食指顶住瓶塞，其余手指拿住瓶颈标线以上部分，右手指尖托住瓶底边缘，倒立容量瓶 2min（见图 2-13），观察瓶口是否渗漏（用滤纸一角在瓶塞和瓶口的缝隙处擦拭，查看滤纸是否潮湿）。如果不漏水，将瓶直立后，转动瓶塞约 180°后，再倒立一次。经检查不漏方可使用。

（1）为使瓶塞不丢失不乱放，常用橡皮筋或细绳将瓶塞系在瓶颈上。

（2）容量瓶和瓶塞应配套使用，如瓶塞漏水，应停止使用。

（3）容量瓶有无色和棕色两种，若配制见光易分解物质的溶液，应选择棕色容量瓶。

2. 洗涤

洗净的容量瓶倒出水后，内壁应不挂水珠，否则必须用洗涤液洗。用铬酸洗液洗时，先尽量倒出容量瓶中的水，倒入 10～20mL 洗液，转动容量瓶使洗液布满全部内壁，然后放置数分钟，将洗液倒回原瓶。再依次用自来水、蒸馏水洗净。

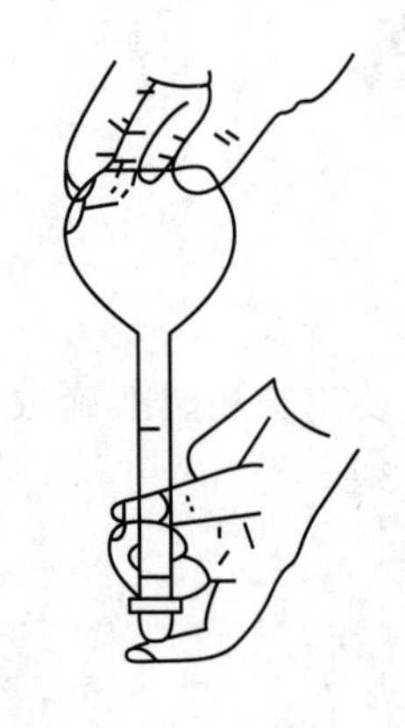

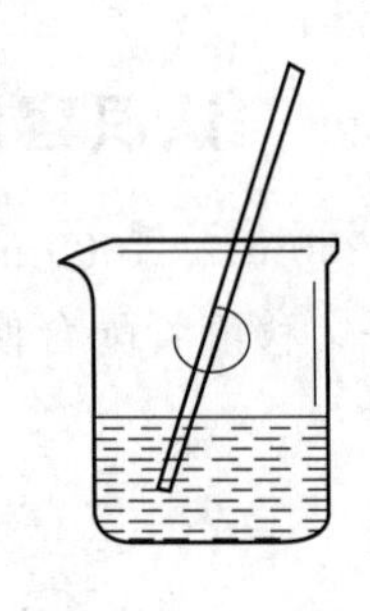

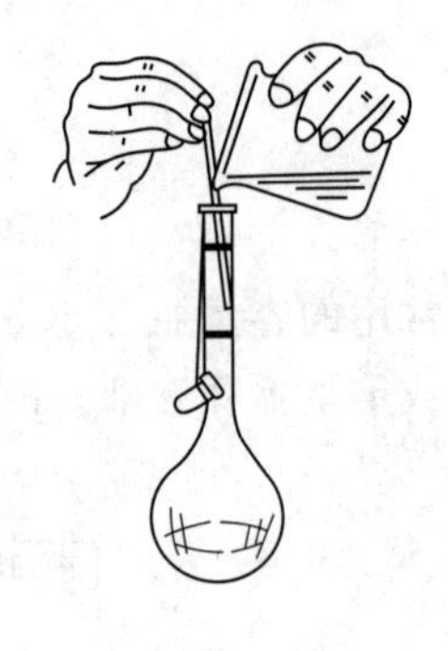

图 2-13　容量瓶试漏操作　　图 2-14　固体溶解　　图 2-15　转移溶液

3. 转移

① 若要将固体物质配制成一定体积的溶液，通常是将固体物质准确称出，置于小烧杯中加水溶解（见图 2-14）后，再将溶液定量转入容量瓶中。

② 定量转移溶液时，将玻璃棒悬空伸入容量瓶中，并使玻璃棒下端与瓶颈内壁相接触，但不能碰容量瓶的瓶口。再将烧杯嘴紧靠玻璃棒中下部，使溶液沿玻璃棒和内壁流入容量瓶中，如图 2-15 所示。

③ 烧杯中溶液流完后，将烧杯沿玻璃棒稍微向上提起，同时将烧杯慢慢直立，最后将玻璃棒放回烧杯中（不可放于烧杯尖嘴处）。

④ 对于残留在烧杯中的少许溶液，用洗瓶吹洗玻璃棒和烧杯内壁 3～5 次，每次 5～10mL，洗涤液按上述方法定量转入容量瓶中。

4. 定容

① 平摇　溶液转入容量瓶后，加水稀释至 3/4 左右容积时，用右手食指和中指夹住瓶塞的扁头，将容量瓶拿起，按同一方向摇动几周，使溶液初步混匀。

② 定容　继续加水至距离标度刻线约 1cm 处后，等 1～2min 使附在瓶颈内壁的溶液流下后，再用尖嘴滴管加水至弯月面下缘与标线相切，盖紧瓶塞，如图 2-16 所示。

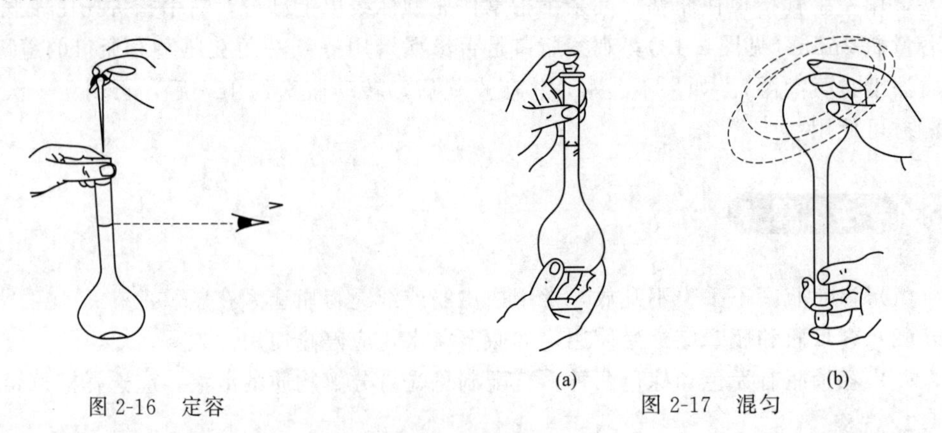

图 2-16　定容　　图 2-17　混匀

5. 摇匀

用左手食指按住瓶塞，其余手指拿住瓶颈标线以上部分，右手指尖托住瓶底边缘，将容量瓶倒转并振荡，使气泡上升到顶部，如此反复15次左右。最后将容量瓶放正，打开瓶塞，将瓶塞微微提起使瓶塞周围的溶液流下后，重新盖紧瓶塞，再倒转过来振荡5次，使溶液混合均匀，如图2-17所示。

注 意

(1) 不要用容量瓶长期存放配好的溶液，配好的溶液如需长期保存，应转移到干净的磨口试剂瓶中。

(2) 容量瓶不能直接加热。

(3) 容量瓶长期不用时，应该洗净，把瓶塞用纸垫上，防止时间久了，塞子打不开。

任务四 直接法配制0.1mol/L $\frac{1}{6}K_2Cr_2O_7$ 标准滴定溶液

活动一 准备仪器与试剂

准备仪器

分析天平、烧杯（100mL）、药匙、容量瓶（500mL）、洗瓶、试剂瓶（500mL）、常用玻璃仪器。

准备试剂

基准 $K_2Cr_2O_7$（在120℃干燥至质量恒定，即可用于直接法配制标准滴定溶液），如图2-18所示。

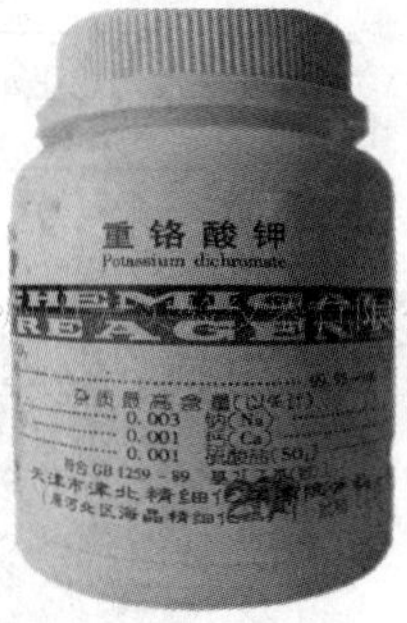

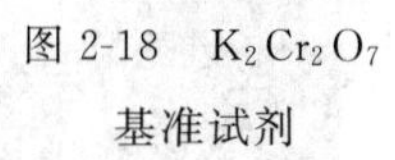

图2-18 $K_2Cr_2O_7$ 基准试剂

小知识

基准物质必须符合下列要求。

(1) 具有足够的纯度，一般要求纯度在99.9%以上，而杂质含量不应影响分析结果的准确度。

(2) 物质的组成（包含结晶水）要与化学式完全相符。

(3) 性质稳定，在空气中不吸湿，不和空气中的 O_2、CO_2 等作用，加热干燥时不分解。

(4) 使用时易溶解。

(5) 具有较大的摩尔质量。

在生产、贮运过程中基准物质中可能会进入少量水分和杂质，因此，在使用前必须经过一定的处理，见表2-5。

表 2-5 常用基准物的干燥条件和应用范围

基准物质		干燥后的组成	干燥条件/℃	标定对象
名称	化学式			
无水碳酸钠	Na_2CO_3	Na_2CO_3	270～300	酸
邻苯二甲酸氢钾	$KHC_8H_4O_4$	$KHC_8H_4O_4$	105～110	碱
重铬酸钾	$K_2Cr_2O_7$	$K_2Cr_2O_7$	120	还原剂
氧化锌	ZnO	ZnO	800	EDTA
氯化钠	NaCl	NaCl	500～600	$AgNO_3$

活动二 直接法配制 0.1mol/L $\frac{1}{6}K_2Cr_2O_7$ 标准滴定溶液

1. 配制

见图 2-19。

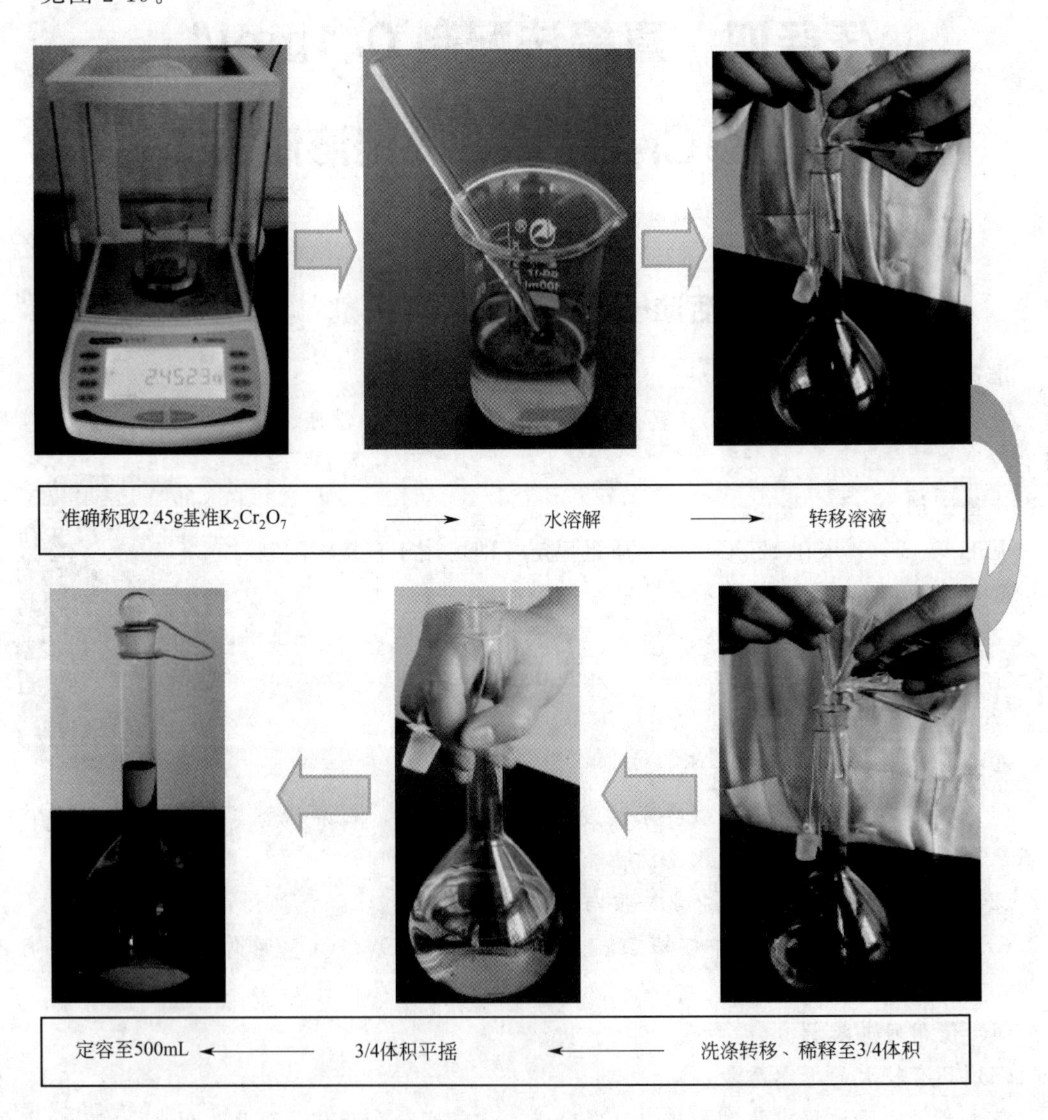

图 2-19 0.1mol/L $\frac{1}{6}K_2Cr_2O_7$ 标准滴定溶液的配制过程示意图

2. 计算

$$c\left(\frac{1}{6}K_2Cr_2O_7\right)=\frac{m}{VM\left(\frac{1}{6}K_2Cr_2O_7\right)}$$

式中 $c(\frac{1}{6}K_2Cr_2O_7)$——重铬酸钾标准滴定溶液的浓度，mol/L；

$M(\frac{1}{6}K_2Cr_2O_7)$——重铬酸钾基本单元的摩尔质量，49.03g/mol；

m——基准重铬酸钾的质量，g；

V——配制重铬酸钾标准滴定溶液的体积，L。

小知识

已知准确浓度的溶液叫作标准溶液，标准溶液配制有直接配制法和标定法（又称间接法）两种。0.1mol/L $\frac{1}{6}K_2Cr_2O_7$ 标准滴定溶液的配制，使用的是直接配制法。

直接配制法的步骤：在分析天平上准确称取一定量基准物（已干燥至恒重），溶解后转移到容量瓶中，用水稀释至刻度，摇匀，即可算出其准确浓度。

标准溶液的保存：$K_2Cr_2O_7$ 标准滴定溶液相当稳定，长期密闭保存浓度不变。

在滴定分析法中，标准溶液浓度的准确度直接影响分析结果的准确度，因此配制标准溶液在方法、使用仪器、量具和试剂方面都有严格的要求，具体要求查阅 GB/T 601—2002。

任务五　学会使用移液管

活动一　认识移液管

移液管是用来准确移取一定体积液体的玻璃量器，分为分度移液管即吸量管［如图2-20中的（a）和（b）所示］和单标线移液管［如图 2-20 中的（c）所示］。当准确移取较大体积溶液时，如移取 10.00mL、25.00mL、50.00mL、100.00mL 溶液时，要选用单标线移液管；当准确移取较小体积或非整数体积的溶液时，应选用吸量管。

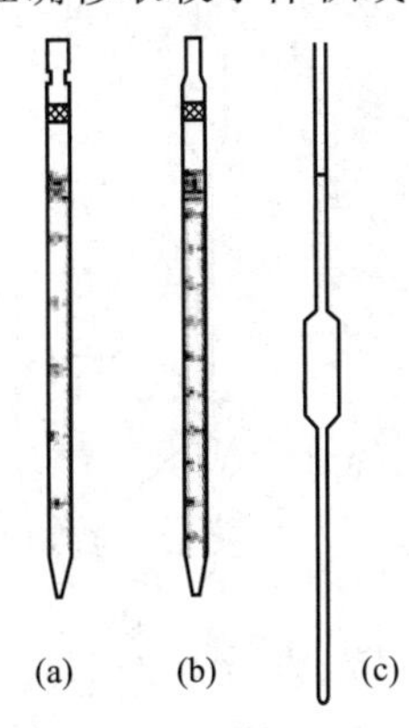

(a)　(b)　(c)

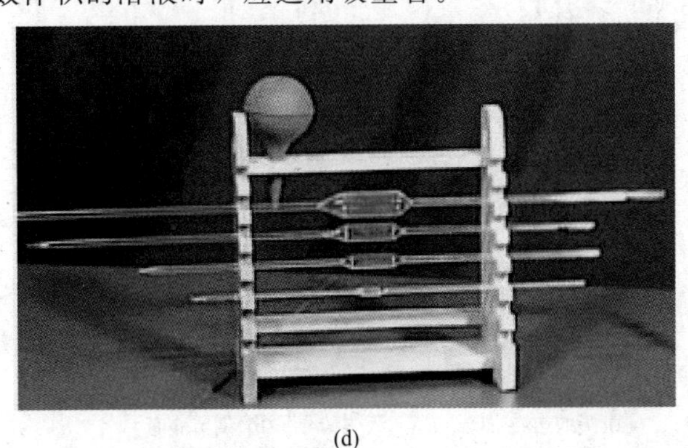

(d)

图 2-20　移液管和移液管架

活动二　使用移液管

1. 洗涤

一般先用自来水冲洗，当冲洗不干净时再使用铬酸洗液洗涤，将移液管插入洗液中，用洗耳球吸取洗液至管容积的1/3处，食指按住管口，取出，放平旋转，让洗液布满全管，停放1～2min，从下口将铬酸洗液放回原瓶。用洗液洗涤后，沥尽洗液，用自来水充分冲洗，再用蒸馏水洗涤3次。洗涤操作见图2-21。

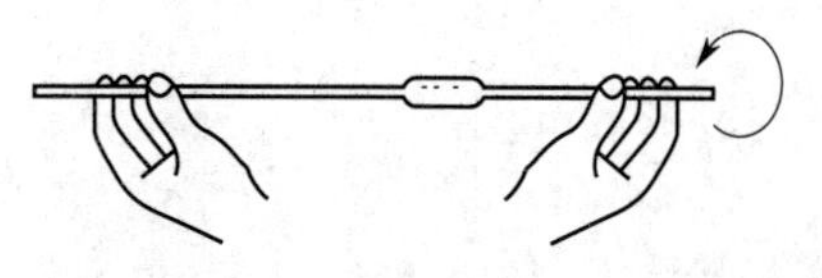

图2-21　移液管的洗涤、润洗

注　意

（1）洗涤前要检查移液管的上口和排液嘴，必须完整无损。

（2）洗涤时只能从下口放出溶液。

（3）移液管洗净的标志是内壁被水均匀润湿，不挂水珠。

（4）洗净的移液管应放在干净的移液管架上。

2. 润洗

用少量待移溶液润洗移液管内壁2～3次，以保证被转移溶液的浓度不变。

3. 吸取溶液

使用吸管吸液时，将移液管尖插入液面下1～2cm。左手拿洗耳球，先把球中的空气挤出，然后将球的尖嘴端接在移液管的管口上，慢慢松开洗耳球使液体吸入管内，当液面升到标线以上时，移去洗耳球，立即用右手的食指按住管口，如图2-22(a)所示。

4. 调节液面

将移液管的下口提出液面，用滤纸擦去管外溶液，然后将移液管的下端靠在一个洁净小

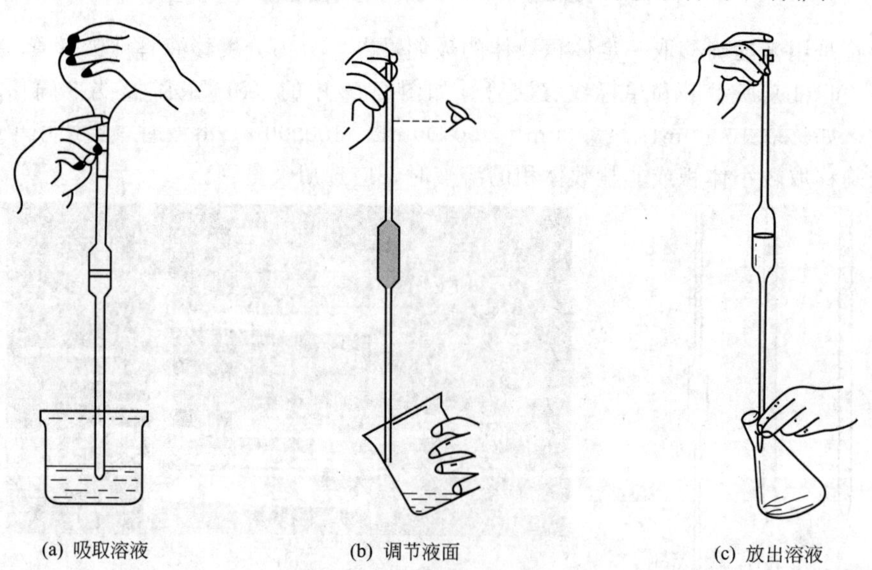

(a) 吸取溶液　(b) 调节液面　(c) 放出溶液

图2-22　移液管的操作

烧杯的内壁上，稍稍放松食指，同时用拇指和中指轻轻捻转管身，使液面下降，直到液体的弯月面与标线相切，立即按紧食指，使溶液不再流出，如图 2-22(b) 所示。

5. 放出溶液

放出溶液时要将锥形瓶倾斜，移液管保持垂直，管尖紧靠锥形瓶内壁，松开食指，使液体自然地沿容器壁流下，如图 2-22(c) 所示。待液面下降到管尖后，停留 15s，然后左右旋转提出移液管，放出液体的体积即为所要移取的体积。

(1) 移液管不可烘干或加热。

(2) 同一实验中应使用同一移液管。

(3) 吸取溶液后，用滤纸擦干下管口外壁，调节好液面后，不可再用滤纸擦下管口外壁，以免管尖出现气泡。

任务六　调整标准滴定溶液的浓度

活动一　准备仪器与试剂

准备仪器

烧杯（100 mL）、容量瓶（250mL）、移液管、试剂瓶（250mL）、常用玻璃仪器。

准备试剂

0.1000mol/L $\frac{1}{6}K_2Cr_2O_7$ 标准滴定溶液。

活动二　配制 0.01mol/L $\frac{1}{6}K_2Cr_2O_7$ 标准滴定溶液

1. 稀释 0.1000mol/L $\frac{1}{6}K_2Cr_2O_7$ 标准滴定溶液

见图 2-23。

GB/T 601—2002 中要求，当需要配制浓度小于等于 0.02mol/L 的标准滴定溶液时，应于临用前将高浓度的标准滴定溶液用煮沸并冷却的蒸馏水进行稀释，必要时重新标定。

2. 计算稀释后所得稀溶液的浓度

因为溶液在稀释前后，溶质物质的量不变

$$c_{浓}V_{浓}=c_{稀}V_{稀}$$

$$0.1000\times25.00=c_{稀}\times250.00$$

$$c_{稀}=0.01000\text{mol/L}$$

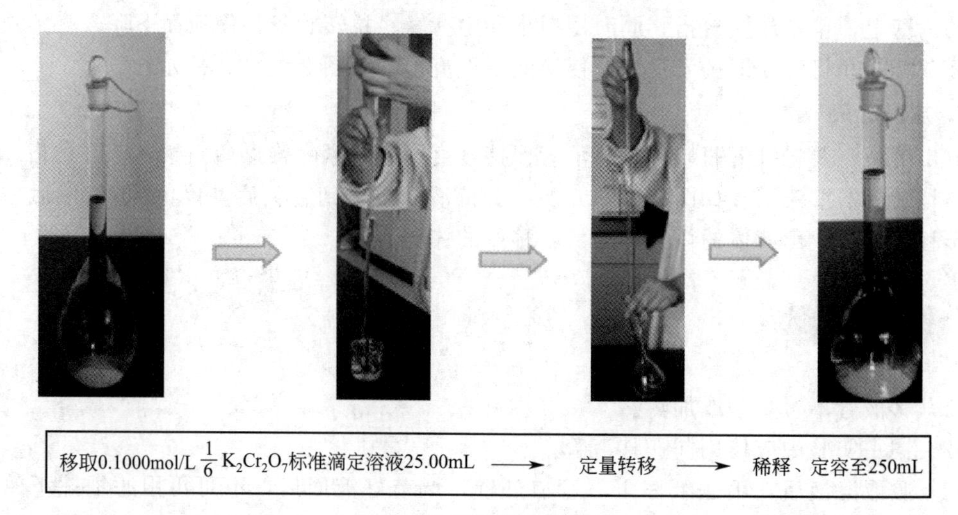

图 2-23　溶液的准确稀释

常用化学试剂的贮存

(1) 分类摆放，化学试剂较多时，应按各种试剂的化学性质分类保管。

(2) 剧毒试剂如氰化钠（钾）、氧化砷、汞盐等应贮存于保险柜中，并有专人保管。

(3) 易挥发试剂应贮存在有通风设备的房间内。

(4) 易燃、易爆试剂应贮存于铁皮柜或砂箱中。

所有试剂瓶外面应擦拭干净，贮存在干燥洁净的药柜内，最好置于阴暗避光的房间。化学试剂如保管不善则会发生变质。试剂变质不仅是导致分析误差的主要原因，而且还会使分析工作失败，甚至会引起事故，因此必须注意。

影响试剂变质的因素如下。

① 空气的影响　空气中的氧、二氧化碳、水分、尘埃都可能使某些试剂变质。化学试剂必须密封贮于容器内，开启取用后立即盖严，必要时应加蜡封。

② 温度的影响　试剂变质的速率与温度有关。夏季高温会加快不稳定试剂的分解；冬季严寒会促使甲醛聚合。因此必须根据试剂的性质选择保存的合适温度。

③ 光的影响　日光中的紫外线能使某些试剂变质。一般要求避光的试剂，可装在棕色瓶内，有时在棕色瓶外还要包一层黑纸。

④ 杂质的影响　不稳定试剂纯净与否对其变质情况的影响不容忽视。如纯净的溴化汞实际上不受光的影响，而含微量溴化亚汞的溴化汞遇光易变黑。

⑤ 储存期的影响　不稳定试剂在长期贮存中能发生歧化反应、聚合反应、分解反应或沉淀变化。

见表 2-6～表 2-8。

表 2-6 天平使用的评价考核表

考核内容	操作项目	考核记录		小组互评	教师评价
天平使用前的准备工作(25 分)	预热(5 分)	正确			
		不正确			
	打扫秤盘(5 分)	正确			
		不正确			
	调节天平水平(5 分)	正确			
		不正确			
	调零(5 分)	正确			
		不正确			
	干燥器的使用(5 分)	正确			
		不正确			
直接称量法(15 分)	小烧杯等称量物的拿取(5 分)	正确			
		不正确			
	读数(5 分)	正确			
		不正确			
	读数时侧门关闭(5 分)	正确			
		不正确			
减量称量法(40 分)	敲样操作(10 分)	规范			
		不规范			
	不洒落试样(5 分)	正确			
		不正确			
	称量范围(5 分/次)	正确			
		超范围			
	开关天平门轻、缓(5 分)	正确			
		不正确			
	数据记录(10 分)	正确			
		不正确			
	重称(5 分/次)	正确			
称量结束工作(20 分)	天平复原(5 分)	不正确			
		正确			
	关闭天平(5 分)	正确			
		不正确			
	天平使用登记(5 分)	正确			
		不正确			
	样品、凳子放回原处(5 分)	正确			
		不正确			

表 2-7 移液管使用的评价考核表

考核内容	操作项目	考核记录		小组互评	教师评价
移液管的准备(每项 5 分,共 35 分)	移液管洗涤方法:自来水→洗涤剂→自来水→蒸馏水	正确			
		不准确			
	移液管洗涤效果	不挂水珠			
		挂水珠			
	润洗前尖管及外壁水的处理	吸干			
		未处理			
	润洗时待吸液用量	合适			
		过多或过少			
	用待吸液润洗方法	正确			
		不准确			
	用待吸液润洗次数	三次			
		少于三次			
	润洗后废液的排放	从管尖排放			
		从上口排放			

续表

考核内容	操作项目	考核记录		小组互评	教师评价
溶液的移取(每项5分,共40分)	左手握洗耳球、右手持移液管的姿势	正确			
		不准确			
	吸液时尖管插入液面的深度	1～2cm			
		过深、过浅或吸空			
	吸液高度	刻度线以上少许			
		过高			
	调节液面前外壁的处理	擦干			
		未处理			
	调节液面时手指的动作	规范自如			
		不规范			
	调节液面时视线	水平			
		不准确			
	调节液面时溶液排放	正确			
		放回原瓶			
	调节液面时尖管是否有气泡	无			
		有			
放出溶液(每项5分,共25分)	放溶液时移液管竖直,盛器倾斜30°～45°	正确			
		不准确			
	溶液自然流出	是			
		否			
	溶液流完后停靠15s	是			
		否			
	最后尖管靠壁左右旋转	是			
		否			
	移液管使用后的处理	洗涤后置架上			
		未处理			

表 2-8　滴定管使用的评价考核表

考核内容	操作项目	考核记录		小组互评	教师评价
滴定管使用前的准备(每项3分,共24分)	滴定管的洗涤方法	正确			
		不准确			
	洗涤效果	不挂水珠			
		挂水珠			
	试漏及试漏方法	正确			
		不准确			
	润洗前摇匀待装溶液	摇			
		不摇			
	润洗时溶液用量	合适			
		不合适			
	润洗方法、次数	正确			
		不准确			
	赶气泡方法	正确			
		不准确			
	调节液面前静置1～2min	静置			
		未静置			

续表

考核内容	操作项目	考核记录		小组互评	教师评价
滴定操作(每项4分,共44分)	从0.00mL开始	是			
		否			
	滴定前尖管悬挂液的处理	正确			
		不准确			
	滴定管的握持姿势	正确			
		不准确			
	滴定时管尖插入锥形瓶口的距离	合适			
		过深或过浅			
	滴定速率	合适			
		过快			
	滴定时左右手的配合	熟练、自如			
		不规范			
	近终点时的半滴操作	控制熟练			
		不熟练			
	是否有挤松活塞漏液的现象	是			
		否			
	是否有滴出锥形瓶外的现象	是			
		否			
	终点判断和终点控制	正确			
		不准确			
	终点后滴定管尖端是否有气泡或悬挂液	无			
		有			
读数(每项5分,共20分)	终点后停30s读数	是			
		否			
	读数方法(取下滴定管,保持自然竖直,视线水平,读数准确)	正确			
		不准确			
	记录及时、真实、正确、规范	是			
		否			
	有效数字	正确			
		不准确			
结束工作(每项4分,共12分)	滴定完毕滴定管内剩余溶液的处理	倒入废液杯			
		倒入原试剂瓶			
	滴定管及时洗涤	清洗			
		未清洗			
	洗净后滴定管放置	倒置架上			
		随意放置			

相关知识

一、溶液浓度的表示方法

1. 质量分数

质量分数是溶质的质量除以溶液的质量，以符号 w_B 表示。

$$w_B=\frac{\text{溶质质量}}{\text{溶液质量}}\times 100\%=\frac{\text{溶质质量}}{\text{溶液密度}\times\text{溶液体积}}\times 100\%$$

2. 质量浓度

用1L溶液里所含溶质B的质量来表示的溶液浓度，叫作质量浓度，以符号 ρ_B 表示，单位为g/L、mg/L等。有时也用被测组分B的质量占溶液体积的百分数来表示。如0.1g的甲基橙溶于1L水中，$\rho_B=0.1g/L$。

$$\rho_B=\frac{溶质质量}{溶液总体积}=\frac{m_B}{V_B}$$

3. 物质的量浓度

以单位体积溶液中所含溶质B的物质的量来表示的溶液浓度，叫作物质的量浓度，以符号 c_B（下标B指基本单元）表示，常用单位mol/L。

$$c_B=\frac{n_B}{V}$$

式中 c_B——物质B的物质的量浓度，mol/L；

n_B——物质B的物质的量，mol；

V——溶液的体积，L。

二、电子天平的基本结构、原理及称量方法

随着现代科学技术的不断发展，电子天平的结构设计一直在不断改进和提高，各种型号的电子天平应运而生，但其基本结构和称量原理都是大同小异的。

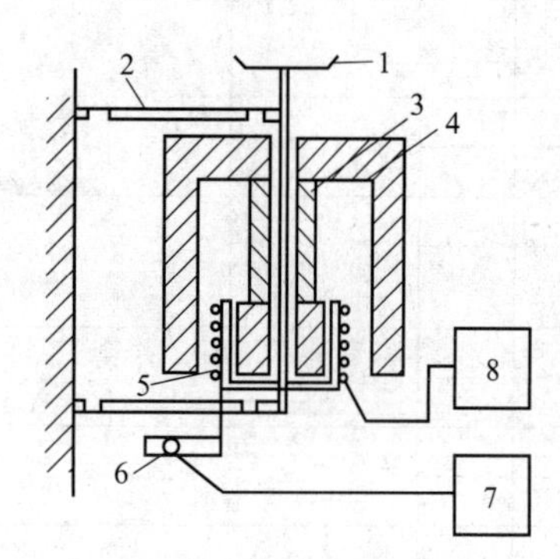

图2-24 电子天平基本结构示意图（上皿式）
1—称量盘；2—簧片；3—磁钢；4—磁回路体；5—线圈及线圈架；6—位移传感器；7—放大器；8—电流控制电路

常见电子天平的基本结构及称量原理示意图，如图2-24所示。

秤盘通过支架与线圈相连，线圈置于磁场中，秤盘与被称物体的重力通过连杆支架作用于线圈上，方向向下。线圈内有电流通过，产生一个向上作用的电磁力，与秤盘重力方向相反，大小相等。位移传感器处于预定的中心位置，当秤盘上的物体质量发生变化时，位移传感器检出位移信号，经调节器和放大器改变线圈的电流直至线圈回到中心位置为止，通过数字显示出物体质量。

天平的称量方法有如下几种。

（1）直接称量法　天平调零点后，将被称物直接放在秤盘上，所得读数即为被称物的质量。这种称量方法适用于称量洁净干燥的器皿、棒状或块状的金属等。

（2）差减法　取适量待称样品置于一洁净干燥的容器（称固体粉状样品用称量瓶，称液体样品可用小滴瓶）中，在天平上准确称量后，转移出欲称量的样品置于实验器皿中，再次准确称量，两次称量读数之差，即所称取样品的质量。如此重复操作，可连续称取若干份样品。这种称量方法适用于一般的颗粒状、粉状及液态样品。由于称量瓶和滴瓶都有磨口瓶塞，对于称量较易吸湿、氧化、挥发的试样很有利。

（3）固定质量称量法（增量法）　这种方法是为了称取固定质量的物质，又称指定质量称量法，如准确称取0.6028g $K_2Cr_2O_7$ 基准试剂。

称量方法：将干燥的小容器（如小烧杯）轻轻放在天平秤盘上，待显示平衡后按“去皮”键扣除皮重并显示零点，然后打开天平门往容器中缓缓加入试样并观察屏幕，当达到所需质量时停止加样，关上天平门，显示平衡后即可记录所称取试样的净重。采用此法进行称

量，最能体现电子天平称量快捷的优越性。

三、容量瓶和移液管的相对校正

容量仪器的容积并不经常与它所标出的大小完全符合，因此在开始工作时尤其对于准确度要求较高的分析工，必须加以校正。

在实际的分析工作中，容量瓶与移液管常常配套使用，如图 2-25 所示。当容量瓶与移液管配套使用时，最重要的不是知道两者的绝对体积，而是两者的容积比是否正确。如用 25mL 移液管从 250mL 容量瓶中移出溶液的体积，是否是容量瓶体积的 1/10。

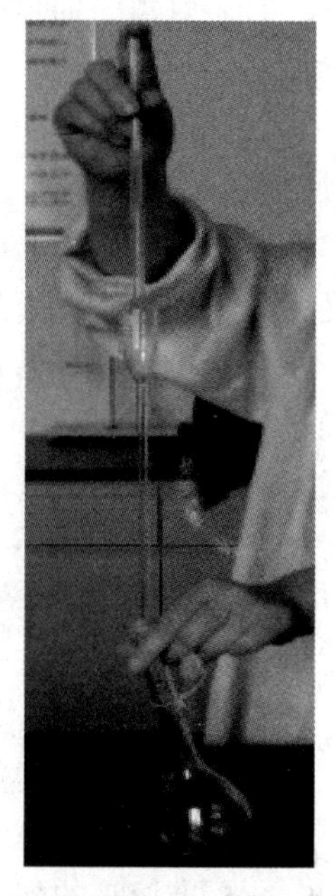

图 2-25　仪器配套使用

在实际的分析工作中，一般只需要做容量瓶和移液管的相对校准。其校准的方法如下。

预先将容量瓶洗净控干，用洁净的 25mL 移液管吸取蒸馏水，放入容积为 250mL 的容量瓶中，平行移取 10 次，观察容量瓶中水的弯月面下缘是否与标线相切，若正好相切，说明移液管与容量瓶体积的比例为 1∶10；若不相切，表示有误差，记下弯月面下缘的位置，待容量瓶沥干后再校准一次；连续两次实验相符后，可在容量瓶颈上作一新标记。以后配合该支移液管使用时，以新标记为准。

在分析工作中，配套使用的移液管和容量瓶，可采用相对校准法，但用作取样的移液管，则必须采用绝对校准法（见项目三“相关知识”）。绝对校准法准确，但操作比较麻烦。相对校准法操作简单，但必须配套使用。

四、实验室用水规格及一般检验

1. 实验室用水规格

分析实验室用水目视外观应为无色透明液体。共分为三个级别：一级水、二级水和三级水。各级实验室用水规格见表 2-9。

表 2-9　分析实验室用水规格

名　　称		一级	二级	三级
pH 范围(25℃)		—	—	5.0～7.5
电导率(25℃)/(mS/m)	≤	0.01	0.1	0.5
可氧化物质[以(O)计]/(mg/L)	<	—	0.08	0.4
吸光度(254nm,1cm 光程)	≤	0.001	0.1	—
蒸发残渣(105℃±2℃)/(mg/L)	≤	—	1.0	2.0
可溶性硅[以(SiO_2)计]/(mg/L)	<	0.01	0.02	—

注：1. 由于在一级水、二级水的纯度下，难以测定其真实的 pH 值，因此，对一级水、二级水的 pH 值范围不做规定。

2. 由于在一级水的纯度下，难以测定可氧化物质和蒸发残渣，对其限量不做规定。可用其他条件和制备方法来保证一级水的质量。

2. 一般检验

按国家标准严格检验纯水很费时，一般化验工作的纯水可通过简单的电导率法和化学方法检验。在此只介绍化学方法检验。

（1）阳离子的检验　取 10mL 水样于干净的试管中，加入 2～3 滴 pH＝10 的氨-氯化铵缓冲溶液，再加入 2～3 滴 0.5%的铬黑 T 指示剂溶液，若溶液呈紫红色，表示有 Ca^{2+}、Mg^{2+} 存在，不合格；若溶液呈蓝色，说明水样合格。

（2）氯离子的检验　取10mL水样于干净的试管中，加入数滴1mol/L的硝酸溶液使之酸化，再加入几滴0.1mol/L的硝酸银溶液，摇匀。若溶液无白色浑浊产生为合格。

（3）硫酸根离子的检验　取1mL水样于干净的试管中，加入1滴1mol/L的盐酸溶液使之酸化，再加入1滴1mol/L的氯化钡溶液，摇匀。若溶液无白色浑浊产生为合格。

（4）指示剂检验pH　取10mL水样，向水样中加入不同的指示剂，根据水样显示的颜色判断水样的pH范围，或用pH试纸检验。三级水在25℃时的pH范围为5.0～7.5。

（5）可溶性硅的检验　取10mL水样于干净的试管中，加入15滴1%钼酸铵溶液、8滴草酸-硫酸混合溶液，摇匀。放置10min，加5滴1%硫酸亚铁铵溶液，摇匀。若溶液呈蓝色，则表示有可溶性硅；若溶液不呈蓝色，则表示无可溶性硅。

项目小结

知识要点

- 分析天平的称量方法和步骤
- 化学试剂的等级和保存
- 标准溶液的配制方法
- 实验室用水
- 浓度的表示和计算
- 移液管和容量瓶的相对校正

技能要点

- 会配制一般溶液
- 会使用电子天平
- 会使用移液管
- 会使用容量瓶
- 会稀释标准溶液
- 会用直接法配制标准滴定溶液

目标检测

一、选择题

1. 实验室中的仪器和试剂应（　　）存放。

A. 混合　　B. 分开　　C. 对应　　D. 任意

2. 分析实验室的试剂药品不应按（　　）分类存放。

A. 酸、碱、盐等　　B. 官能团

C. 基准物、指示剂等　　D. 价格的高低

3. 下列化合物中的（　　）应纳入剧毒物品管理。

A. $NaCl$　　B. Na_2SO_4　　C. $HgCl_2$　　D. H_2O_2

4. 下列单质有毒的是（　　）。

A. 硅　　B. 铝　　C. 汞　　D. 碳

5. 下列氧化物有剧毒的是（　　）。

A. Al_2O_3　　B. As_2O_3　　C. SiO_2　　D. ZnO

6. 常用分析纯试剂的标签色带是（　　）。

A. 蓝色　　B. 绿色　　C. 黄色　　D. 红色

7. 常用分析纯试剂的代码是（　　）。

A. CP　　B. AR　　C. GR　　D. LR

8. 分析实验室用水的等级分为（　　）。

A. 四级　　B. 一级　　C. 二级　　D. 三级

9. 一般化学分析用水应选择（　　）。

A. 三级水　　B. 一级水　　C. 二级水　　D. 自来水

10. 分析实验室用水的检验项目不包括（　　）。

A. pH 值　　B. 电导率　　C. 化学耗氧量　　D. 吸光度

11. 配制一般溶液用（　　）来称量溶质即可。

A. 分析天平　　B. 托盘天平　　C. 电子天平　　D. 半自动光电天平

12. 配制一般溶液用（　　）来量取溶液体积即可。

A. 容量瓶　　B. 移液管　　C. 量筒或量杯　　D. 滴定管

13. 标准溶液的配制方法有（　　）。

A. 间接配制法和标定法　　B. 直接配制法和计算法

C. 直接配制法和标定法　　D. 直接标定法和间接标定法

14. 制备标准溶液用水，在未注明其他要求时，应符合 GB/T 6682—2008（　　）的规格。

A. 一级水　　B. 二级水　　C. 三级水　　D. 自来水

15. 制备标准溶液所用试剂的纯度应在（　　）。

A. 分析纯以上　　B. 化学纯以上　　C. 分析纯以下　　D. 化学纯以下

16. 不同的标准溶液，保存的有效期（　　）。

A. 相同　　B. 均为一年　　C. 不同　　D. 均为 3 个月

17. 欲配制 pH=10 的缓冲溶液选用的物质组成是（　　）。

A. NH_3-NH_4Cl　　B. HAc-NaAc

C. NH_3-NaAc　　D. HAc-NH_4Cl

18. 称量易吸湿的固体样应用（　　）盛装。

A. 研钵　　B. 表面皿　　C. 小烧杯　　D. 高型称量瓶

19. 下列仪器不能加热的是（　　）。

A. 烧杯和试管　　B. 容量瓶和滴定管　　C. 坩埚和小烧杯　　D. 锥形瓶和试管

20. 烘干基准物，可选用（　　）盛装。

A. 小烧杯　　B. 研钵　　C. 矮型称量瓶　　D. 锥形瓶

21. 用容量瓶配制标准溶液，操作不当的是（　　）。

A. 应在烧杯中先溶解后，再用容量瓶定容　　B. 热溶液应冷至室温后定容

C. 定容后溶液就算配好　　D. 需避光的溶液应用棕色容量瓶配制

22. 下列容量瓶的使用不正确的是（　　）。

A. 使用前应检查是否漏水　　B. 瓶塞与瓶应配套使用

C. 使用前在烘箱中烘干　　D. 容量瓶不宜代替试剂瓶使用

23. 下面有关移液管的洗涤使用正确的是（　　）。

A. 用自来水洗净后即可移液　　B. 用蒸馏水洗净后即可移液

C. 用洗涤剂洗后即可移液　　D. 用移取液润洗干净后即可移液

24. 下面有关移液管的使用正确的是（　　）。

A. 一般不必吹出残留液　　B. 用蒸馏水洗净后即可移液

C. 用蒸馏水洗净后，加热烘干即可使用　D. 移液管只能粗略地量取一定量液体体积

25. 滴定分析用的标准溶液是（　　）。

A. 确定了浓度的溶液　　B. 用基准试剂配制的溶液

C. 用于滴定分析的溶液　　D. 确定了准确浓度，用于滴定分析的溶液

26. 用于直接法制备标准溶液的试剂的是（　　）。

A. 专用试剂　　B. 基准试剂　　C. 分析纯试剂　　D. 化学纯试剂

27. 不符合滴定分析对所用基准试剂要求的是（　　）。

A. 在一般条件下性质稳定　　B. 实际组成与化学式相符

C. 主体成分含量99.95%～100.05%　D. 杂质含量≤0.1%

28. 用直接法配制0.1mol/L NaCl标准溶液正确的是（NaCl的摩尔质量是58.44g/mol）（　　）。

A. 称取5.844g基准NaCl溶于水，移入1L容量瓶中稀释至刻度摇匀

B. 称取5.9g基准NaCl溶于水，移入1L烧杯中，稀释搅拌

C. 称取5.8440g基准NaCl溶于水，移入1L烧杯中，稀释搅拌

D. 称取5.9g基准NaCl溶于水，移入1L试剂瓶中，稀释搅拌

29. 12.26＋7.21＋2.1341三个数相加，由计算器所得结果为21.6041应修约为（　　）。

A. 21　　B. 21.6　　C. 21.60　　D. 21.604

30. 由计算器算得$\frac{2.236\times1.1124}{1.036\times0.2000}$的结果为12.004471，按有效数字运算规则，应将结果修约为（　　）。

A. 12.00　　B. 12.0045　　C. 12　　D. 12.0

二、判断题

1. mol/L是物质的量浓度的法定计量单位。（　　）

2. 用纯水洗涤玻璃仪器时，使其既干净又节约用水的方法原则是少量多次。（　　）

3. 蒸馏水就是去离子水。（　　）

4. 不同的分析方法选择不同级别的蒸馏水可以节省开支。（　　）

5. 应根据不同的实验要求合理地选择相应规格的试剂。（　　）

6. 在分析化学实验中常用分析纯的试剂。（　　）

7. 凡是基准物质，使用前都需进行灼烧处理。（　　）

8. 准确称取分析纯的固体NaOH，就可以直接配制标准溶液。（　　）

9. 电子天平一定比普通电光天平的精度高。（　　）

10. 分析天平的灵敏度越高，其称量的准确度越高。（　　）

11. 选择天平时既要考虑天平的最大载荷，又要考虑称量的准确程度。（　　）

12. 电子天平使用前应预热较长一段时间。（　　）

13. 在天平的维护上要注意天平的防震、防潮、放腐蚀等。(　　)

14. 配制一般溶液精度要求不高，1～2 位有效数字即可。(　　)

15. 急需使用时，容量瓶可做烘干处理。(　　)

三、简答题

1. 电子天平称量前应做哪些检查？

2. 分析天平的称量方法有哪几种？

3. 直接称量法、减量称量法、固定质量称量法各适合称量什么样品？

4. 在实验中称量数据应准确到几位？为什么？

5、移液管已用自来水、蒸馏水洗净，为何还需要用待移溶液润洗三遍？

6. 移液管和容量瓶能烘干和加热吗？为什么？

7. 玻璃仪器洗净的标志是什么？

项目三

测定工业硫酸纯度

硫酸（H_2SO_4）是三大无机强酸（硫酸、硝酸、盐酸）之一，是一种无色无味油状液体。常用的浓硫酸的质量分数为98.3%，其密度为1.84g/cm^3，其物质的量浓度为18.4mol/L，熔点10.371℃，沸点337℃。易溶于水，能以任意比与水混溶，浓硫酸溶解时放出大量的热，因此浓硫酸稀释时应该“酸入水，沿器壁，慢慢倒，不断搅”。硫酸是非常重要的化工原料，用途十分广泛。平时我们广泛接触的铅酸蓄电池里面的酸就是硫酸。硫酸具有非常强的腐蚀性，使用、贮存、运输都要注意安全。

工业硫酸纯度常用酸碱滴定法测定，酸碱滴定法以酸碱反应为基础的滴定分析方法。酸碱滴定法的反应的实质如下。

$$H^+ + OH^- \longrightarrow H_2O$$

在酸碱滴定方法中，常用的标准滴定溶液（滴定剂）有强酸溶液，如HCl、H_2SO_4；强碱溶液，如NaOH、KOH等。工业硫酸纯度常用NaOH标准滴定溶液进行直接测定，测定反应如下。

$$H_2SO_4 + 2NaOH \longrightarrow Na_2SO_4 + 2H_2O$$

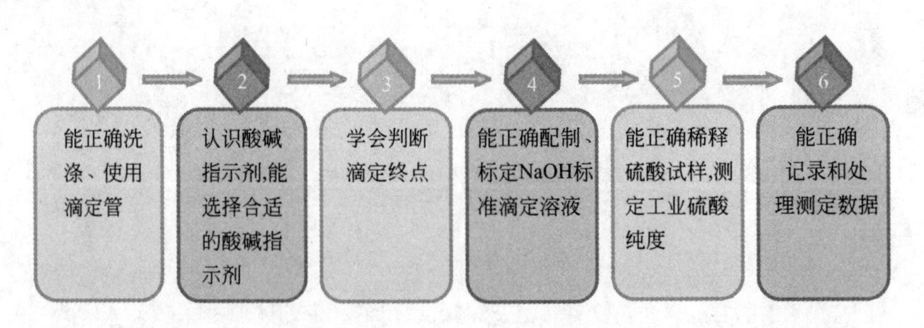

任务一　学会使用滴定管

活动一　准备仪器与试剂

准备仪器

酸式滴定管、碱式滴定管，聚四氟乙烯活塞滴定管、锥形瓶、量筒、烧杯、玻璃棒、洗瓶、滤纸。

准备试剂

0.1mol/L NaOH 溶液、0.1mol/L $\frac{1}{2}H_2SO_4$ 溶液、1g/L 甲基橙（简称 MO）指示剂溶液、2g/L 酚酞（PP）指示剂乙醇溶液。

活动二　认识滴定管

滴定管是准确测量溶液体积的量出式器。常见的滴定管分为酸式滴定管、碱式滴定管和聚四氟乙烯活塞酸碱两用滴定管，目前普遍使用聚四氟乙烯活塞酸碱两用滴定管。滴定管标称容量通常有 50mL 和 25mL 两种，最小刻度为 0.1mL，读数可估读到 0.01mL。常量分析常用滴定管及标识如图 3-1 所示。

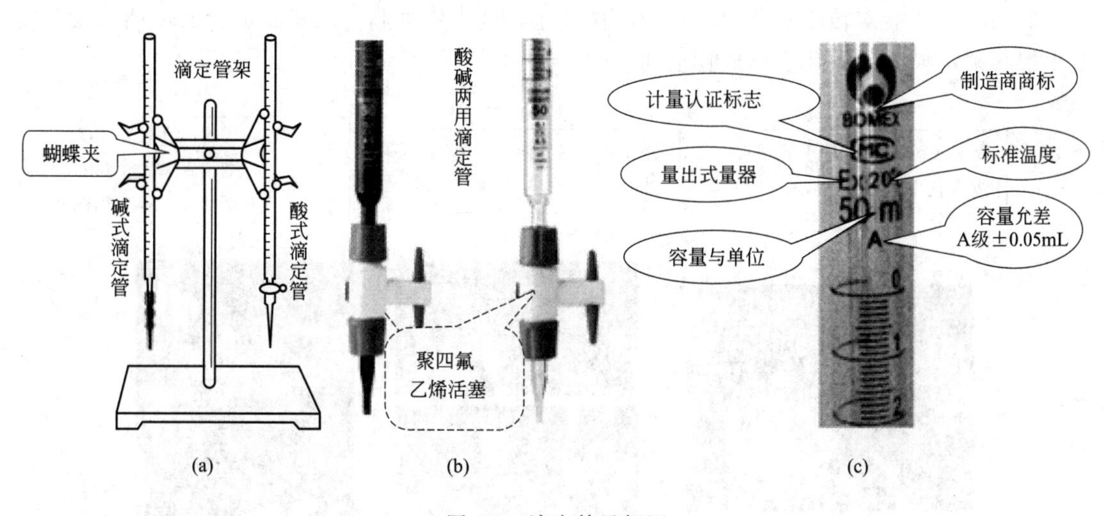

图 3-1　滴定管及标识

注　意

滴定管“0”刻度线以上，50mL 滴定管“50”刻度线以下是没有刻度的，所以，滴定时盛装的溶液不能超过“0”刻度线以上，不能低于“50”刻度线以下。

活动三　滴定管使用前的准备

使用滴定管一般遵循如下步骤。

(1) 检查　滴定管外观是否破损，刻度线是否清晰，活塞能否顺反转动，松紧是否合适；碱式滴定管的橡胶管是否老化，轮捏玻璃珠松紧是否适度。

(2) 试漏　试漏方法如图 3-2 所示。

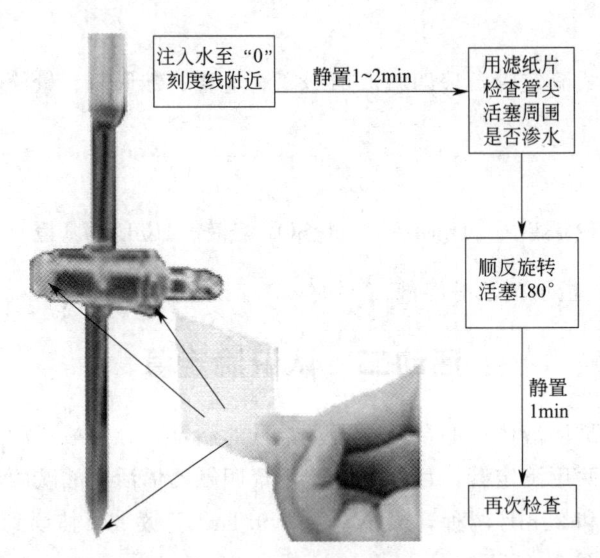

图 3-2　滴定管试漏

如果漏水或活塞转动不灵活，必须涂抹凡士林或真空油脂。碱式滴定管的玻璃珠太大或太小都必须更换。涂抹凡士林或真空油脂的方法如图 3-3 所示。

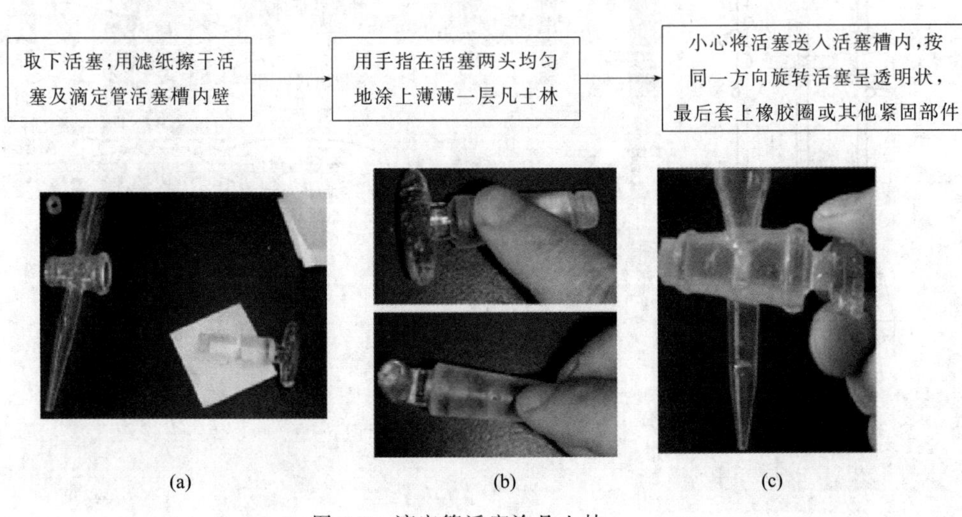

图 3-3　滴定管活塞涂凡士林

(3) 洗涤　滴定管洗涤如图 3-4 所示。

(4) 装液排气泡　滴定管“50”刻度线以下是没有刻度的，所以管尖不能有气泡。碱式滴定管、酸式滴定管的排气泡方法如图 3-5 所示。

(5) 读数与调零点　滴定管读数如图 3-6 所示。

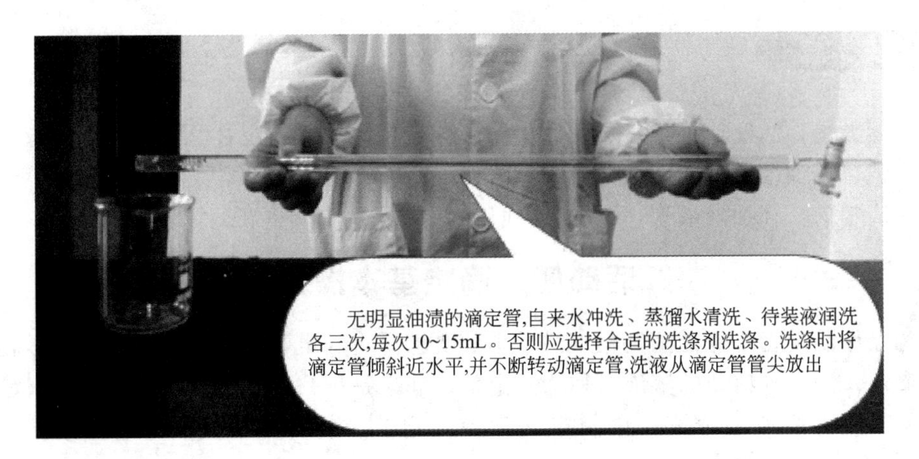

图 3-4　滴定管洗涤

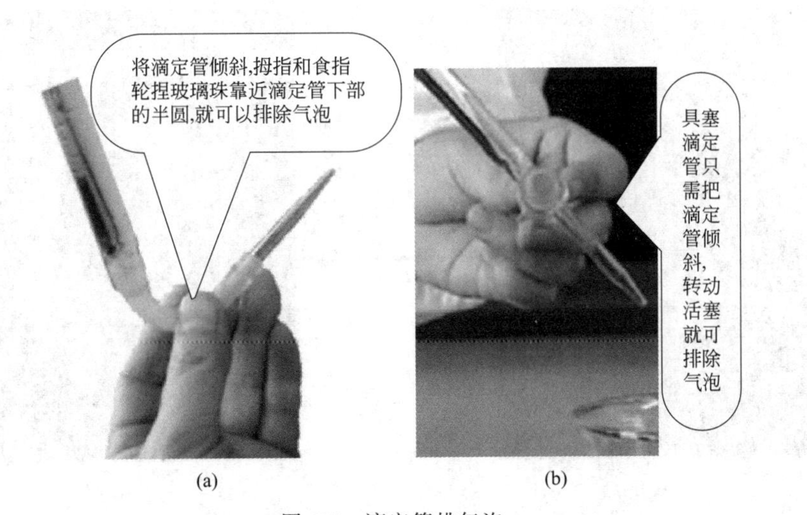

图 3-5　滴定管排气泡

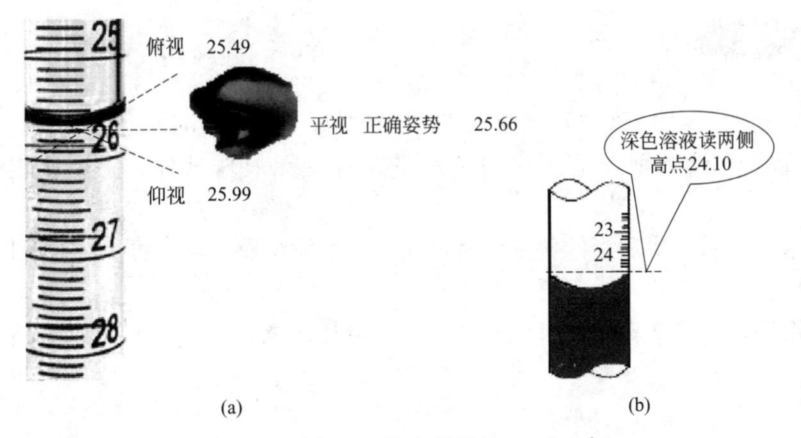

图 3-6　滴定管读数

聚四氟乙烯活塞酸碱两用滴定管的操作与酸式滴定管相似，无特殊要求，本教程所用滴定管为聚四氟乙烯活塞酸碱两用滴定管。

注 意

（1）读数前，活塞应关至水平，管尖无液珠悬挂，手持滴定管呈自然垂直状态。

（2）装、放液结束后，必须等待1～2min才可读数。

（3）滴定前，补加溶液到“0”刻度线以上5mm左右，重新调零。

活动四　滴定基本操作

熟练操作滴定管是保证滴定精度最基本的要求。将滴定管里的溶液滴加到锥形瓶中的过程称为滴定，滴定管盛装的溶液又称为滴定剂。如果是用一已知准确浓度的标准滴定溶液测定另一标准滴定溶液的浓度，该滴定又称为标定。滴定时，手握滴定管的姿势如图3-7所示。

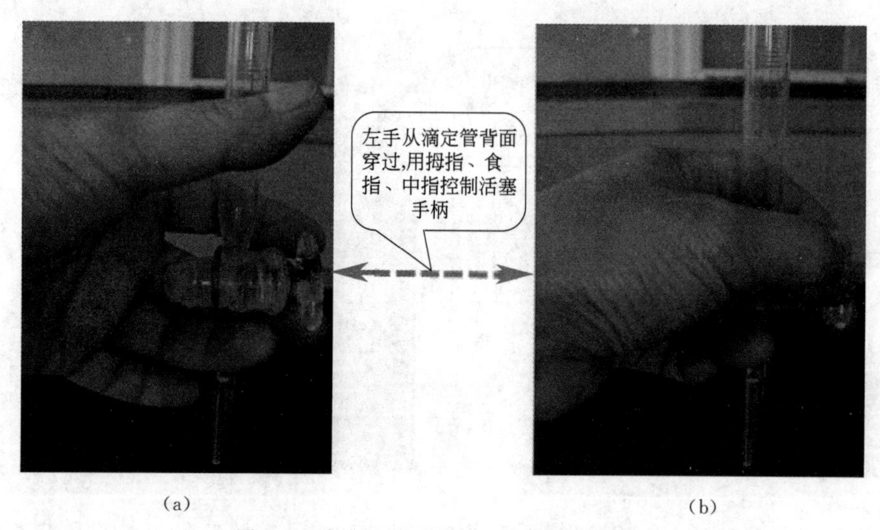

图3-7　滴定操作手握滴定管活塞示意图

注 意

（1）滴定速率，开始可“见滴呈线”，每秒3～4滴。接近终点，应一滴一滴加入，最后是半滴靠入。读数前，活塞应关至水平，管尖无液珠悬挂，手中滴定管呈自然垂直状态。

（2）靠入液滴后，要适当倾斜锥形瓶，让瓶内溶液浸没靠点，再用洗瓶，以少量蒸馏水吹洗锥形瓶内壁。

（3）滴定前，管尖液珠应靠出（如用洁净小烧杯内壁接入），滴定结束，管尖液珠应靠入锥形瓶。

氢氧化钠和硫酸溶液都没有颜色，滴定过程中也没有颜色变化，怎样知道滴定反应刚好反应完全了啦？

活动五　终 点 判 断

一、以酚酞作指示剂，用 NaOH 溶液滴定 H_2SO_4 溶液

用 NaOH 溶液滴定 H_2SO_4 溶液如图 3-8 所示。

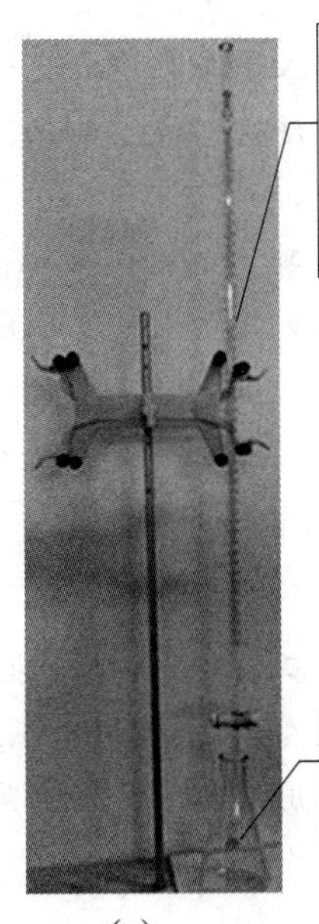

(1) 准备两只滴定管分别装入 NaOH 和 H_2SO_4 溶液；
(2) 排气泡、调零；
(3) 用 NaOH 溶液滴定锥形瓶里的 H_2SO_4 溶液，至溶液由无色变为微红色，30s 不褪色为滴定终点；
(4) 记录消耗 NaOH 溶液的体积，平行测定五次。

(b)

(c)

(1) 从滴定管中放出 20～25mL H_2SO_4 溶液到锥形瓶；
(2) 在锥形瓶里滴加 1～2 滴酚酞指示剂，摇匀。

(a)

图 3-8　NaOH 溶液滴定 H_2SO_4 溶液

注　意

仔细观察滴定剂落点周围的颜色变化，并注意颜色的变化快慢，快到终点时，滴定速率一定要慢，使用半滴靠入。

二、以甲基橙作指示剂，用 H_2SO_4 溶液滴定 NaOH 溶液

用 H_2SO_4 溶液滴定 NaOH 溶液如图 3-9 所示。

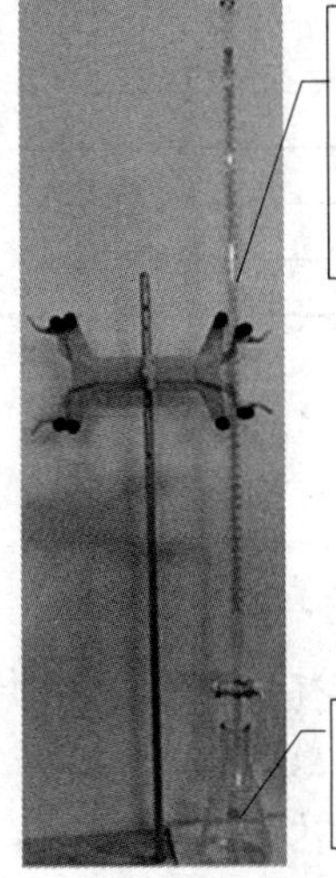

(1) 准备两只滴定管分别装入 NaOH 和 H_2SO_4 溶液；
(2) 排气泡、调零；
(3) 用 H_2SO_4 溶液滴定锥形瓶里的溶液，至溶液由黄色变为橙色，保持 30s 不褪色即为滴定终点；
(4) 记录消耗 H_2SO_4 溶液的体积，平行测定五次。

(b)

(c)

(1) 从碱式滴定管中放出 20～25mL NaOH 溶液到锥形瓶；
(2) 在锥形瓶里滴加 1～2 滴甲基橙指示剂，摇匀。

(a)

图 3-9　H_2SO_4 溶液滴定 NaOH 溶液

化学计量点 滴定反应刚好完成这一点称为化学计量点。如 1mol NaOH 与 0.5mol H_2SO_4刚好反应完成这一点。

指示剂 为确定化学计量点，常在锥形瓶溶液中，加入少量的能在化学计量点附近发生颜色变化的试剂，并把指示剂颜色发生变化的这一点称为滴定终点。酸碱滴定所用的指示剂又称为酸碱指示剂，常用的酸碱指示剂有酚酞、甲基橙等。

酸碱指示剂一般是结构比较复杂的有机弱酸或有机弱碱。改变溶液的 pH，指示剂的离解平衡被破坏，从而使指示剂呈现不同的颜色，这就是酸碱指示剂的变色原理。如下所示为甲基橙的变色原理。

$$^{-}O_3S-C_6H_4-N{=}N-C_6H_4-N(CH_3)_2 \underset{OH^-}{\overset{H^+}{\rightleftharpoons}} {}^{-}O_3S-C_6H_4-NH-N{=}C_6H_4{=}\overset{+}{N}(CH_3)_2$$

碱性显黄色　　变色范围 pH＝3.1～4.4　　酸性显红色

甲基橙在 pH＜3.1 的溶液里呈红色，在 pH＞4.4 的溶液里呈橙色，把 pH 为 3.1～4.4 这个区间称为指示剂变色范围。又如酚酞指示剂，在 pH＜8.2 的溶液里呈无色，在 pH＞10.0 的溶液里呈红色，酚酞的变色范围为 8.2～10.0。常用的酸碱指示剂见附录表二。

三、记录与处理实验数据

见表 3-1、表 3-2。

表 3-1 酚酞作指示剂，用 NaOH 溶液滴定 H_2SO_4溶液

实验内容＼实验编号	1	2	3	4	5
$V(H_2SO_4)$/mL					
$V(NaOH)$/mL					
$V(H_2SO_4)/V(NaOH)$					
$V(H_2SO_4)/V(NaOH)$平均值					

表 3-2 甲基橙作指示剂，用 H_2SO_4溶液滴定 NaOH 溶液

实验内容＼实验编号	1	2	3	4	5
$V(NaOH)$/mL					
$V(H_2SO_4)$/mL					
$V(H_2SO_4)/V(NaOH)$					
$V(H_2SO_4)/V(NaOH)$平均值					

(1) 指示剂本身为有机弱酸或弱碱，用量不能太多。

(2) 滴定前，滴定管管尖悬挂的液珠应用洁净干燥的小烧杯内壁靠掉，并检查零点；终点后，滴定管管尖悬挂的液珠应靠入锥形瓶，因该滴溶液已计数。

(3) 在滴定分析中，滴定管读数误差为±0.01mL，在一次滴定过程中，要读两次数，可能造成的最大误差为±0.02mL。所以，为了保证滴定的相对误差控制在±0.1%，滴定消

耗的滴定剂的体积 V 应满足：$\frac{|\pm 0.02|}{V}\times 100\% \leqslant |\pm 0.1\%|$，则 $V \geqslant 20$mL，所以一般要求滴定剂消耗体积在 30mL 左右。

任务二　制备 NaOH 标准滴定溶液

活动一　准备仪器与试剂

准备仪器

托盘天平、分析天平、称量瓶、滴定分析常用仪器（滴定管、移液管、锥形瓶、容量瓶、量筒、烧杯、玻璃棒、洗瓶）。

准备试剂

NaOH（AR）（图 3-10）、邻苯二甲酸氢钾（基准物质）、10g/L 酚酞指示剂乙醇溶液、工业硫酸试样、甲基红-亚甲基蓝混合指示剂。

图 3-10　NaOH 试剂

小知识

（1）甲基红-亚甲基蓝混合指示剂的配制（变色点 pH=5.4，酸式色为紫红色，碱式色为绿色）取 1g/L 的甲基红乙醇溶液与 1g/L 的亚甲基蓝乙醇溶液按 1∶2 体积比混合。

（2）混合指示剂的特点　混合指示剂一般由两种或多种指示剂（或指示剂与染料）混合而成，具有变色范围窄，终点颜色变化敏锐等特点，能使滴定误差更小。常用的混合指示剂见附录二。

活动二　配制 NaOH 标准滴定溶液

市售的 NaOH 容易吸收 CO_2 和 H_2O，不能用直接法配制，NaOH 标准滴定溶液用间接法配制。现以配制 0.1mol/L NaOH 标准滴定溶液为例，介绍其配制过程，如图 3-11 所示。

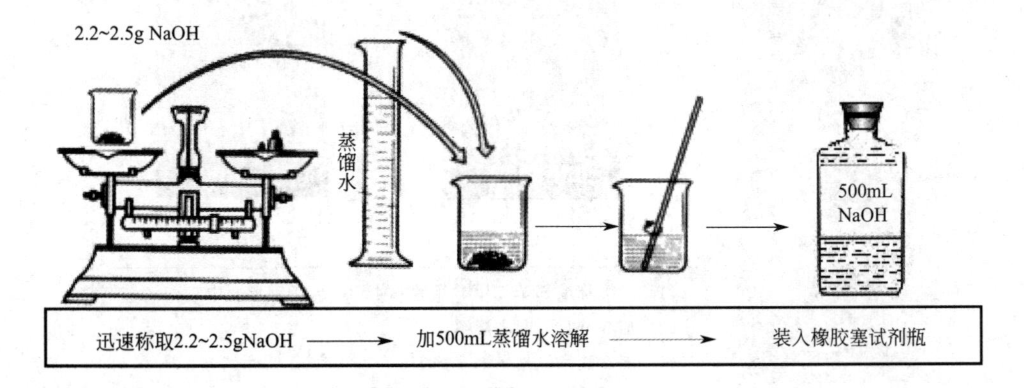

图 3-11　配制 NaOH 标准滴定溶液

间接法（也叫标定法） 很多试剂不符合基准物质的要求，不能直接配制标准滴定溶液，先配制近似于所需浓度的溶液，再用其他标准滴定溶液或基准物质标定其准确浓度。

NaOH 有腐蚀性，易潮解，称量要迅速。溶解前，先用少量蒸馏水洗去表面可能含有的 Na_2CO_3，再加无 CO_2 的蒸馏水溶解。

GB/T 601—2002《化学试剂标准滴定溶液的制备》氢氧化钠标准溶液的配制是称取 100g 氢氧化钠溶于 100mL 水中，摇匀倒入聚乙烯瓶中，密闭放置至溶液清亮，再吸取 5mL 饱和溶液注入 1000mL 无二氧化碳的水中。由于学生称样量太大，不宜每人亲自操作，这里不采用。

活动三　标定 NaOH 标准滴定溶液

标定 NaOH 标准滴定溶液浓度，常用邻苯二甲酸氢钾基准物质。标定反应如下。

$$C_6H_4(COOH)(COOK) + NaOH \longrightarrow C_6H_4(COONa)(COOK) + H_2O$$

若邻苯二甲酸氢钾的浓度为 0.1mol/L，化学计量点的 pH＝9.11，因此，可用酚酞（变色范围 pH＝8.2～10.0）作指示剂，锥形瓶里溶液由无色变为微粉红色为终点。用邻苯二甲酸氢钾标定 NaOH 标准滴定溶液如图 3-12 所示。

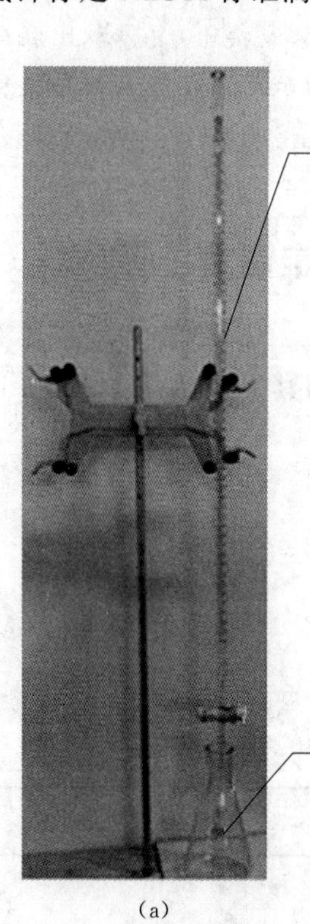

(a)

（1）装入待标定的 NaOH 标准滴定溶液；
（2）用 NaOH 标准滴定溶液滴定至锥形瓶中的溶液呈粉红色，并保持 30s；
（3）记录 NaOH 标准滴定溶液消耗的体积；
（4）平行测定 3 次，同时做空白试验。

(b)

(c)

（1）准确称取邻苯二甲酸氢钾 0.4～0.6g 于锥形瓶中；
（2）加 50mL 蒸馏水溶解；
（3）加 2 滴酚酞指示剂，摇匀。

图 3-12　邻苯二甲酸氢钾标定 NaOH 标准滴定溶液

滴定分析对化学反应的基本要求。

(1) 反应必须严格按化学反应方程式的计量关系进行，没有副反应。

(2) 化学反应必须进行完全，被测组分必须有99.9%以上转化为生成物。

(3) 反应速率要快，速率较慢的反应可通过加热或加入催化剂等方法来加快反应速率。

(4) 有适当的指示剂或其他方法确定滴定终点。

活动四　记录与处理数据

1. 计算公式

$$c(\mathrm{NaOH})=\frac{m(\mathrm{KHC_8H_4O_4})}{M(\mathrm{KHC_8H_4O_4})(V-V_0)\times 10^{-3}}$$

式中　$c(\mathrm{NaOH})$——NaOH标准滴定溶液的浓度，mol/L；

$M(\mathrm{KHC_8H_4O_4})$——邻苯二甲酸氢钾的摩尔质量，g/mol；

$m(\mathrm{KHC_8H_4O_4})$——基准邻苯二甲酸氢钾的质量，g；

V_0——空白试验消耗NaOH溶液的体积，mL；

V——滴定时消耗NaOH溶液的体积，mL。

2. 记录与处理数据

见表3-3。

表3-3　标定NaOH标准滴定溶液

实验内容＼实验编号	1	2	3
倾倒前称量瓶＋$\mathrm{KHC_8H_4O_4}$/g			
倾倒后称量瓶＋$\mathrm{KHC_8H_4O_4}$/g			
$m(\mathrm{KHC_8H_4O_4})$/g			
NaOH溶液初读数/mL			
NaOH溶液终读数/mL			
$V(\mathrm{NaOH})$/mL			
V_0/mL			
$c(\mathrm{NaOH})$/(mol/L)			
NaOH的平均浓度/(mol/L)			
相对极差/%			

小知识

(1) 称量范围　万分之一分析天平称量误差为±0.0001g。一次称量要读两次数，可能造成的最大误差为±0.0002g。所以，为了保证称量的相对误差控制在±0.1%，称取的最小质量m应满足：$\frac{|\pm 0.0002|}{m}\times 100\%\leqslant|\pm 0.1\%|$，则$m\geqslant 0.2$g。

(2) 空白试验　空白试验就是在不加试样的情况下，按照试样分析同样的操作规程和条件进行的平行测定，测定所得结果称为空白值。空白值一般由试剂和器皿带进杂质造成，处理检测数据时应扣除空白值。

任务三　工业硫酸纯度的测定

活动一　准备待测工业硫酸试样

工业硫酸（见图 3-13）浓度太高，需稀释后，方可测定。待测工业硫酸试样的准备过程如图 3-14 所示。

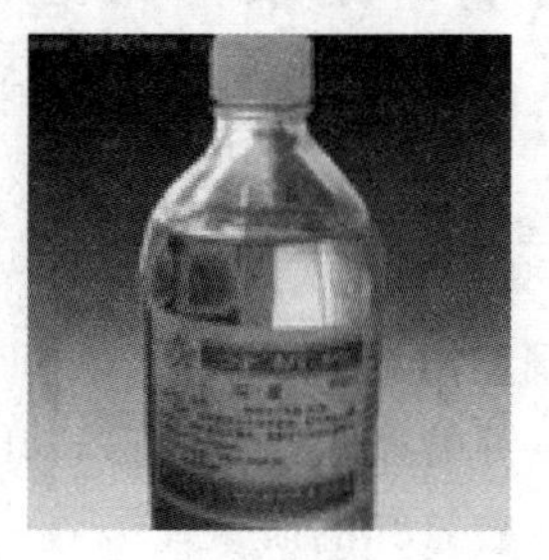

图 3-13　工业硫酸试样

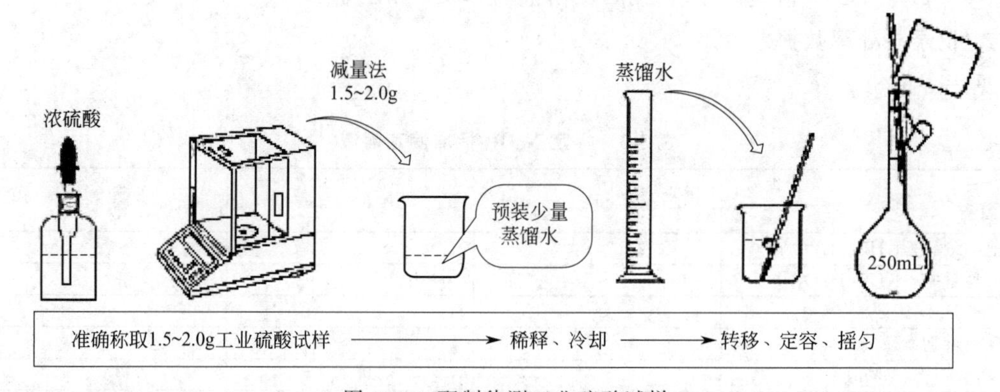

图 3-14　配制待测工业硫酸试样

注　意

浓硫酸具有较强的吸水性、腐蚀性，称量时要小心，注意安全。用减量法称量浓硫酸。盛装稀释浓硫酸的小烧杯应预先装少量水，滴管靠烧杯内壁滴入浓硫酸，适当摇匀，防止局部过热。溶液冷却至常温后，再转移、定容、摇匀。

活动二　测定工业硫酸纯度

测定工业硫酸纯度的基本单元反应如下。

$$\frac{1}{2}H_2SO_4+NaOH = \frac{1}{2}Na_2SO_4+H_2O$$

测定工业硫酸纯度如图 3-15 所示。

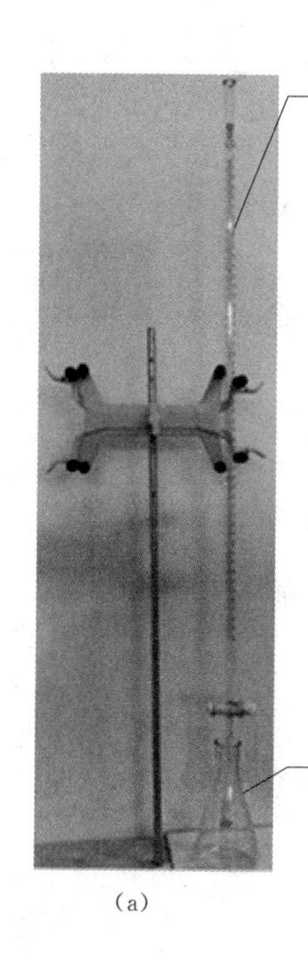

(1) 装入已标定好的 NaOH 标准滴定溶液；
(2) 用 NaOH 标准滴定溶液滴定至溶液由红紫色变为灰绿色，保持 30s 不褪色即为终点；
(3) 记录 NaOH 标准滴定溶液消耗的体积；
(4) 平行测定 3 次，同时做空白试验。

(b)

(c)

(1) 用移液管准确移取 25.00mL 硫酸待测试样于锥形瓶中。
(2) 加 25mL 蒸馏水，摇匀。
(3) 滴加 2～3 滴甲基红-亚甲基蓝混合指示剂，滴定。

(a)

图 3-15 测定工业硫酸纯度

小知识

1. 滴定曲线

将滴定过程消耗的滴定剂的体积与溶液对应的 pH 记录下来，以 pH 作纵坐标，消耗滴定剂体积 V 为横坐标绘制的曲线。例如，用 0.1mol/L NaOH 溶液滴定 0.1mol/L HCl 溶液的滴定曲线如图 3-16 所示。

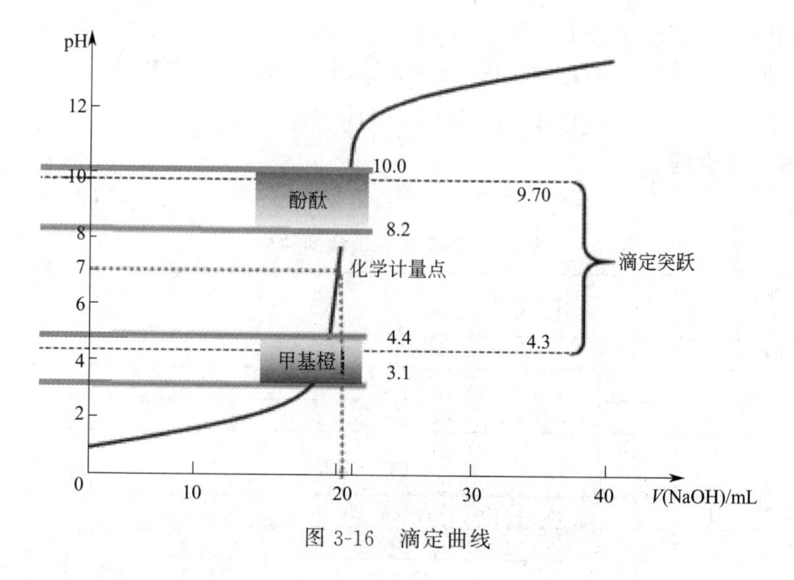

图 3-16 滴定曲线

通常情况下，滴定到±0.1%范围时，溶液的 pH 变化较快，把 pH 这一变化范围叫滴定突跃。如上述滴定的 pH 突跃范围是 4.30～9.70。滴定曲线的主要作用是寻找合适的指示剂。

2. 终点误差

利用指示剂颜色变化来确定滴定终点，当滴定终点与化学反应计量点不一致时，这就在滴定过程中带来了滴定误差。常量分析，一般要求滴定误差<0.1%。

3. 指示剂选择

选择指示剂的原则：一是指示剂的变色范围全部或部分落入滴定突跃范围内；二是指示剂的变色点尽量靠近化学计量点。

不是所有的酸碱反应都适用于酸碱滴定法。用强酸（强碱）滴定弱碱（弱酸）时，只有保证弱碱的 $cK_{b(i)} \geqslant 10^{-8}$ 或弱酸的 $cK_{a(i)} \geqslant 10^{-8}$，这一级离解出来的 OH^-（或 H^+）才可以被滴定。当相邻的两级离解平衡常数 $\frac{K_{a(i)}}{K_{a(i+1)}} \geqslant 10^5$ 或 $\frac{K_{b(i)}}{K_{b(i+1)}} \geqslant 10^5$ 时，较强的那一级离解出来的 H^+（或 OH^-）才可能先被滴定，出现第一个滴定突跃。

活动三　记录与处理数据

1. 计算公式

$$w(H_2SO_4) = \frac{c(NaOH)[V(NaOH) - V_0] \times 10^{-3} M\left(\frac{1}{2}H_2SO_4\right)}{m(\text{试样}) \times \frac{25}{250}} \times 100\%$$

式中　$c(NaOH)$——NaOH 标准滴定溶液的浓度，mol/L；

$M(\frac{1}{2}H_2SO_4)$——硫酸基本单元的摩尔质量，g/mol；

$m(\text{试样})$——硫酸试样的质量，g；

$V(NaOH)$——滴定时消耗 NaOH 溶液的体积，mL；

V_0——空白试验消耗 NaOH 溶液的体积，mL。

2. 记录与处理数据

见表 3-4。

表 3-4　测定工业硫酸的纯度

实验编号 / 实验内容	1	2	3
$c(NaOH)/(mol/L)$			
滴液前滴瓶+试样/g			
滴液后滴瓶+试样/g			
$m(\text{试样})/g$			
$V(NaOH)$溶液初读数/mL			
$V(NaOH)$溶液末读数/mL			
$V(NaOH)/mL$			
V_0/mL			
$w(H_2SO_4)/\%$			
$\bar{w}(H_2SO_4)/\%$			
相对极差/%			

过程评价

见表 3-5。

表 3-5　过程评价

操作项目	不规范操作项目名称	小组互评			教师评价
		是	否	扣分	
基准物和试样称量操作（每项 1 分，共 10 分）	不看水平				
	不清扫或校正天平零点后清扫				
	称量开始或结束零点不校				
	用手直接拿取滴瓶				
	滴瓶放在桌子台面上				
	称量时或滴样时不关门，或开关门太重使天平移动				
	称量物品洒落在天平内或工作台上				
	离开天平室物品留在天平内或放在工作台上				
	工业硫酸试样称样量超出称量范围				
	工业硫酸试样称样量超出 5%				
	每重称 1 份，在总分中扣 5 分				
玻璃器皿洗涤（每项 1 分，共 3 分）	滴定管挂液				
	移液管挂液				
	容量瓶挂液				
容量瓶的定容操作（每项 2 分，共 10 分）	试液未冷却或转移操作不规范				
	试液溅出				
	烧杯洗涤不规范				
	稀释至刻线不准确				
	2/3 处未平摇或定容后摇匀动作不正确				
移取管操作（每项 2 分，共 10 分）	移液管未润洗或润洗不规范				
	吸液时吸空或重吸				
	放液时移液管不垂直				
	移液管管尖不靠壁或触杯底				
	放液后不停留一定时间（约 15s）				
滴定管操作（15 分）	滴定管不试漏或滴定中漏液，扣 1 分				
	滴定管未润洗或润洗不规范，扣 1 分				
	装液操作不正确或未赶气泡，扣 1 分				
	调“0”刻线时，溶液放在地面上或水槽中，扣 1 分				
	滴定操作不规范，扣 1 分				
	滴定速率控制不当，扣 1 分				
	标定终点浅红色把握不当，过头或不到扣 3 分				
	测定终点灰绿色把握不当，过头或不到扣 3 分				
	平行测定时，不看指示剂颜色变化，而看滴定管的读数，扣 3 分				
	读数操作不对，扣 3 分				
	每重滴 1 份，在总分中扣 5 分				
数据记录及处理（5 分）	不记在规定的记录纸上，扣 5 分				
	计算过程及结果不正确，扣 5 分				
	有效数字位数保留不正确或修约不正确，扣 1 分				
结束工作（每项 1 分，共 3 分）	玻璃仪器不清洗或未清洗干净				
	废液不处理或不按规定处理				
	工作台不整理或摆放不整齐				
损坏仪器（4 分）	每损坏一件仪器扣 4 分				
总分					

一、准确度与精密度

分析测定结果的好坏常用准确度和精密度表示。

1. 准确度与误差

准确度是指测定值接近真实值的程度，其大小用误差表示。误差分为绝对误差和相对误差两种。

$$绝对误差(E_a)=测定值(x_i)-真实值(\mu)$$

$$相对误差(E_r)=\frac{绝对误差}{真实值}\times100\%=\frac{E_a}{\mu}\times100\%$$

通常用相对误差比较测定结果的准确度。

【例 3-1】 用分析天平称量两个试样，称得 1 号为 1.7542g，2 号为 0.1754g。假定两者的真实质量分别为 1.7543g 和 0.1755g，经计算，两者的绝对误差均为－0.0001g，求两者称量的相对误差。

解：两者称量的相对误差分别为：

1 号　$E_{r1}=\frac{-0.0001}{1.7543}\times100\%=-0.0057\%$

2 号　$E_{r2}=\frac{-0.0001}{0.1755}\times100\%=-0.057\%$

虽然两者的绝对误差一样，但相对误差却相差 10 倍。可见用相对误差更能表达测定（称量）值与真实值之间的关系。还可以看出，称样量越大，相对误差越小。

2. 精密度与偏差

精密度是指在相同条件下，对同一试样，进行多次平行测定的结果相互接近的程度。其大小通常用偏差表示。偏差愈小，说明平行测定的精密度愈高。滴定分析常用相对平均偏差和相对极差表示精密度。

分析中，设平行测定了 n 次，测定结果分别为 x_1、x_2、x_3、…、x_n。测定结果的算术平均值用下式计算。

$$\bar{x}=\frac{x_1+x_2+\cdots+x_n}{n}$$

（1）绝对偏差（d_i）　$d_i=x_i-\bar{x}$

（2）平均偏差（$\bar{d}$）　$\bar{d}=\frac{\sum|x_i-\bar{x}|}{n}$

（3）相对平均偏差（$\bar{d}_r$）　$\bar{d}_r=\frac{\bar{d}}{\bar{x}}$

（4）极差（R）　$R=x_{max}-x_{min}$

在一组平行测定数据中，最大值与最小值之差称为极差，用 R 表示。

$$相对极差=\frac{R}{\bar{x}}\times100\%$$

【例 3-2】 标定某溶液浓度的四次结果是：0.2041mol/L、0.2049mol/L、0.2039mol/L

和0.2043mol/L。计算其测定结果的平均值、平均偏差、极差、相对极差和标准偏差。

解：

$$\bar{x}=\frac{0.2041+0.2049+0.2039+0.2043}{4}=0.2043\text{mol/L}$$

$$\bar{d}=\frac{|-0.0002|+|0.0006|+|-0.0004|+|0.0000|}{4}=0.0003\text{mol/L}$$

$$R=0.2049-0.2039=0.0010$$

$$相对极差=\frac{0.0010}{0.2043}\times100\%=0.49\%$$

3. 准确度和精密度的关系

通常，精密度好是保证准确度高的先决条件。若存在系统误差，精密度高，准确度不一定高。因为精密度很低，说明测定结果不可靠，在这种情况下，自然失去了衡量准确度的意义。所以只有在消除系统误差的情况下，精密度高，准确度才一定高。

二、化学分析技术计算中的基本单元

标准溶液的浓度，通常用物质的量浓度来表示，物质的量浓度的法定单位是mol/L，因为摩尔是表示微粒集合的单位，因此必须指明构成微粒的基本单元是什么。

在滴定分析的计算中，“等物质的量”反应规则是一种比较简便的计算方法，而本方法的关键是确定物质的基本单元。确定基本单元的具体方法如下。

酸碱滴定通常以能接受或给出一个质子（即H^+）的特定组合作为基本单元；氧化还原滴定是以能接受或给出一个电子的特定组合作为基本单元；配位滴定由于EDTA与不同价态的金属离子生成配合物时，一般情况下均形成1∶1配合物，通常以参与反应的物质的分子或离子作为基本单元；沉淀滴定的卤化银沉淀反应以参与反应的物质的分子或离子作为基本单元。

例如：

$$H_2SO_4+2NaOH=\!=\!=Na_2SO_4+2H_2O$$

按照确定基本单元的方法，该反应中，H_2SO_4因能给出$2H^+$，硫酸的基本单元为$\frac{1}{2}H_2SO_4$，氢氧化钠的基本单元为其本身（NaOH），这样，化学反应方程式就可写成如下形式。

$$\frac{1}{2}H_2SO_4+NaOH=\!=\!=\frac{1}{2}Na_2SO_4+H_2O$$

计量关系　　　　1∶1

又如：

$$2HCl+Na_2CO_3=\!=\!=2NaCl+H_2O+CO_2\uparrow$$

HCl的基本单元就可取其本身，Na_2CO_3因能接受$2H^+$，纯碱的基本单元取为$\frac{1}{2}Na_2CO_3$，滴定反应就可改写为：

$$HCl+\frac{1}{2}Na_2CO_3=\!=\!=NaCl+\frac{1}{2}H_2O+\frac{1}{2}CO_2\uparrow$$

有$n(HCl)=n(\frac{1}{2}Na_2CO_3)$。总之，确定反应物基本单元的目的就是简化计算，使各反应物均按“等物质的量”的关系进行反应。在化学分析技术析中，常见的确定基本单元方法如下。

盐酸的基本单元取 HCl、硫酸的基本单元取$\frac{1}{2}H_2SO_4$、碳酸钠的基本单元取$\frac{1}{2}Na_2CO_3$、硼酸钠的基本单元取$\frac{1}{2}Na_2B_4O_7$、草酸钠的基本单元取$\frac{1}{2}Na_2C_2O_4$、高锰酸钾的基本单元取$\frac{1}{5}KMnO_4$、重铬酸钾的基本单元取$\frac{1}{6}K_2Cr_2O_7$、碘单质的基本单元取$\frac{1}{2}I_2$。

三、滴定分析玻璃量器与溶液体积的校准

滴定管、移液管和容量瓶是滴定分析用到的主要量器。玻璃容量器的容积与其所标示的体积是否完全相符合，必要时，须对其进行校准。溶液体积也是温度的函数。如同质量的水，在4℃时，体积最小。

玻璃容量器的刻度线是以20℃为标准来刻绘的。使用时，温度不一定是20℃，由于玻璃具有热胀冷缩的特性，在不同的温度下玻璃容量器的体积也有所不同，因此，玻璃量器的容积会发生改变。所以，校准玻璃量器时，必须规定一个共同的温度值，这一规定温度值称为标准温度，国际上规定玻璃量器的标准温度为20℃。即在校准时都将玻璃量器的容积，校准到20℃时的实际容积。滴定分析玻璃量器，常用绝对校准法进行容积校准。

绝对校准法测定玻璃量器的实际容积的具体方法是：先用分析天平称得玻璃量器容纳或放出纯水的质量，然后根据水的密度，计算出该玻璃容量器在标准温度20℃时的实际体积。计算公式如下。

$$V_{20}=\frac{m_t}{\rho_t}$$

式中 m_t——t(℃) 时，在空气中用砝码称得的玻璃量器中放出或装入的纯水的质量，g；

ρ_t——玻璃容器中1mL纯水在t(℃)，用黄铜砝码称得的质量（即水的密度ρ），g/mL；

V_{20}——将m_t(g) 纯水换算成20℃时的体积，mL。

不同温度下纯水的密度值ρ_t见附录十“不同温度下玻璃容器中1mL纯水在空气中用黄铜砝码称得的质量”。

【例3-3】 15℃，称得250mL容量瓶中至刻度线时容纳纯水质量为249.5200g，计算出该容量瓶在20℃时的实际容积和校准值。

解：查附录十得，15℃时水的密度为0.99793g/mL

$$V_{20}=\frac{m_{15}}{\rho_{15}}=\frac{249.5200}{0.99793}=250.04\text{mL}$$

体积校准值 $\Delta V=250.04-250.00=+0.04$mL

该容量瓶在20℃时的校准值为+0.04mL。

【例3-4】 24℃时，称得25mL移液管至刻度线放出纯水质量为24.9020g，计算移液管在20℃时的实际容积和校准值。

解：查附录十得，24℃时水的密度为0.99638g/mL

$$V_{20}=\frac{m_{24}}{\rho_{24}}=\frac{24.9020}{0.99638}=24.99\text{mL}$$

该移液管在20℃时的实际容积为24.99mL。

体积校准值 $\Delta V=24.99-25.00=-0.01\text{mL}$

该移液管在 20℃时的校准值为−0.01mL。

【例 3-5】 校准滴定管时，在 21℃时，从滴定管的 0.00 刻度开始按规定速率（约每秒 3 滴）放出 10.03mL 纯水，称其质量为 9.9810g，计算该段滴定管在 20℃时的实际体积及校准值。

解：查附录十得，21℃时水的密度为 0.99700g/mL

$$V_{20}=\frac{m_{21}}{\rho_{21}}=\frac{9.9810}{0.99700}=10.01\text{mL}$$

该段滴定管在 20℃时的实际体积为 10.01mL。

体积校准值 $\Delta V=10.01-10.03=-0.02\text{mL}$

该段滴定管在 20℃时的校准值为−0.02mL。

一般 50mL 滴定管每隔 10mL（或 5mL）做一个校准值，并在坐标纸上绘制滴定管校准曲线（以体积为横坐标，校准值为纵坐标），备用。滴定管不属于国家强检器具，可以自校。

液体体积受温度影响是不能忽视的。如果在某一温度下配制溶液，并在同一温度下使用，溶液体积无需校准，否则需要校准。附录八给出了校正的有关信息。

$$\text{校准后的体积}=V\times\left(1+\frac{\text{溶液温度体积补正值}}{1000}\right)$$

式中　　V——t(℃）时的实际体积，mL；

溶液温度体积补正值——查表所得数据，mL。

【例 3-6】 在 10℃时，滴定用去 26.00mL 0.1000mol/L HCl 标准滴定溶液，计算消耗该溶液的实际体积（查此滴定管体积校准曲线，消耗 26.00mL 溶液时，体积校准值为−0.02mL）。

解：查附录八得，10℃时 1L 0.1000mol/L 溶液的温度补正值为+1.5mL，则在 20℃时该溶液的体积为：

$$V\times\left(1+\frac{\text{溶液温度体积补正值}}{1000}\right)=26.00\times\left(1+\frac{1.5}{1000}\right)=26.04\text{mL}$$

则滴定消耗 0.1000 mol/L HCl 标准滴定溶液的体积为

$$26.04+(-0.02)=26.02\text{mL}$$

项目小结

知识要点

- ➢ 硫酸的基本知识
- ➢ 酸碱指示剂与滴定曲线
- ➢ 误差与偏差，准确度与精密度
- ➢ 化学分析技术中的基本单元
- ➢ 玻璃量器与溶液体积校正

技能要点

- ✧ 滴定管的使用
- ✧ 配制和标定 NaOH 标准滴定溶液

✧ 工业硫酸纯度测定

✧ 记录和处理数据

食醋十大好处

食醋大致可分为 3 种，即酿造醋、合成醋、白醋。我国最多的是酿造醋。科学分析表明，酿造醋除含有 5%～20%的醋酸外，还含有氨基酸、乳酸、琥珀酸、草酸、烟酸等多种有机酸，蛋白质、脂肪、钙、磷、铁等多种矿物质，维生素 B_1 和 B_2，糖分以及芳香性物质醋酸乙酯。而以米为原料，酿成的米醋，有机酸和氨基酸的含量最高。

现代医学认为，食醋对治病养生有以下几方面的作用。

① 消除疲劳；

② 调节血液的酸碱平衡，维持人体内环境的相对稳定；

③ 帮助消化，有利于食物中营养成分的吸收；

④ 抗衰老，抑制和降低人体衰老过程中过氧化物的形成；

⑤ 具有很强的杀菌能力，可以杀伤肠道中的葡萄球菌、大肠杆菌、痢疾杆菌、嗜盐菌等；

⑥ 增强肝脏机能，促进新陈代谢；

⑦ 扩张血管，有利于降低血压，防止心血管疾病的发生；

⑧ 增强肾脏功能，有利尿作用，并能降低尿糖含量；

⑨ 可使体内过多的脂肪转变为体能消耗掉，并促进糖和蛋白质的代谢，可防治肥胖；

⑩ 食醋中还含有抗癌物质。

目标检测

一、单选题

1. 下面不宜加热的仪器是（　　）。

A. 试管　　B. 坩埚　　C. 蒸发皿　　D. 滴定管

2. 为把滴定相对误差控制在±0.1%以内，滴定剂消耗体积（　　）为宜。

A. 5mL 左右　　B. 15mL 左右　　C. 30mL 左右　　D. 任意体积

3. 滴定管调节液面前，至少应静止（　　）。

A. 5s　　B. 10s　　C. 30s　　D. 1～2min

4. 在滴定分析中，下列玻璃仪器，事先不应该用所盛溶液润洗的是（　　）。

A. 滴定管　　B. 量筒　　C. 锥形瓶　　D. 移液管

5. "0"刻度在上方的用于测量液体体积的仪器是（　　）。

A. 滴定管　　B. 温度计　　C. 量筒　　D. 烧杯

6. 下列关于滴定管操作使用正确的是（　　）。

A. 使用前应检查是否漏水

B. 滴定过程中产生气泡，应将其排除后再继续滴定

C. 滴定过程中必须随时保证滴定速率为 3～4 滴/s

D. 滴定结束，滴定管管尖的挂液应用洁净干燥的小烧杯靠掉

7. A级滴定管的容量允差为（　　）。

A. ±0.01mL　　B. ±0.03mL　　C. ±0.05mL　　D. ±0.1mL

8. 标定NaOH标准滴定溶液常用的基准物是（　　）。

A. 无水Na_2CO_3　　B. 邻苯二甲酸氢钾

C. $CaCO_3$　　D. 硼砂

9. 常量分析要求固体试样量至少应（　　）。

A. >1g　　B. >0.5g　　C. >0.1g　　D. <0.1g

10. 若用万分之一分析天平称取0.1g无水Na_2CO_3，理论上讲，可能引入的最大称量误差的绝对值是（　　）。

A. 0.1%　　B. 0.2%　　C. 0.5%　　D. 1.0%

二、判断题

1. 为了将滴定相对误差控制在±0.1%内，要求选用的指示剂的变色范围必须全部处在滴定突跃范围之内。（　　）

2. 在酸碱滴定分析中，滴定终点就是化学计量点。（　　）

3. 锥形瓶不能润洗，是因为待装液附着在锥形瓶内壁上无法计量。（　　）

4. 用邻苯二甲酸氢钾基准物质标定NaOH标准滴定溶液，30s后，锥形瓶里溶液的颜色微红色逐渐褪去，说明滴定终点未到来。（　　）

5. 用减量法称取硫酸试样是因为浓硫酸的强吸水性。（　　）

6. 用0.1mol/L NaOH溶液滴定0.1mol/L HAc溶液，滴定终点时，锥形瓶里溶液的pH>7.0，是因为NaOH过量了0.1%。（　　）

7. 确定基本单元的原则是使各反应物均按“等物质的量”的关系进行反应，使$n(A)=n(B)$，以简化计算。用硫酸测定纯碱含量的反应为：$H_2SO_4 + Na_2CO_3 = Na_2SO_4 + H_2O + CO_2\uparrow$，碳酸钠的基本单元必须取为$\frac{1}{2}Na_2CO_3$。（　　）

三、简答题

1. 浓硫酸有哪些典型的物理、化学性质？

2. 称量浓硫酸为什么要用差量法？

3. 简述准确度与精密度的关系。

4. 化学分析技术计算基本单元的确定原则是什么？

四、计算题

1. 移取25.00mL HAc试样溶液，以酚酞作指示剂，用0.0998mol/L NaOH标准滴定溶液滴定至终点，消耗NaOH标准滴定溶液26.68mL，试计算醋酸试样的酸含量（以醋酸计，单位为g/L）。

2. 测定阿司匹林（乙酰水杨酸）的纯度，称取样品0.2745g，加50.00mL 0.1000mol/L NaOH溶液，煮沸10min，发生如下反应。

$$C_6H_4(COOH)(OCOCH_3) + 2NaOH \longrightarrow CH_3COONa + H_2O + C_6H_4(COONa)(OH)$$

过量的NaOH用0.2100 mol/L HCl标准滴定溶液回滴（此方法又称为返滴定法），用

去 11.03mL，计算样品中阿司匹林的质量分数，并分析选用何种指示剂（阿司匹林的摩尔质量为 180.16g/mol）。

拓展项目一　测定食用白醋酸度

醋酸有哪些物理、化学性质？有何用途？食用醋酸的酸度应控制在什么范围？醋酸的酸度怎样测定？

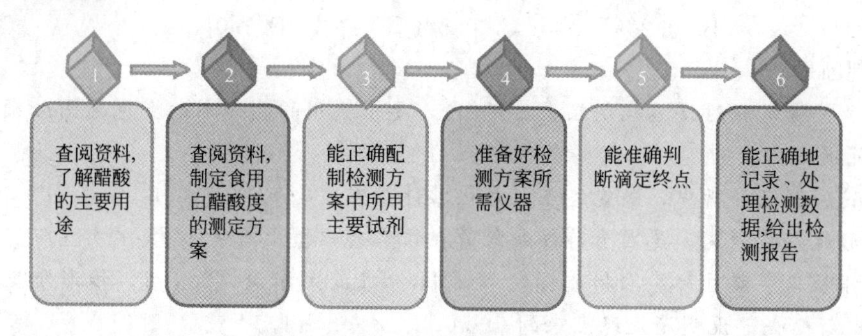

任务一　测定原理描述

____

____

____

____

____

任务二　准备仪器与试剂

（1）列出实验所需仪器的名称、规格和数量，并领取非共用仪器，洗净、备用。

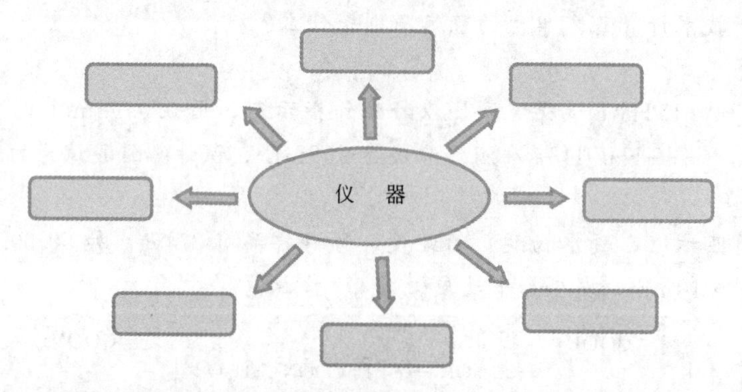

（2）填写所需试剂的名称和配制方法，根据试剂用量，独立完成试样溶液、标准滴定溶液的准备和配制，可合作完成其他试剂的配制。

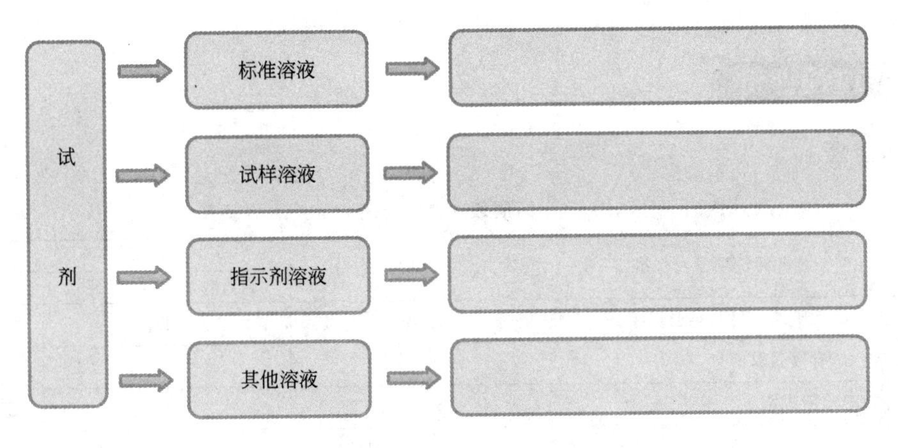

任务三 测定操作

(1) 补充完善下列主要操作步骤细节。

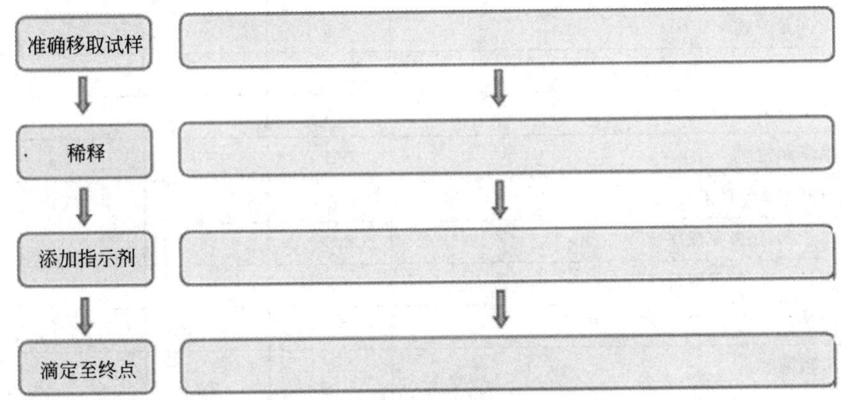

(2) 平行测定三次，记录 NaOH 标准滴定溶液消耗的体积。

任务四 记录与处理数据

(1) 列出计算公式。

$$w(CH_3COOH)=$$

(2) 设计记录数据表格，完成数据处理。

测定次数	1	2	3

见拓展表1。

拓展表1 评价表

评价项目及标准		配分	评价等级		
			自评	互评	教师评
1	按时出勤，无旷课、迟到、早退现象	5			
2	课前预习，有效获取信息	5			
3	合理制定检验方案	5			
4	与组员沟通交流	5			
5	与教师互动，积极回答问题	5			
6	语言表达能力	5			
7	书中预留问题的解决	5			
8	新知识的理解，旧知识的应用	5			
9	合理分工准备试剂	5			
10	仪器的准备和使用	5			
11	滴定分析基本操作技能	5			
12	熟悉操作步骤，任务完成顺畅	5			
13	记录表设计合理，数据填写规范	5			
14	测定结果处理正确	5			
15	测定结果精密度	5			
16	仪容仪表、工作服的穿戴	5			
17	安全、文明遵守情况	5			
18	学习的兴趣和积极性	5			
19	团队合作意识，创新精神	5			
20	个人收获与进步	5			
总　分		100			

项目四

测定混合碱的含量

无机化工的“三酸两碱”中的“两碱”就是指 NaOH（俗名烧碱、火碱或苛性钠）和 Na_2CO_3（俗称纯碱、苏打）。无论是在“两碱”的生产过程中，还是在“两碱”的运输和贮存过程中，“两碱”都易“变质”，影响产品纯度。混合碱通常是指 NaOH 与 Na_2CO_3 或 Na_2CO_3 与 $NaHCO_3$（小苏打）的混合物。化工产品烧碱（NaOH）与空气接触，极易形成 Na_2CO_3 影响产品纯度。

混合碱组分测定，实验室常采用双指示剂法。测定过程及颜色变化如图 4-1 所示。

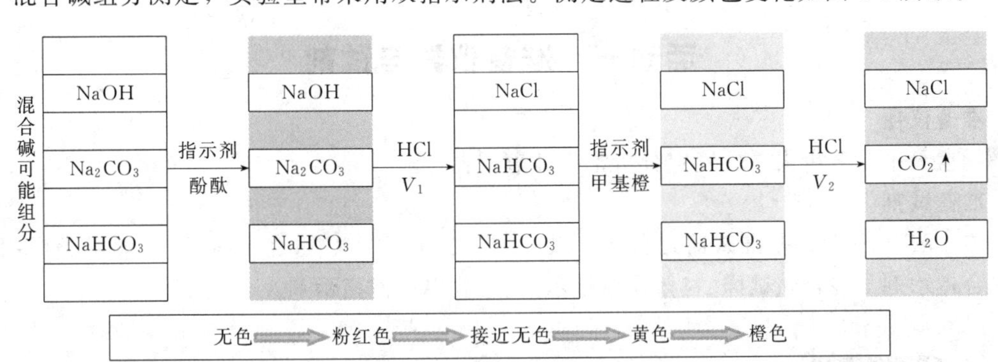

图 4-1　混合碱组分及含量测定原理图

先用酚酞作指示剂，用 HCl 溶液滴定到溶液由粉红色至接近无色，此时到达第一滴定终点，pH 约为 8.3，滴定反应如下。

$$NaOH + HCl \longrightarrow NaCl + H_2O$$

$$Na_2CO_3 + HCl \longrightarrow NaHCO_3 + NaCl$$

记下消耗 HCl 溶液的体积 V_1。然后，再加入甲基橙指示剂，继续用 HCl 溶液滴定至溶液由黄色变为橙色，到达第二个滴定终点，此时，溶液 pH 约为 3.89，记下消耗 HCl 溶液的体积 V_2。滴定反应如下。

$$NaHCO_3 + HCl \longrightarrow NaCl + H_2O + CO_2\uparrow$$

双指示剂法测定混合碱各组分含量，可根据测定消耗 HCl 溶液的体积 V_1、V_2 的大小判断混合碱的组成情况。具体见表 4-1。

表 4-1　混合碱组分与滴定剂消耗体积 V_1、V_2 的关系

混合碱组分	V_1	V_2
只含 NaOH	$V_1>0$	$V_2=0$
只含 Na_2CO_3	$V_1=V_2$	
只含 $NaHCO_3$	$V_1=0$	$V_2>0$
含 NaOH 和 Na_2CO_3	$V_1>V_2$	
含 Na_2CO_3 和 $NaHCO_3$	$V_1<V_2$	

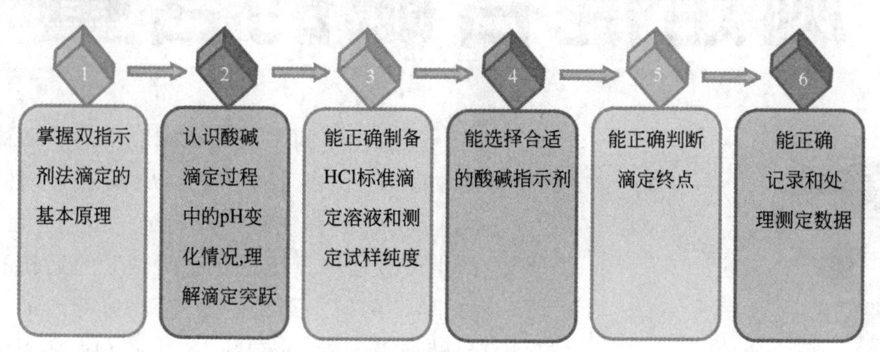

任务一　制备 HCl 标准滴定溶液

活动一　准备仪器与试剂

准备仪器

托盘天平、分析天平、滴定分析常用玻璃仪器。

准备试剂

浓盐酸（HCl)、基准试剂无水 Na_2CO_3（于 270～300℃灼烧至恒重)、溴甲酚绿-甲基红混合指示剂、混合碱试样、1%酚酞指示剂、1%甲基橙指示剂。

小知识

溴甲酚绿-甲基红混合指示剂的配制：

取三份 2g/L 的溴甲酚绿乙醇溶液与两份 1g/L 的甲基红乙醇溶液混合。

活动二　配制 HCl 标准滴定溶液

配制 0.1mol/L HCl 标准滴定溶液的过程如图 4-2 所示。

浓盐酸挥发性强，挥发出氯化氢气体，氯化氢气体具有强烈的刺激性气味，氯化氢气体跟空气中的水蒸气结合形成盐酸的小液滴即白雾，对皮肤、呼吸系统有一定的伤害，因此浓

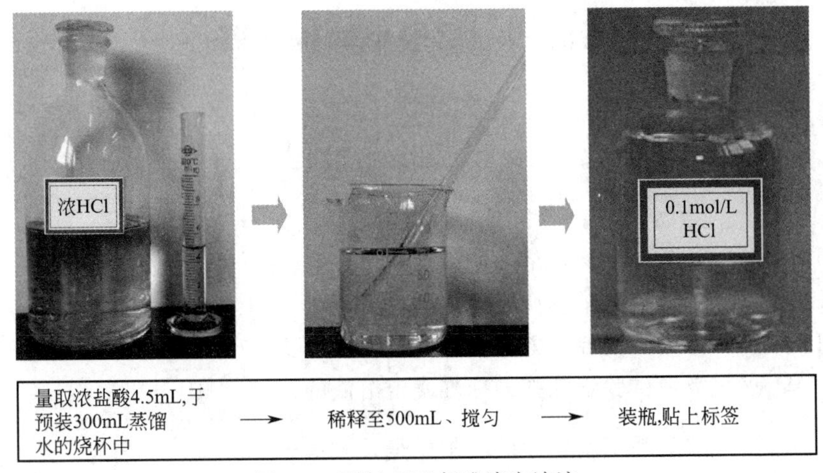

图 4-2　配制 HCl 标准滴定溶液

盐酸的移取、稀释应在通风橱内进行。

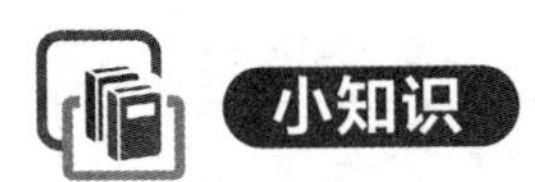

盐酸是我国大化工“三酸两碱”中的“三酸”之一，应用非常广泛。浓盐酸的密度 1.181～1.19g/cm^3，质量分数 0.36～0.38，物质的量浓度 11.6～12.4mol/L。

活动三　标定 HCl 标准滴定溶液

标定 0.1mol/L HCl 标准滴定溶液的过程如图 4-3 所示。

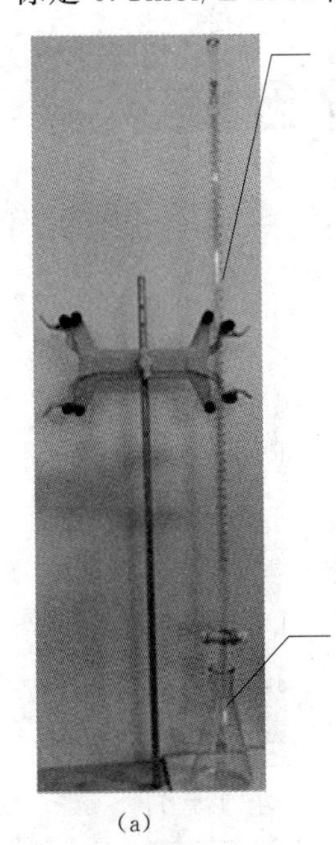

(a)

(1) 装入待标定的 HCl 标准滴定溶液；
(2) 用 HCl 标准滴定溶液滴定至溶液由绿色变为暗红色，煮沸 2min；冷却后继续滴定至溶液再呈暗红色为终点；
(3) 记录消耗 HCl 标准滴定溶液的体积；
(4) 平行测定 3 次，同时做空白试验。

(b)

(c)

(1) 准确称取无水碳酸钠 0.15～0.2g 于 250mL 锥形瓶中；
(2) 加 50mL 水溶解，摇匀；
(3) 加 10 滴溴甲酚绿-甲基红混合指示剂，溶液呈绿色。

图 4-3　标定 HCl 标准滴定溶液

活动四　记录与处理数据

1. 计算公式

$$c(\mathrm{HCl})=\frac{m(\mathrm{Na_2CO_3})}{M\left(\frac{1}{2}\mathrm{Na_2CO_3}\right)[V(\mathrm{HCl})-V_0]\times10^{-3}}$$

式中　$c(\mathrm{HCl})$——盐酸标准滴定溶液的浓度，mol/L；

$m(\mathrm{Na_2CO_3})$——基准碳酸钠的质量，g；

$V(\mathrm{HCl})$——标定时消耗盐酸标准滴定溶液的体积，mL；

V_0——空白试验消耗盐酸标准滴定溶液的体积，mL；

$M\left(\frac{1}{2}\mathrm{Na_2CO_3}\right)$——碳酸钠基本单元的摩尔质量，g/mol。

2. 记录与处理数据

见表 4-2。

表 4-2　标定盐酸标准滴定溶液

实验内容 \ 实验编号	1	2	3
倾倒前称量瓶＋$\mathrm{Na_2CO_3}$/g			
倾倒后称量瓶＋$\mathrm{Na_2CO_3}$/g			
$m(\mathrm{Na_2CO_3})$/g			
滴定管体积初读数/mL			
滴定管体积末读数/mL			
$V(\mathrm{HCl})$/mL			
V_0/mL			
$c(\mathrm{HCl})$/(mol/L)			
$\bar{c}(\mathrm{HCl})$/mol/L			
相对极差/%			

任务二　测定混合碱各组分含量

活动一　准备混合碱试样

准备混合碱试样操作过程如图 4-4 所示。

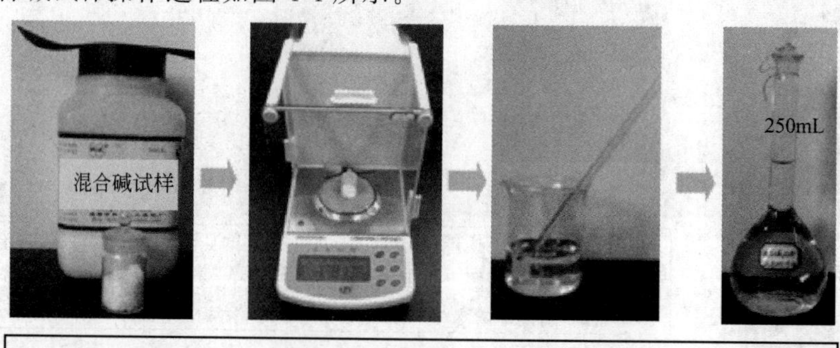

图 4-4　混合碱试样配制

活动二　测定混合碱各组分含量

测定混合碱各组分含量如图 4-5 所示。

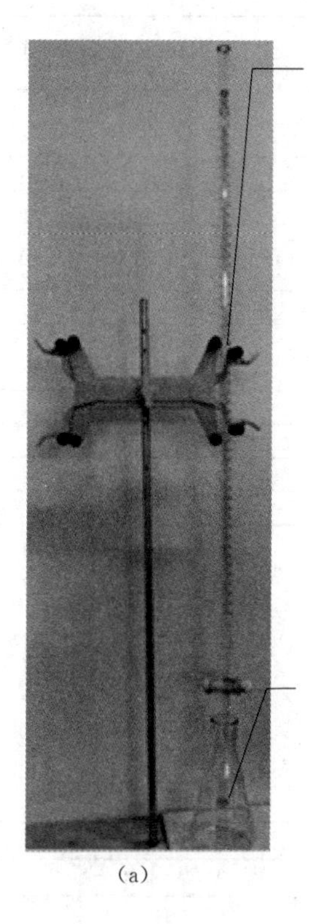

（1）装入已标定好的 HCl 标准滴定溶液；
（2）向加入酚酞指示剂的锥形瓶中，滴加 HCl 标准滴定溶液至溶液接近无色，记录第一步消耗体积 V_1；
（3）向加入甲基橙指示剂的锥形瓶中，继续滴加 HCl 标准滴定溶液至溶液由黄色变为橙色，记录第二步消耗的体积 V_2；
（4）平行测定 3 次。

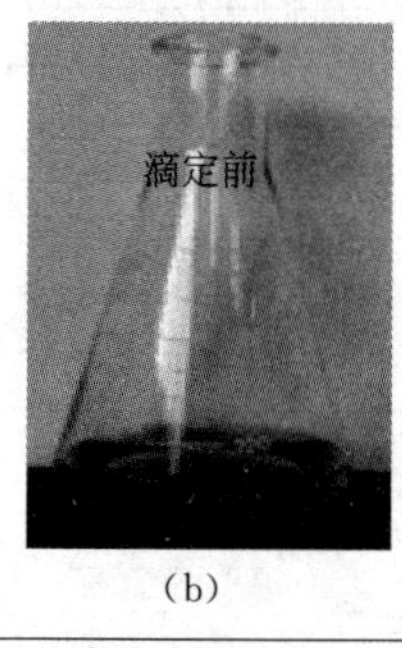

(b)

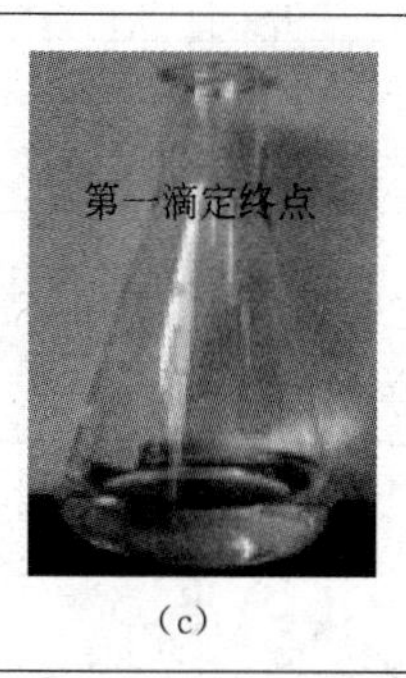

(c)

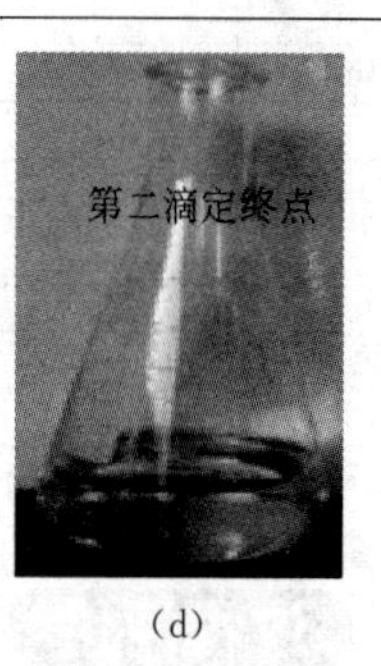

(d)

（1）准确移取 25.00mL 混合碱试样于 250mL 锥形瓶中；
（2）加 50mL 水稀释，摇匀；
（3）加入 2 滴酚酞指示剂，滴定至溶液接近无色，为第一滴定终点；
（4）在接近无色的溶液中，再滴加 1～2 滴甲基橙指示剂，继续滴定至溶液由黄色变为橙色为第二滴定终点。

(a)

图 4-5　测定混合碱各组分含量

活动三　记录与处理数据

1. 计算公式

$$w(\mathrm{NaOH})=\frac{c(\mathrm{HCl})(V_1-V_2)\times 10^{-3}M(\mathrm{NaOH})}{m\times\frac{25}{250}}\times 100\%$$

$$w(\mathrm{Na_2CO_3})=\frac{c(\mathrm{HCl})\times 2V_2\times 10^{-3}M\left(\frac{1}{2}\mathrm{Na_2CO_3}\right)}{m\times\frac{25}{250}}\times 100\%$$

式中　m——烧碱试样的质量，g；

$c(\mathrm{HCl})$——盐酸标准滴定溶液的浓度，mol/L；

V_1——用酚酞作指示剂消耗盐酸标准滴定溶液的体积，mL；

V_2——用甲基橙作指示剂消耗盐酸标准滴定溶液的体积，mL；

$M\left(\frac{1}{2}\mathrm{Na_2CO_3}\right)$——碳酸钠基本单元的摩尔质量，g/mol；

$M(\mathrm{NaOH})$——氢氧化钠的摩尔质量，g/mol。

2. 记录与处理数据

见表 4-3。

表 4-3　测定混合碱中 NaOH、Na_2CO_3 含量

实验内容＼实验编号	1	2	3
已标定好的 HCl 溶液的浓度/(mol/L)			
倾倒前称量瓶＋样品/g			
倾倒后称量瓶＋样品/g			
m(样品)/g			
滴定体积的初读数/mL			
V_1(HCl)/mL			
V_2(HCl)/mL			
w(NaOH)/%			
$\overline{w}$(NaOH)/%			
相对极差/%			
w(Na_2CO_3)/%			
$\overline{w}$(Na_2CO_3)/%			
相对极差/%			

过程评价

见表 4-4。

表 4-4　过程评价

操作项目	不规范操作项目名称	小组互评			教师评价
		是	否	扣分	
基准物和试样称量操作（每项 1 分，共 10 分）	不看水平				
	不清扫或校正天平零点后清扫				
	称量开始或结束零点不校正				
	用手直接拿取称量瓶				
	称量瓶放在桌子台面上				
	称量时或滴样时不关门，或开关门太重使天平移动				
	称量物品洒落在天平内或工作台上				
	离开天平室物品留在天平内或放在工作台				
	混合碱试样称样量超出称量范围				
	混合碱试样称样量超出 5%				
	每重称 1 份，在总分中扣 5 分				
玻璃器皿洗涤（每项 1 分，共 3 分）	滴定管挂液				
	移液管挂液				
	容量瓶挂液				
容量瓶的定容操作（每项 2 分，共 10 分）	转移操作不规范				
	试液溅出				
	烧杯洗涤不规范				
	稀释至刻线不准确				
	2/3 处未平摇或定容后摇匀动作不正确				
移取管操作（每项 2 分，共 10 分）	移液管未润洗或润洗不规范				
	吸液时吸空或重吸				
	放液时移液管不垂直				
	移液管管尖靠壁或触底				
	放液后不停留一定时间（约 15s）				

续表

操作项目	不规范操作项目名称	小组互评			教师评价
		是	否	扣分	
滴定管操作（15分）	滴定管不试漏或滴定中漏液，扣1分				
	滴定管未润洗或润洗不规范，扣1分				
	装液操作不正确或未赶气泡，扣1分				
	调“0”刻度线时，溶液放在地面上或水槽中，扣1分				
	滴定操作不规范，扣1分				
	滴定速率控制不当，扣1分				
	标定 HCl 时，终点由绿色变为暗红色把握不当，扣3分				
	测定混合碱时，第一个滴定终点由粉色至近无色和橙色把握不当，扣3分				
	测定混合碱时，第二个滴定终点由黄色变为橙色把握不当，扣3分				
	平行测定时，不看指示剂颜色变化，而看滴定管的读数，扣3分				
	读数操作不对，扣3分				
	每重滴1份，在总分中扣5分				
数据记录及处理（5分）	不记在规定的记录纸上，扣5分				
	计算过程及结果不正确，扣5分				
	有效数字位数保留不正确或修约不正确，扣1分				
结束工作（每项1分，共3分）	玻璃仪器不清洗或未清洗干净				
	废液不处理或不按规定处理				
	工作台不整理或摆放不整齐				
损坏仪器（4分）	每损坏一件仪器扣4分				
总分					

提高测定结果准确度的方法

一、误差产生的原因

误差可分为系统误差和偶然误差。

系统误差指由于某些固定原因所导致的误差，具有重复性、单向性、可测性的特点。

系统误差按其产生的原因可分为以下几种。

1. 仪器误差

由于仪器本身的缺陷所造成的误差。例如，天平灵敏度不符合要求、砝码质量未校正、滴定管刻度值与真实值不相符合等引起的误差。

2. 试剂误差

由于试剂不纯或蒸馏水中含有微量杂质而引起的误差。

3. 操作误差

由于操作不当而引起的误差。产生个人操作误差的原因：一是由于个人观察判断能力的缺陷或不良习惯引起的；二是来源于个人的偏见或一种先入为主的成见。例如，滴定管的读数总是偏高或偏低，滴定终点颜色辨别总是偏深或偏浅。

4. 方法误差

由于分析方法本身原因所引起的误差，这种误差是不能避免的。例如，滴定反应有副反应，在重量分析中沉淀溶解损失。

偶然误差是指由于某些偶然的、微小的和不可知的因素所引起的误差。例如，测量时环境温度、压力、湿度发生变化，仪器性能发生微小波动，空气中尘埃降落速度不恒定等其他未确定因素均会引起偶然误差。偶然误差的出现呈正态分布，小误差出现的概率大，大误差出现的概率小，大小相等的正负误差出现的概率相等。

二、减小分析误差的方法

1. 选择适当的分析方法

在生产实践和一般科研工作中，对测定结果要求的准确度常与试样的组成、性质和待测组分的相对含量有关。化学分析的灵敏度虽然不高，但对于常量组分的测定能得到较准确的结果，一般相对误差不超过千分之几。仪器分析具有较高的灵敏度，用于微量或痕量组分含量的测定，测定结果允许有较大的相对误差。

2. 减小测量的相对误差

仪器和量器的测量误差也是产生系统误差的因素之一，应根据测量精度，选择合理称量或量取范围。

3. 检验和消除系统误差

（1）对照试验。对照试验用于检验和消除方法误差。用待检验的分析方法测定某标准试样或纯物质，并将结果与标准值或纯物质的理论值相对照。

（2）空白试验。空白试验是在不加试样的情况下，按照与试样测定完全相同的条件和操作方法进行试验，所得的结果称为空白值，从试样测定结果中扣除空白值，就起到了校正误差的作用。空白试验的作用是检验和消除由试剂、溶剂和分析仪器中某些杂质引起的系统误差。

（3）校准仪器。由于仪器不准确引起的系统误差，可以通过校准仪器减小误差。

（4）适当增加平行测定次数，减小随机误差。

溶液 pH 的计算

计算溶液的 pH，是化学分析技术的基本要求。酸碱滴定中更加需要了解溶液 pH 的变化情况，因此溶液中氢离子浓度的计算有很大的实际意义。

【例 4-1】 求 25℃时，0.1mol/L 的 CH_3COOH 溶液的 pH。

解：$[H^+]=\sqrt{K_a c}$

$$pH=-\lg(\sqrt{K_a c})=\frac{-\lg(K_a c)}{2}=\frac{pK_a+(-\lg c)}{2}=\frac{4.76+1}{2}=2.88$$

【例 4-2】 计算 25℃时，0.1mol/L 的 $NH_3\cdot H_2O$ 溶液的 pH。

解：$[OH^-]=\sqrt{K_b c}$

$$pOH=-\lg(\sqrt{K_b c})\frac{-\lg(K_b c)}{2}=\frac{pK_b+(-\lg c)}{2}=\frac{4.74+1}{2}=2.87$$

$$pH=14-2.87=11.13$$

【例 4-3】 计算 25℃时，0.1000mol/L 的 HCl 滴定 0.1000mol/L Na_2CO_3 溶液到达第一滴定终点的 pH。

解：第一滴定终点的产物是 $NaHCO_3$，可认为是两性物质。

$$[H^+]=\sqrt{K_{a1}K_{a2}}$$

$$pH=\frac{pK_{a1}+pK_{a2}}{2}=\frac{6.38+10.25}{2}=8.32$$

项目小结

知识要点

➢ 混合碱可能组分分析

➢ 提高测定结果准确度的方法

➢ 酸碱溶液 pH 计算

技能要点

✧ 配制和标定 HCl 标准滴定溶液

✧ 双指示剂连续滴定技术

✧ 准确判断滴定终点；

✧ 混合碱组分测定；

✧ 记录和处理数据

目标检测

一、单选题

1. 标定 HCl 标准滴定溶液常用的基准物是（　　）。

A. 无水 Na_2CO_3　　B. 邻苯二甲酸氢钾

C. $CaCO_3$　　D. 硼砂

2. 溴甲酚绿-甲基红混合指示剂的下列描述不正确的是（　　）

A. 变色时 pH=5.1

B. 酸式色为酒红色、碱式色为绿色

C. 溴甲酚绿-甲基红变色敏锐

D. 用溴甲酚绿-甲基红作指示剂，标定 HCl 标准滴定溶液时，锥形瓶的碳酸钠溶液由暗红色变为绿色

3. 用 HCl 标准滴定溶液测定混合碱组分时，其消耗的体积 $V_2=0$，则混合碱的组分为（　　）。

A. Na_2CO_3　　B. $NaHCO_3$

C. $Na_2CO_3+NaHCO_3$　　D. NaOH

4. 0.04mol/L H_2CO_3（$K_{a1}=4.3\times10^{-7}$，$K_{a2}=5.6\times10^{-11}$）溶液的 pH 为（　　）。

A. 4.73　　B. 5.61　　C. 3.89　　D. 7

5. 0.31mol/L 的 Na_2CO_3 的水溶液 pH 是（H_2CO_3 的 $pK_{a1}=6.38$，$pK_{a2}=10.25$）（　　）。

A. 6.38　　B. 10.25　　C. 8.85　　D. 11.87

二、判断题

1. 强酸滴定弱碱达到化学计量点时 pH>7。（　　）

2. NaOH 极易吸收空气中的 CO_2 和 H_2O 生成 $NaHCO_3$，因此一定要密封贮存。（　　）

3. 用双指示剂法分析混合碱各组分的含量时，如果其组成是纯的 Na_2CO_3，则 HCl 体积的消耗量 V_1 和 V_2 的关系是 $V_1>V_2$。（　　）

4. 浓盐酸挥发性强，挥发出氯化氢的气体，对皮肤、呼吸系统有一定的伤害，因此浓

盐酸的移取、稀释应在通风橱内进行。（　　）

5. 超市卖的苏打水就是纯碱碳酸钠的稀溶液。（　　）

三、填空题

1. 无机化工中的“三酸两碱”中的“两碱”的化学式是________、________。两者吸收空气中少量的二氧化碳和水后，分别易变成________、________。

2. 连续滴定法用 HCl 标准滴定溶液测定混合碱组分含量时，先用________作指示剂，第一滴定终点锥形瓶溶液颜色由________变为________，接着再用________作指示剂，第二滴定终点颜色由________变为________。

3. 分析天平使用多年未校准，使用中可能带来的误差属于________，某同学滴定管读数时，所读数据总是偏大，这是________，属于________误差。标定 HCl 标准滴定溶液时，要求做空白试验，这是为了消除系统误差中的________误差。在测定过程中，实验室温度波动较大，可能带来________误差。在平行测定时，一般要求时间相对集中，比如，要么都在上午，要么都在下午，这是为了避免________。

四、简答题

1. 简述双指示剂法测定混合碱组分及含量的基本原理。

2. 系统误差有哪些来源？怎样克服？

五、计算题

1. 含 Na_2CO_3 与 NaOH 的混合物。现称取试样 0.5895g，溶于水中，用 0.3000 mol/L HCl 标准滴定溶液滴定至酚酞变色时，用去 HCl 标准滴定溶液 24.08mL；加甲基橙后继续用 HCl 标准滴定溶液滴定，又消耗 HCl 标准滴定溶液 12.02mL。试计算试样中 Na_2CO_3 与 NaOH 的质量分数。

2. 某试样含有 Na_2CO_3、$NaHCO_3$。称取该试样 0.3010g，溶解后用酚酞作指示剂滴定，用去 0.1060mol/L 的 HCl 溶液 20.10mL，继续用甲基橙作指示剂滴定，共用去 HCl 溶液 47.70mL，计算试样中 Na_2CO_3 与 $NaHCO_3$ 的质量分数。

拓展项目二　测定化学试剂氨水中的氨含量

氨水有哪些物理、化学性质？有何用途？为什么要测定氨水中的氨含量？怎样测定？

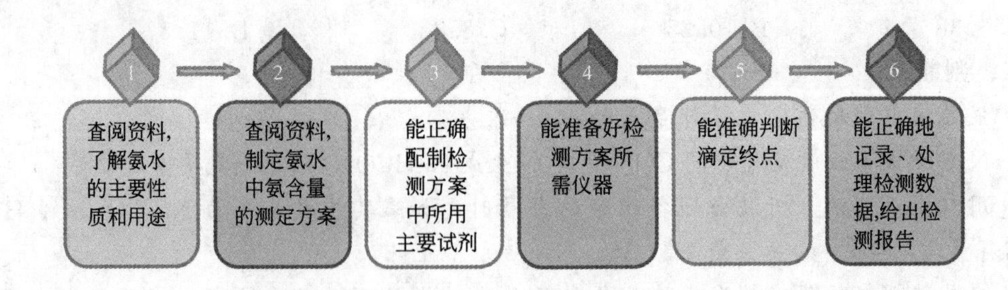

任务一　描述测定原理

任务二　准备仪器与试剂

（1）列出实验所需仪器的名称、规格和数量，领取非共用仪器，洗净、备用。

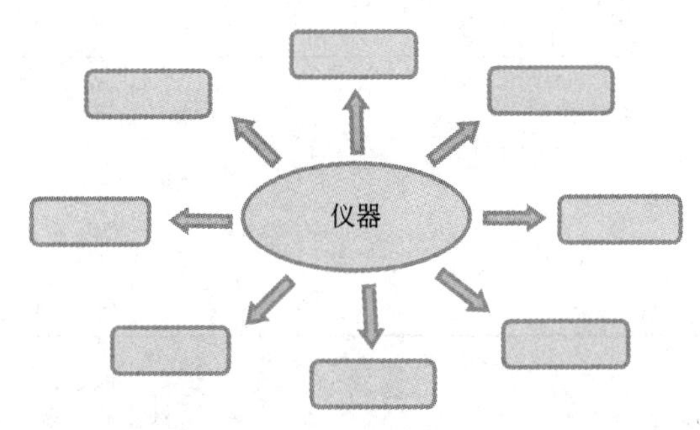

（2）填写所需试剂的名称和配制方法，根据试剂用量，独立完成试样溶液、标准滴定溶液的制备，可合作完成其他试剂的配制。

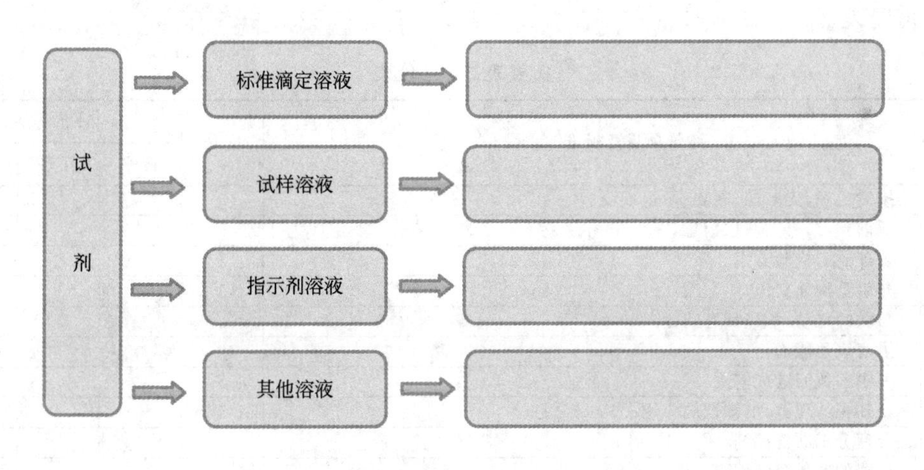

任务三　测定操作

（1）补充完善下列主要操作步骤细节。

（2）平行测定三次，记录 HCl 标准滴定溶液消耗的体积。

任务四　记录与处理数据

（1）列出计算公式

$w(NH_3)=$

（2）设计数据记录表格，完成数据处理。

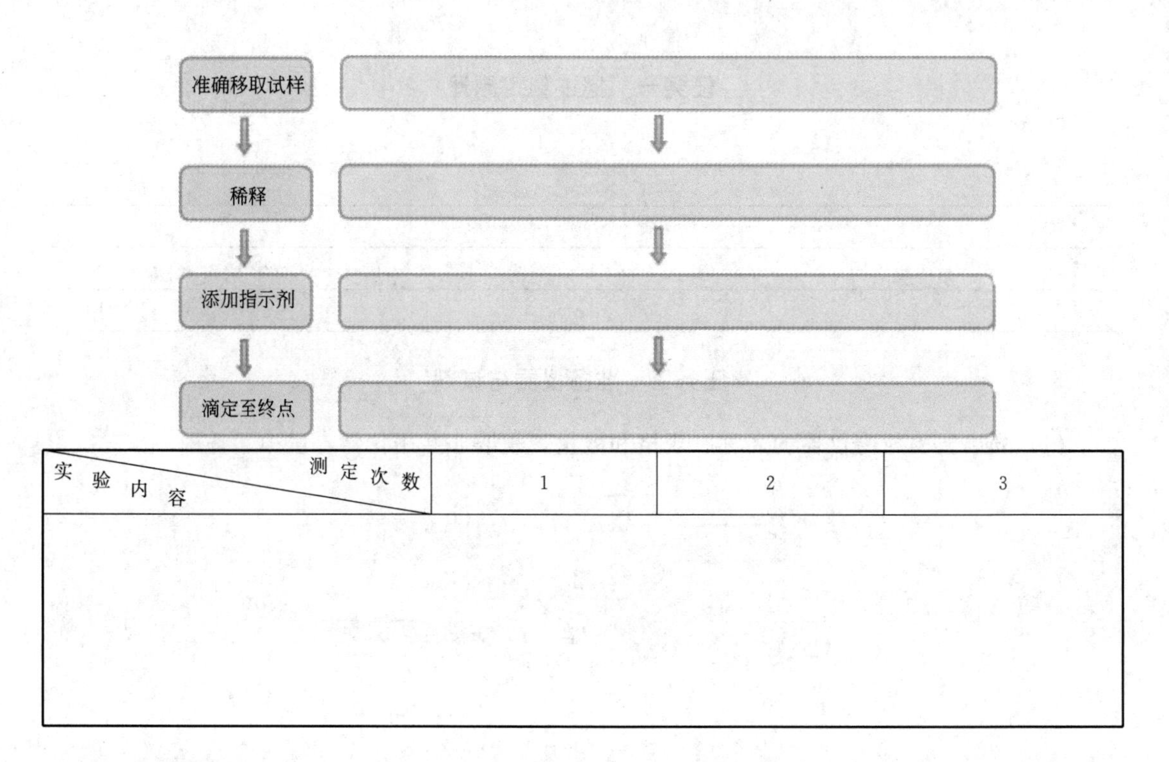

实验内容 \ 测定次数	1	2	3

过程评价

见拓展表2。

拓展表2　评价表

评价项目及标准		配分	评价等级		
			自评	互评	教师评
1	按时出勤，无旷课、迟到、早退现象	5			
2	课前预习，有效获取信息	5			
3	合理制定检验方案	5			
4	与组员沟通交流	5			
5	与教师互动，积极回答问题	5			
6	语言表达能力	5			
7	书中预留问题的解决	5			
8	新知识的理解，旧知识的应用	5			
9	合理分工准备试剂	5			
10	仪器的准备和使用	5			
11	滴定分析基本操作技能	5			
12	熟悉操作步骤，任务完成顺畅	5			
13	记录表设计合理，数据填写规范	5			
14	测定结果处理正确	5			
15	测定结果精密度	5			
16	仪容仪表、工作服的穿戴	5			
17	安全、文明遵守情况	5			
18	学习的兴趣和积极性	5			
19	团队合作意识，创新精神	5			
20	个人收获与进步	5			
总　分		100			

项目五

测定双氧水中过氧化氢的含量

过氧化氢（H_2O_2）俗称双氧水，为无色黏稠的液体，如图 5-1 所示。工业上生产的双氧水分为五种规格，过氧化氢含量分别为 27.5%、30.0%、35.0%、50.0%和 70.0%。

双氧水中过氧化氢含量的测定常用高锰酸钾法。高锰酸钾法是利用 $KMnO_4$ 标准滴定溶液来进行滴定的氧化还原滴定法。

$KMnO_4$ 是一种强氧化剂，它的氧化能力和溶液的酸度有关，在强酸性溶液中氧化能力最强。

在强酸性溶液中：$MnO_4^- + 5e + 8H^+ \rightleftharpoons Mn^{2+} + 4H_2O$，$\phi^{\ominus}(MnO_4^-/Mn^{2+}) = 1.51V$

在强酸性条件下，利用高锰酸钾标准滴定溶液作氧化剂，可直接滴定许多还原性的物质，如 Fe^{2+}、As^{3+}、Sb^{3+}、H_2O_2 等。

$$2MnO_4^- + 5H_2O_2 + 6H^+ \rightleftharpoons 2Mn^{2+} + 8H_2O + 5O_2\uparrow$$

强酸溶液一般采用 H_2SO_4 溶液，不采用 HCl 溶液或 HNO_3 溶液，因为 Cl^- 具有还原性，能被 MnO_4^- 氧化，而 HNO_3 具有氧化性，它可能氧化被测定的物质。

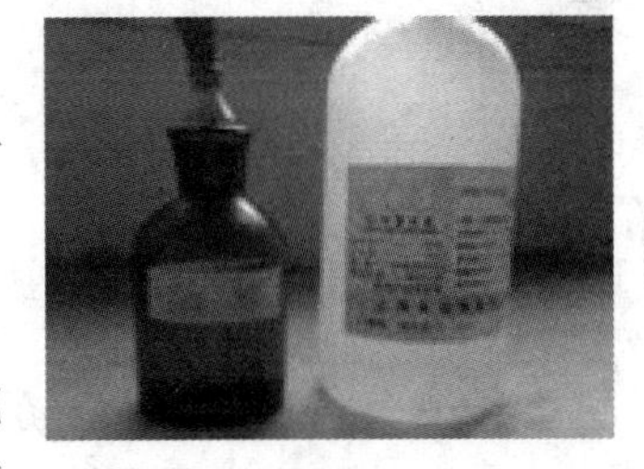

图 5-1 双氧水试剂

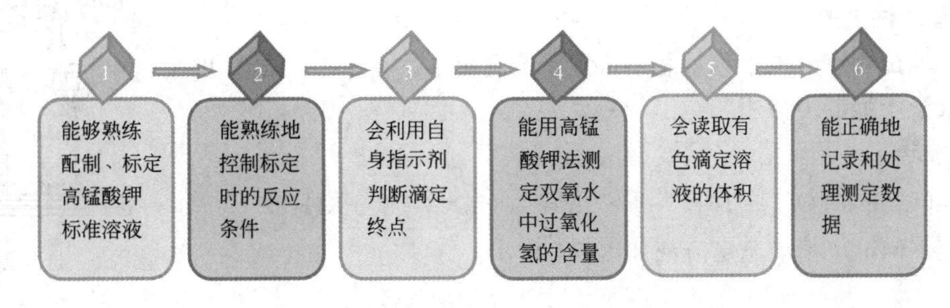

任务一　制备 $KMnO_4$ 标准滴定溶液

活动一　准备仪器与试剂

准备仪器

分析天平、电炉、棕色滴定管（50mL）、棕色试剂瓶（500mL）、吸量管（1mL）、移液管（25mL）、常用玻璃仪器。

准备试剂

图 5-2　固体 $KMnO_4$

固体 $KMnO_4$（如图 5-2 所示）、基准 $Na_2C_2O_4$、3mol/L 的 H_2SO_4 溶液、1mol/L H_2SO_4 和双氧水试样（约 30%）。

活动二　配制 $KMnO_4$ 标准滴定溶液

以配制 0.1mol/L $\frac{1}{5}KMnO_4$ 标准滴定溶液 500mL 为例，配制过程如图 5-3 所示。

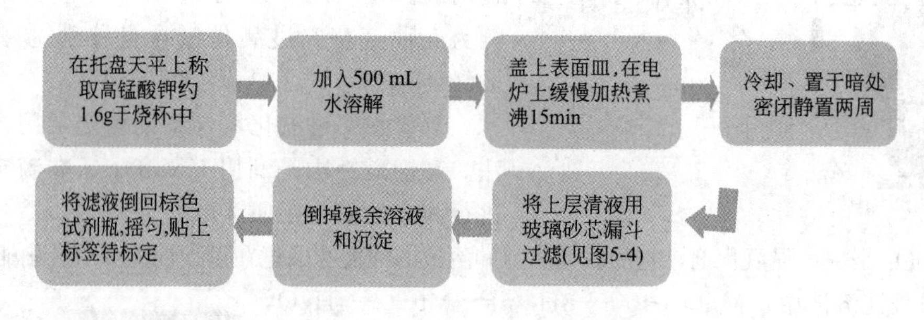

图 5-3　配制 $KMnO_4$ 标准滴定溶液

小知识

一般市售高锰酸钾常含有少量 MnO_2 及其他杂质，同时蒸馏水中也含有微量有机物质，它们与 $KMnO_4$ 发生缓慢反应，析出 $MnO(OH)_2$ 沉淀。它们又能进一步促进 $KMnO_4$ 分解，所以不能用直接法配制高锰酸钾标准滴定溶液。

活动三　标定 $KMnO_4$ 标准滴定溶液

1. 基准试剂的准备

取基准试剂草酸钠于称量瓶中，置于恒温箱中，在 105～110℃烘至恒重，放于干燥器中待用。

2. 标定

$$2MnO_4^- + 5C_2O_4^{2-} + 16H^+ \longrightarrow 2Mn^{2+} + 10CO_2\uparrow + 8H_2O$$

标定 $KMnO_4$ 标准滴定溶液如图 5-5 所示。

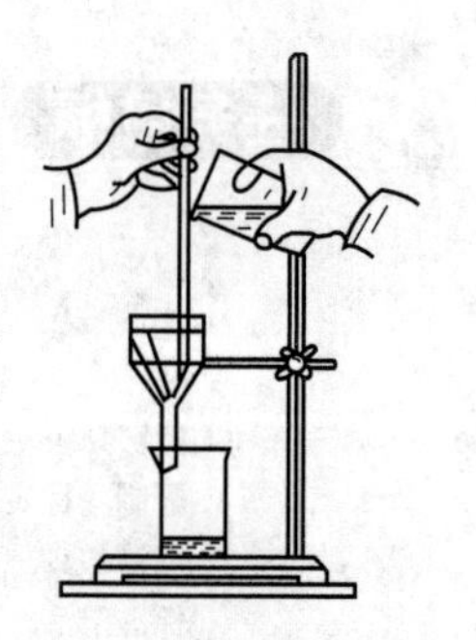

图 5-4　过滤操作装置

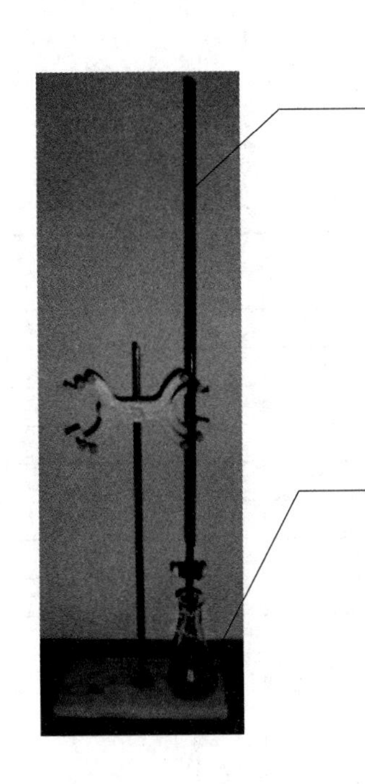

图 5-5　标定 $KMnO_4$ 标准滴定溶液

注　意

为了使标定反应定量地、比较迅速地完成，应注意下列滴定条件。

（1）反应温度　通常将溶液加热到 75～85℃，但温度不超过 90℃，否则在酸性溶液中部分 $H_2C_2O_4$ 分解，使标定结果偏高。

（2）溶液酸度　滴定时，溶液酸度控制在 0.5～1.0mol/L 。酸度不够，会生成 MnO_2 沉淀；酸度过高又会造成草酸分解。

（3）滴定速率　开始滴定速率很慢，一定要等到第一滴高锰酸钾溶液颜色褪去后才能滴加第二滴。

（4）滴定终点　稍过量高锰酸钾自身的粉红色指示终点（30s 不褪色）。滴定至终点后溶液的粉红色会逐渐减退。这是由于空气中的还原性气体和灰尘缓慢作用的结果。

活动四　记录与处理数据

1. 计算公式

根据所称草酸钠的质量和消耗高锰酸钾溶液的体积，可求其准确浓度。

$$c\left(\frac{1}{5}KMnO_4\right)=\frac{m(Na_2C_2O_4)}{(V-V_0)\times10^{-3}M\left(\frac{1}{2}Na_2C_2O_4\right)}$$

式中　$c\left(\frac{1}{5}KMnO_4\right)$——高锰酸钾标准滴定溶液的浓度，mol/L；

$m(Na_2C_2O_4)$——基准草酸钠的质量，g；

V——标定消耗高锰酸钾标准滴定溶液的体积，mL；

V_0——空白试验消耗高锰酸钾标准滴定溶液的体积，mL。

2. 数据记录与处理

见表 5-1。

表 5-1　标定 $KMnO_4$ 标准滴定溶液

测定次数	1	2	3
倾倒前 称量瓶＋$Na_2C_2O_4$/g			
倾倒后 称量瓶＋$Na_2C_2O_4$/g			
$m(Na_2C_2O_4)$/g			
滴定体积初读数/mL			
滴定体积终读数/mL			
滴定消耗 $KMnO_4$ 标准溶液体积/mL			
体积校正值/mL			
溶液温度/℃			
温度补正值/℃			
溶液温度校正值/℃			
实际消耗 $KMnO_4$ 体积 V/mL			
空白试验消耗 $KMnO_4$ 体积 V_0/mL			
$c\left(\frac{1}{5}KMnO_4\right)$/(mol/L)			
$\bar{c}\left(\frac{1}{5}KMnO_4\right)$/(mol/L)			
相对极差/%			

小知识

（1）$KMnO_4$ 本身显紫红色，用来滴定 $C_2O_4^{2-}$ 溶液时，反应产物 Mn^{2+} 的颜色很浅，滴定到化学计量点后，只要 $KMnO_4$ 稍微过量半滴就能使溶液呈现淡红色，指示滴定终点的到达。这种不另加指示剂而利用反应物在反应前后颜色的变化来指示滴定终点的指示剂称为自身指示剂。

（2）对于大多数反应来说，升高温度可以加快反应速率，通常溶液温度每增高 10℃，反应速率可增大 2～3 倍。在酸性溶液中 MnO_4^- 和 $C_2O_4^{2-}$ 的反应在室温下反应速率缓慢，如果将溶液加热至 75～85℃，反应速率大大加快，便可以顺利进行滴定。

任务二　测定双氧水中过氧化氢的含量

活动一　双氧水试样的准备

双氧水试样的准备过程如图 5-6 所示。

小知识

双氧水的化学性质极不稳定，遇光、热、重金属和其他杂质时易发生分解，同时放出氧和热，是一种强氧化剂。

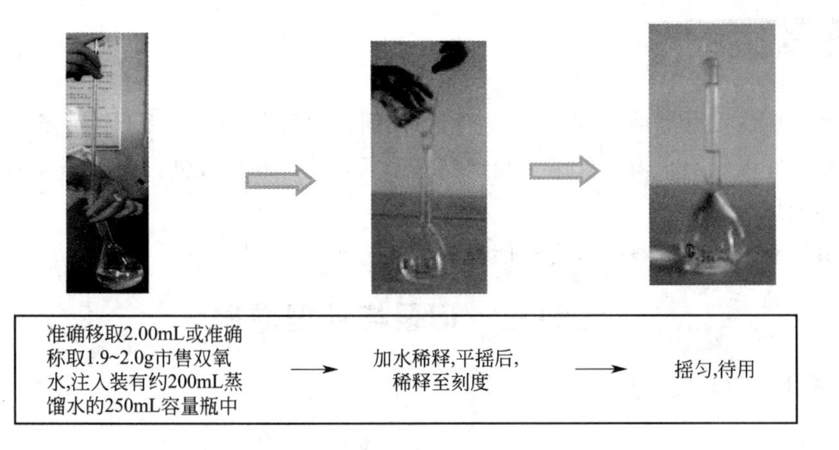

图 5-6　双氧水试样的准备

由于其具有几乎无污染的特性，故被称为“最清洁”的化工产品。过氧化氢可用作氧化剂、漂白剂、消毒剂等，在造纸、环保、食品、医药、纺织、矿业、农业废料加工等领域得到广泛应用。

活动二　双氧水试样的测定

双氧水遇到强氧化剂 $KMnO_4$ 时，它显示还原剂的性质，测定反应如下。

$$2MnO_4^- + 5H_2O_2 + 6H^+ \rightleftharpoons 2Mn^{2+} + 8H_2O + 5O_2\uparrow$$

在硫酸介质中，滴定反应可以在室温下顺利进行。开始时反应较慢，随着 Mn^{2+} 的生成反应加快。见图 5-7。

(1) 装入已标定的 $KMnO_4$ 标准滴定溶液；
(2) 滴定至溶液呈现淡红色，保持 30s 不褪色即为终点；
(3) 记录 $KMnO_4$ 标准滴定溶液的体积；
(4) 平行测定 3 次，同时做空白试验。

(b)

(1) 用移液管移取准备好的双氧水试样 25.00mL；
(2) 加入 20mL 3mol/L H_2SO_4 溶液。

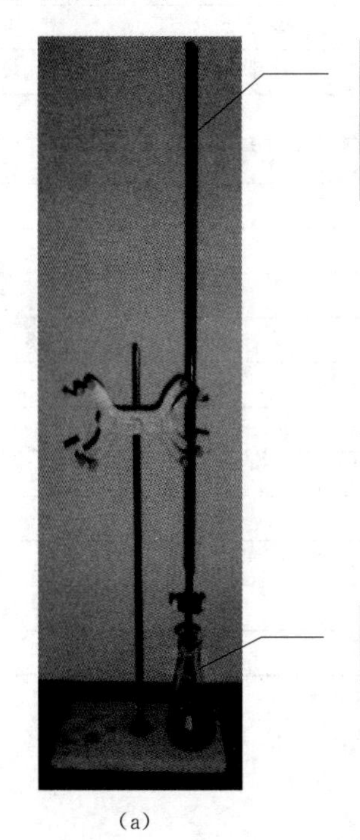

(a)

图 5-7　测定双氧水试样

（1）此反应滴定开始前可加入 Mn^{2+} 作催化剂，加快 $KMnO_4$ 与 H_2O_2 的反应。若滴定前不加 Mn^{2+} 作催化剂，当加入第一滴 $KMnO_4$ 后，溶液褪色较慢，必须等高锰酸钾的红色褪去后，再滴加第二滴。

（2）由于双氧水易分解，滴定只能在室温下进行。

活动三　记录与处理数据

1. 计算公式

$$\rho(H_2O_2)=\frac{c\left(\frac{1}{5}KMnO_4\right)(V-V_0)M\left(\frac{1}{2}H_2O_2\right)}{V(\text{试样})\times\frac{25}{250}}$$

式中　$\rho(H_2O_2)$——双氧水的质量浓度，g/L；

V——测定消耗高锰酸钾标准滴定溶液的体积，mL；

V_0——空白试验消耗高锰酸钾标准滴定溶液的体积，mL。

2. 数据记录与处理

见表 5-2。

表 5-2　过氧化氢含量的测定

测定次数	1	2	3
移取双氧水样品的体积/mL			
稀释后的双氧水试液的体积/mL			
移取稀双氧水试液的体积/mL			
滴定体积初读数/mL			
滴定体积终读数/mL			
消耗 $KMnO_4$ 标准溶液的体积/mL			
体积校正值/mL			
溶液温度/℃			
温度补正值			
溶液温度校正值/℃			
实际消耗 $KMnO_4$ 体积 V/mL			
空白试验消耗 $KMnO_4$ 体积 V_0/mL			
双氧水含量/(g/L)			
双氧水平均含量/(g/L)			
相对极差/%			

见表 5-3。

表 5-3　过程评价

操作项目	不规范操作项目名称	小组互评			教师评价
		是	否	扣分	
基准物和试样称量操作（10分）	不看水平				
	不清扫或校正天平零点后清扫				
	称量开始或结束零点不校正				
	用手直接拿取称量瓶或滴瓶				
	称量瓶或滴瓶放在桌子台面上				
	称量时或敲样时不关门，或开关门太重使天平移动				
	称量物品洒落在天平内或工作台上				
	离开天平室物品留在天平内或放在工作台				
	草酸钠称样量在规定量±5%以内不扣分				
	草酸钠称样量在规定量±5%到±10%以内，扣1分/个				
	草酸钠称样量超出10%，扣2分/个				
	双氧水称样量未超出称量范围不扣分				
	双氧水称样量超出称量范围5%，扣2分/个				
	每重称1份，在总分中扣5分				
玻璃器皿洗涤（每项1分，共3分）	滴定管挂液				
	移液管挂液				
	容量瓶挂液				
容量瓶的定容操作（每项2分，共10分）	试液转移操作不规范				
	试液溅出				
	烧杯洗涤不规范				
	稀释至刻线不准确				
	2/3处未平摇或定容后摇匀动作不正确				
移取管操作（每项2分，共10分）	移液管未润洗或润洗不规范				
	吸液时吸空或重吸				
	放液时移液管不垂直				
	移液管管尖不靠壁				
	放液后不停留一定时间（约15s）				
滴定管操作（15分）	滴定管不试漏或滴定中漏液，扣1分				
	滴定管未润洗或润洗不规范，扣1分				
	装液操作不正确或未赶气泡，扣1分				
	调“0”刻度线时，溶液放在地面上或水槽中，扣1分				
	滴定操作不规范，扣1分				
	滴定速率控制不当，扣1分				
	滴定终点为浅红色，终点过头或不到，扣2分				
	平行测定时，不看指示剂颜色变化，而看滴定管的读数，扣2分				
	读数操作不对，扣1分				
	不进行滴定管表观读数校正，扣2分				
	不进行溶液温度校正，扣2分				
	每重滴1份，在总分中扣5分				
数据记录及处理（5分）	不记在规定的记录纸上，扣5分				
	计算过程及结果不正确，扣5分				
	有效数字位数保留不正确或修约不正确，扣1分				
结束工作（每项1分，共3分）	玻璃仪器不清洗或未清洗干净				
	废液不处理或不按规定处理				
	工作台不整理或摆放不整齐				
损坏仪器（4分）	每损坏一件仪器扣4分				
总分	注：准确度和精密度评价见附录七				

一、氧化还原滴定法的分类和特点

以氧化还原反应为基础的滴定分析法称为氧化还原滴定法。它是以氧化剂或还原剂作标准滴定溶液来测定还原性或氧化性的物质的含量的方法。

1. 氧化还原滴定法分类

通常根据所用标准溶液的不同，将氧化还原滴定法分为以下几类，见表5-4。

表5-4　氧化还原滴定法分类

氧化还原滴定法	高锰酸钾法	重铬酸钾法	碘量法	溴酸盐法
所用标准滴定溶液	$KMnO_4$	$K_2Cr_2O_7$	I_2 或 $Na_2S_2O_3$	$KBrO_3$-KBr

2. 氧化还原滴定法的特点

(1) 氧化还原反应是基于电子转移的反应，机理比较复杂，反应往往分步进行，不能瞬时完成，因此在氧化还原滴定过程中要注意滴定速率与反应速率相适应。

(2) 氧化还原反应除主反应外，常常伴随有副反应发生，有时因反应条件不同而生成不同的产物，因此在滴定过程中必须严格控制反应条件，使它符合滴定分析的基本要求。

(3) 氧化还原滴定法应用广泛。

二、氧化还原滴定所用的指示剂

1. 自身指示剂

在氧化还原滴定中，不另加指示剂而利用滴定剂或被测物质，在反应前后颜色的变化来指示滴定终点的指示剂称为自身指示剂。例如，$KMnO_4$ 本身显紫红色，用它来滴定 Fe^{2+}、$C_2O_4^{2-}$ 溶液时，反应产物 Mn^{2+}、Fe^{3+} 等颜色很浅或是无色，滴定到化学计量点后，只要 $KMnO_4$ 稍微过量半滴就能使溶液呈现淡红色，指示滴定终点的到达。

2. 氧化还原指示剂

这类指示剂本身是具有氧化还原性质的有机化合物，所以在滴定过程中也发生氧化还原反应，且其氧化型和还原型具有不同的颜色。在滴定过程中指示剂因被氧化或被还原而引起颜色变化，从而指示滴定终点，如二苯胺磺酸钠。$K_2Cr_2O_7$ 滴定 Fe^{2+} 时，常用二苯胺磺酸钠作指示剂。二苯胺磺酸钠的还原型无色，当滴定至化学计量点时，稍过量的 $K_2Cr_2O_7$ 使二苯胺磺酸钠由还原型转变为氧化型，溶液显紫红色，指示滴定终点的到达。

3. 专属指示剂

这类指示剂本身并不具有氧化还原性，但能与滴定剂或被测定物质产生易于辨认的特殊颜色，因而可指示滴定终点。最常用的是淀粉。可溶性淀粉与碘溶液反应生成深蓝色的化合物，当 I_2 被还原为 I^- 时，深蓝色立刻消失，现象极为明显。

三、影响氧化还原反应速率的因素

1. 反应物浓度对反应速率的影响

实验证明，当其他外界条件不变时，增加反应物的浓度就能加快反应速率。例如，$Cr_2O_7^{2-}$ 与 I^- 的反应.

$$Cr_2O_7^{2-} + 6I^- + 14H^+ \longrightarrow 2Cr^{3+} + 3I_2 + 7H_2O$$

此反应速率慢，但增大 I^- 的浓度或提高溶液酸度可使反应速率加快。实验证明，控制

H^+浓度为0.4mol/L时，KI过量2～3倍，暗处放置10min，反应即可进行完全。

2. 温度对反应速率的影响

温度对反应速率有显著的影响，对于大多数反应来说，升高温度反应速率增大，通常溶液温度每增高10℃，反应速率可增大2～3倍。例如在酸性溶液中MnO_4^-和$C_2O_4^{2-}$的反应。

$$2MnO_4^- + 5C_2O_4^{2-} + 16H^+ \longrightarrow 2Mn^{2+} + 10CO_2 + 8H_2O$$

在室温下此反应速率缓慢，如果将溶液加热至75～85℃，反应速率大大加快，便可以顺利进行滴定。

3. 催化剂对反应速率的影响

加入催化剂是提高反应速率的有效方法。例如，MnO_4^-与$C_2O_4^{2-}$的反应速率慢，加入少量的Mn^{2+}作催化剂，就可使反应迅速进行。在此项滴定中，一般不另加催化剂，而是靠反应本身产生的Mn^{2+}作催化剂。

这种由生成物本身引起的催化反应称为自动催化反应。这类反应有一个特点，就是开始时的反应速率较慢，随着生成物逐渐增多，反应速率逐渐加快。

4. 诱导反应对反应速率的影响

在氧化还原反应中，有些反应在一般情况下进行得非常缓慢或实际上并不发生，可是当另一反应存在的情况下，此反应就会加速进行。这种因某一氧化还原反应的发生而促进另一种氧化还原反应进行的现象称为诱导作用，反应称为诱导反应。

$KMnO_4$氧化Cl^-反应速率极慢，对滴定几乎无影响。但如果溶液中同时存在Fe^{2+}，MnO_4^-与Fe^{2+}的反应可以加速MnO_4^-与Cl^-的反应，使测定的结果偏高。这种现象就是诱导作用，MnO_4^-与Fe^{2+}的反应就是诱导反应，MnO_4^-与Cl^-的反应就是受诱反应。

项目小结

知识要点

- 高锰酸钾法测定过氧化氢的原理
- 氧化还原滴定法的分类和特点
- 影响氧化还原反应速率的因素
- 标定$KMnO_4$标准滴定溶液的反应条件

技能要点

- 配制和标定$KMnO_4$标准滴定溶液
- 判断以$KMnO_4$作指示剂的滴定终点
- 测定过氧化氢的含量
- 控制标定和测定的滴定条件
- 记录和处理数据

高锰酸钾及其应用

高锰酸钾又称过锰酸钾，俗称灰锰氧、PP粉。高锰酸钾外观呈黑紫色固体小颗粒，易溶于水，水溶液为玫瑰红色。

高锰酸钾是一种强氧化剂，这一性质决定了它的用途很广，几乎遍布各个行业。工业方面可作为氧化剂；医药方面可作为家庭必备的常用消毒剂、杀菌剂；环保方面可作为水质净化剂；养殖方面可作为饲料、动物饮水、养殖场空气及物品的消毒剂等。另外，高锰酸钾还可用于食品、冶金、科研等领域。下面给大家介绍两个有趣的应用。

(1) 高锰酸钾是自来水厂净化水用的常规添加剂。在野外取水时，1L 水中加三四粒高锰酸钾，30min 即可饮用。

(2) 雪地迷路时，可将高锰酸钾颗粒撒在雪地上，溶解后产生的紫色可以给救援者引路。不过，颜色通常只能保存 2h 左右。

值得注意：高锰酸钾有毒，且有一定的腐蚀性，吸入后可引起呼吸道损害；溅落眼睛内，刺激结膜，重者致灼伤；刺激皮肤后呈棕黑色。浓溶液或结晶对皮肤有腐蚀性，对组织有刺激性，使用时一定要注意安全。

高锰酸钾作为一种强氧化剂，是我国重要锰盐产品之一，在国际上已有 100 多年的生产历史，我国生产高锰酸钾已有 52 年历史。目前，我国现有 $KMnO_4$ 生产能力及产量已超过美国，居世界首位。

目标检测

一、选择题

1. 标定 $KMnO_4$ 标准滴定溶液常用的基准试剂是（　　）

A. $Na_2C_2O_4$　　B. $Na_2S_2O_3$　　C. $K_2Cr_2O_7$　　D. Na_2CO_3

2. 用基准物标定 $KMnO_4$ 溶液时，其终点颜色是（　　）

A. 蓝色　　B. 白色　　C. 紫色　　D. 淡粉红色

3. 用基准 $Na_2C_2O_4$ 标定配制好的 $KMnO_4$ 溶液，其终点颜色保持（　　）不变色。

A. 60s　　B. 30s　　C. 5s　　D. 10s

4. 用基准 $Na_2C_2O_4$ 标定配制好的 $KMnO_4$ 溶液时，溶液温度一般不超过（　　），以防草酸分解。

A. 60℃　　C. 75℃　　C. 55℃　　D. 90℃

5. 用基准 $Na_2C_2O_4$ 标定配制好的 $KMnO_4$ 溶液时，滴定应（　　）

A. 始终快速进行　　B. 始终缓慢进行

C. 开始缓慢，以后逐步加快，近终点又减慢滴定速率

D. 开始时快，后来减慢

6. 对高锰酸钾法，下列说法错误的是（　　）。

A. 可在盐酸介质中进行滴定　　B. 直接法可测定还原性物质

C. 标准滴定溶液用标定法制备　　D. 在硫酸介质中进行滴定

7. 用草酸钠标定高锰酸钾溶液时，适宜的温度是（　　）

A. 低温　　B. 常温　　C. 75～85℃　　D. 60℃

二、判断题

1. 高锰酸钾在配制时要称取稍多于理论量，原因是存在的还原性物质与高锰酸钾反应。（　　）

2. 溶液酸度越高，$KMnO_4$ 氧化能力越强，与 $Na_2C_2O_4$ 反应越完全，所以用 $Na_2C_2O_4$ 标定 $KMnO_4$ 时，溶液酸度越高越好。（　　）

3. 由于 $KMnO_4$ 性质稳定，可作基准试剂直接配制标准溶液。（　　）

4. 用基准物质 $Na_2C_2O_4$ 标定 $KMnO_4$ 时，需将溶液加热至 75～85℃进行滴定，若超过此温度，会使分析结果偏高。（　　）

三、简答题

1. 什么是高锰酸钾法？它有什么特点？

2. 如何配制高锰酸钾标准滴定溶液？

四、计算题

1. 配制 $c\left(\frac{1}{5}KMnO_4\right)=0.2mol/L$ 1000mL 的 $KMnO_4$ 溶液，应称取 $KMnO_4$ 多少克？

2. 用基准物质 $Na_2C_2O_4$ 标定 $c\left(\frac{1}{5}KMnO_4\right)=0.1mol/L$ 的 $KMnO_4$ 标准滴定溶液，欲消耗 $KMnO_4$ 溶液 30.00～40.00mL，计算需要称取基准 $Na_2C_2O_4$ 的范围。

项目六

测定水中溶解氧的含量

溶解在水中的氧称为溶解氧，常用DO表示。水中溶解氧的含量与大气压、水温和水质有密切的关系。

溶解氧的含量用1L水中溶解的氧气量（O_2，mg/L）表示。在20℃、100kPa下，纯水里大约含溶解氧9mg/L。当水体受到污染时，由于氧化污染物需要消耗氧，水中所含的溶解氧就会减少。当水中的溶解氧值降到5mg/L时，一些鱼类就发生呼吸困难，甚至死亡。

水中溶解氧含量的多少反映出水体受到污染的程度，也是研究水体自净能力的一种依据。水生动植物的生存离不开溶解氧，养殖业早已把监测溶解氧含量作为一项重要的指标加以控制。另外，溶解氧对各类管道如自来水管道、暖气管道有腐蚀作用。因此，测定和控制水中溶解氧含量，对工农业生产都是非常重要的。

水中溶解氧含量的测定一般用碘量法（GB 7489—87），碘量法是利用I_2的氧化性或I^-的还原性测定物质含量的氧化还原滴定法，其测定原理如下：

（1）在水样中加入硫酸锰和碱性碘化钾溶液，反应生成白色的氢氧化亚锰（+2价）沉淀。

$$MnSO_4 + 2NaOH = Mn(OH)_2 \downarrow + Na_2SO_4$$

（白色沉淀）

（2）氢氧化亚锰的性质极不稳定，迅速与水中的溶解氧反应，生成棕色的锰酸锰沉淀。

$$2Mn(OH)_2 + O_2 = 2H_2MnO_3$$

$$Mn(OH)_2 + H_2MnO_3 = MnMnO_3 \downarrow + 2H_2O$$

（棕色沉淀）

（3）再加入硫酸酸化，使已经化合的溶解氧与溶液中所加入的I^-起氧化还原反应，析出与溶解氧相当量的I_2。溶解氧越多，析出的碘越多，溶液的颜色就越深。

$$MnMnO_3 + 3H_2SO_4 + 2KI = 2MnSO_4 + K_2SO_4 + I_2 + 3H_2O$$

（4）取出一定体积的水样，以淀粉为指示剂，用$Na_2S_2O_3$标准滴定溶液滴定至终点。

$$I_2 + 2Na_2S_2O_3 = 2NaI + Na_2S_4O_6$$

根据滴定剂的浓度和消耗量计算水中溶解氧的含量。

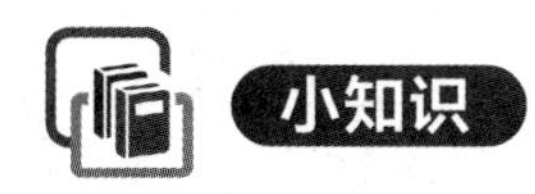

由于固体 I_2 在水中的溶解度很小（298K 时为 1.18×10^{-3} mol/L），且易于挥发，通常将 I_2 溶解于 KI 溶液中，此时它以 I_3^- 配离子形式存在，I^- 起到助溶作用。

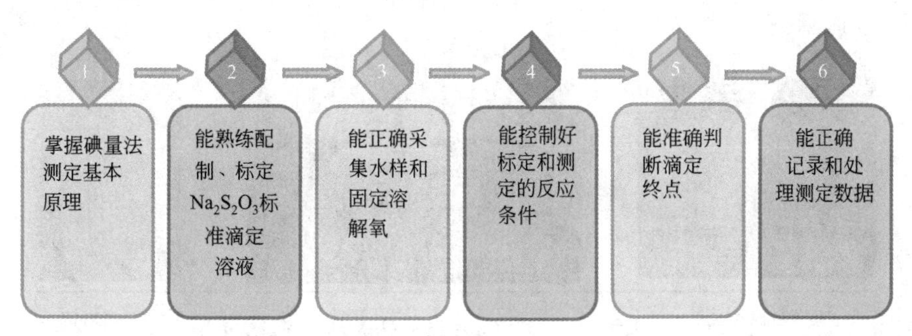

任务一　制备 $Na_2S_2O_3$ 标准滴定溶液

活动一　准备仪器与试剂

准备仪器

托盘天平、分析天平、250mL 溶解氧瓶、50mL 移液管、250mL 碘量瓶（如图 6-1 所示）、吸量管、滴定分析常用玻璃仪器。

准备试剂

硫酸锰溶液、碱性碘化钾溶液、浓硫酸、1%淀粉溶液（10g 淀粉溶于 1L 水中）、固体硫代硫酸钠试剂（硫代硫酸钠晶体如图 6-2 所示）、固体重铬酸钾试剂。

图 6-1　碘量瓶

图 6-2　硫代硫酸钠晶体

小知识

1. 硫酸锰溶液配制

称取 480g 分析纯硫酸锰（$MnSO_4\cdot4H_2O$）溶于蒸馏水中，过滤后稀释成 1L 溶液。

2. 碱性碘化钾溶液配制

称取 500g 分析纯氢氧化钠溶解于 300～400mL 无 CO_2 蒸馏水中，另称取 150g 碘化钾溶解于 200mL 蒸馏水中，将上述两种溶液合并，加蒸馏水稀释至 1L。

活动二　配制 $Na_2S_2O_3$ 标准滴定溶液

晶体 $Na_2S_2O_3 \cdot 5H_2O$ 一般含有少量的 S、S^{2-}、SO_3^{2-}、SO_4^{2-} 等杂质，而且 $Na_2S_2O_3$ 溶液不稳定，因此 $Na_2S_2O_3$ 标准滴定溶液不能用直接法制备，间接法配制 $Na_2S_2O_3$ 溶液的过程如图 6-3 所示。

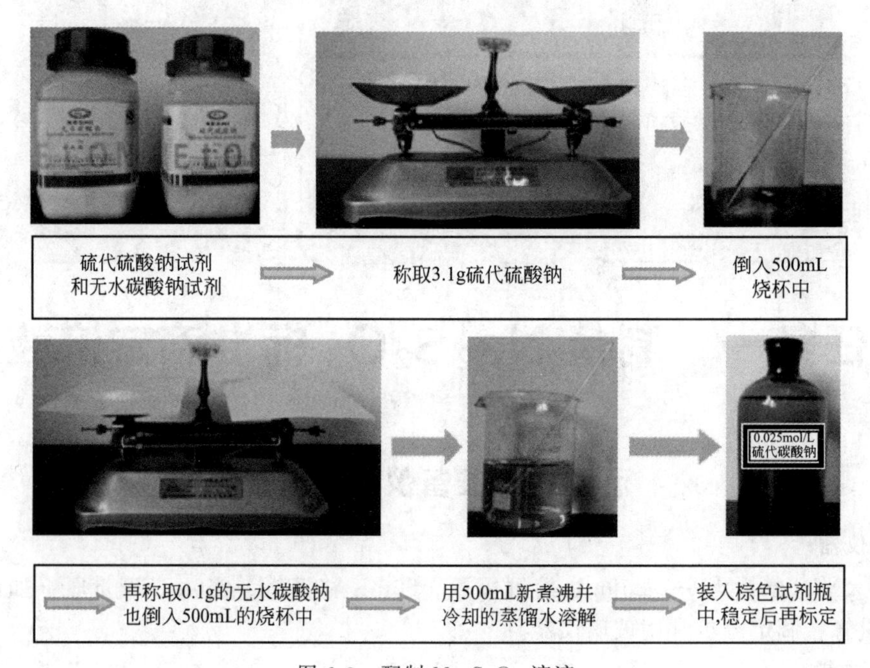

图 6-3　配制 $Na_2S_2O_3$ 溶液

配制好的 $Na_2S_2O_3$ 溶液不稳定，易受空气和微生物作用而分解，光照也会促使其分解。因此配制时应注意以下几点。

（1）使用新煮沸并冷却的蒸馏水（驱除 CO_2、O_2、杀死微生物），防止 $S_2O_3^{2-}$ 与 CO_2、O_2、微生物作用。

（2）加入少量 Na_2CO_3，调 pH 为 9～10，使溶液呈微碱性，抑制细菌生长（1L 溶液中，加入 0.2g Na_2CO_3）。

（3）配制好的 $Na_2S_2O_3$ 溶液应贮存于棕色试剂瓶中，放置两周后再标定，若溶液浑浊，应过滤后标定。

活动三　标定 $Na_2S_2O_3$ 标准滴定溶液

1. 基准试剂的准备

标定 $Na_2S_2O_3$ 标准滴定溶液常用的基准物是 $K_2Cr_2O_7$，将基准试剂 $K_2Cr_2O_7$ 置于称量瓶中，在温度为120℃的恒温箱中，烘干至恒重，放入干燥器中待用。

2. 配制 $c\left(\frac{1}{6}K_2Cr_2O_7\right)=0.02500mol/L$ 标准滴定溶液

用固定称量法准确称取干燥至恒重的重铬酸钾1.2258g，用少量蒸馏水溶解，定量转移到1L的容量瓶中，稀释至刻度，混匀，待用。

3. 标定

在弱酸性溶液中，$K_2Cr_2O_7$ 与过量的KI发生反应，定量析出 I_2。

$$K_2Cr_2O_7+6KI+7H_2SO_4 = 4K_2SO_4+Cr_2(SO_4)_3+3I_2+7H_2O$$

然后以淀粉作指示剂，用 $Na_2S_2O_3$ 标准滴定溶液滴定。

$$I_2+2Na_2S_2O_3 = 2NaI+Na_2S_4O_6$$

标定 $Na_2S_2O_3$ 标准滴定溶液如图6-4所示。

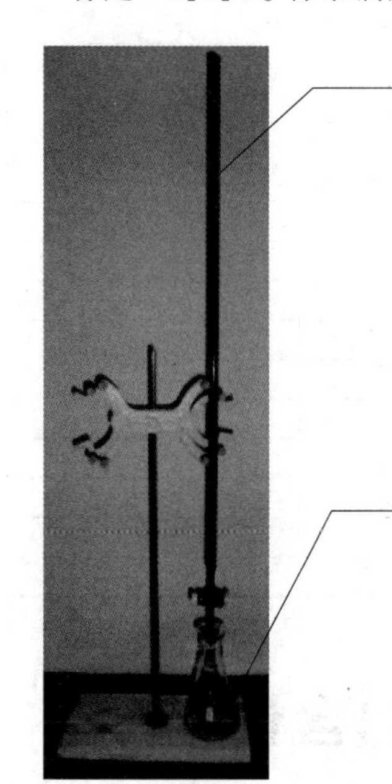

(1) 装入待标定的 $Na_2S_2O_3$ 标准滴定溶液；
(2) 用 $Na_2S_2O_3$ 滴定溶液呈浅黄色（接近终点）；
(3) 加入淀粉指示剂，显蓝色，继续用 $Na_2S_2O_3$ 滴定至蓝色刚好褪去，即为终点；
(4) 记录 $Na_2S_2O_3$ 标准滴定溶液消耗的体积；
(5) 平行测定3次，同时做空白试验。

(1) 准确移入25.00mL0.02500mol/L重铬酸钾标准滴定溶液；
(2) 在碘量瓶中称入1g固体碘化钾，加50mL蒸馏水；
(3) 加入5mL（1+5）硫酸溶液，摇匀；
(4) 在暗处静置5min；
(5) 当碘量瓶溶液被滴定至浅黄色时，加入2mL淀粉指示剂，溶液显蓝色。

图6-4　标定 $Na_2S_2O_3$ 标准滴定溶液

小知识

(1) 标定 $Na_2S_2O_3$ 时，酸度控制在0.2～0.4mol/L为宜，既有较佳的反应速率，又可防止 I^- 被空气中的 O_2 氧化。

(2) 碘量瓶于暗处放置5min以上的目的是让 $K_2Cr_2O_7$ 与KI反应完全。

(3) 近终点加淀粉的目的：防止大量的单质碘（I_2）被淀粉吸附（被吸附的单质碘不易与 $Na_2S_2O_3$ 标准滴定溶液发生反应），从而影响滴定终点的确定，带来滴定误差。

活动四　记录与处理数据

1. 计算公式

$$c(Na_2S_2O_3)=\frac{V(K_2Cr_2O_7)c\left(\frac{1}{6}K_2Cr_2O_7\right)}{V(Na_2S_2O_3)-V_0}$$

式中　$c(Na_2S_2O_3)$——硫代硫酸钠标准滴定溶液的浓度，mol/L；

$c\left(\frac{1}{6}K_2Cr_2O_7\right)$——基本单元为$\frac{1}{6}K_2Cr_2O_7$的溶液浓度，mol/L；

$V(K_2Cr_2O_7)$——移取的重铬酸钾溶液的体积，mL；

$V(Na_2S_2O_3)$——标定消耗硫代硫酸钠标准滴定溶液的体积，mL；

V_0——空白试验消耗硫代硫酸钠标准滴定溶液的体积，mL。

2. 数据记录与处理

见表6-1。

表6-1　硫代硫酸钠标准滴定溶液的标定

实验编号 实验内容	1	2	3
$c\left(\frac{1}{6}K_2Cr_2O_7\right)$/(mol/L)			
移取$K_2Cr_2O_7$标准溶液的体积/mL			
滴定管体积初读数/mL			
滴定管体积末读数/mL			
滴定管体积校正值/mL			
溶液温度/℃			
温度补正值			
溶液温度校正值/℃			
$V(Na_2S_2O_3)$/mL			
V_0/mL			
$c(Na_2S_2O_3)$/(mol/L)			
$\bar{c}(Na_2S_2O_3)$/(mol/L)			
相对极差/%			

任务二　测定水中溶解氧的含量

活动一　采集水样与固定溶解氧

1. 采集水样

由自来水管采集水样时，用橡皮管一端接水龙头，另一端插入溶解氧瓶底部，直接注入水样至溢流出1min后，取出橡皮管，注意不得有气泡残存在溶解氧瓶中。

2. 溶解氧的固定

(1) 用吸量管移取1.00mL $MnSO_4$溶液，轻轻插入液面下，加入到装有水样的溶解氧瓶。

(2) 按上法，加入2.00mL碱性KI溶液。盖紧瓶塞，勿使瓶内有气泡，将样瓶颠倒混合数次，静置。

(3) 待棕色絮状沉淀降至瓶内一半时，再颠倒混合一次，待沉淀物下降至瓶底。轻轻打开溶解氧瓶塞，用吸量管插入液面下加入2.00mL浓H_2SO_4，盖紧瓶塞，颠倒混合摇匀，直至沉淀物全部溶解为止，(如沉淀物溶解不完全，需再加少量酸使其全部溶解)。置于暗处 5min。

溶解氧的固定操作过程，如图 6-5 所示。

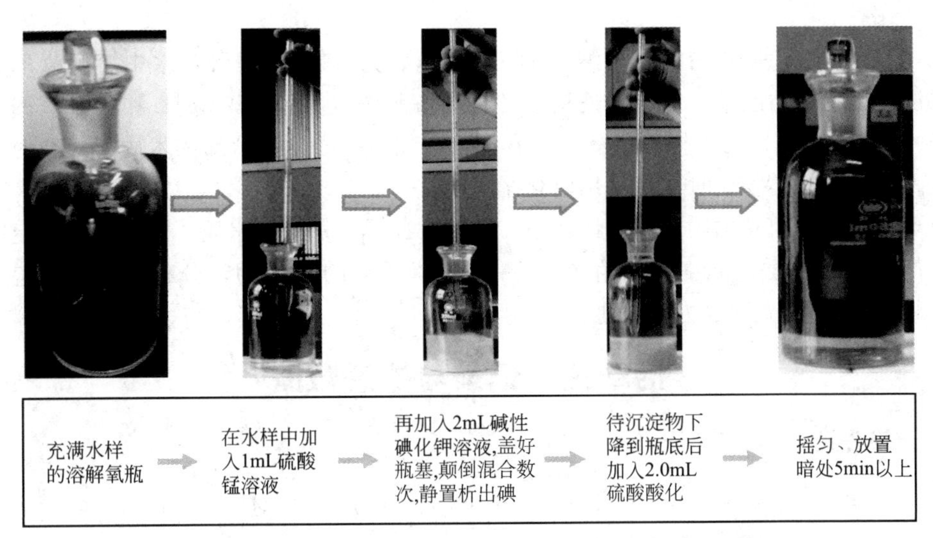

图 6-5　水样中溶解氧的固定操作

活动二　测定水中溶解氧的含量

用移液管吸取 100.00mL 上述溶液于 250mL 锥形瓶中，用已标定好的约为 0.025mol/L $Na_2S_2O_3$ 标准溶液滴定至溶液呈淡黄色，加入 1mL 淀粉溶液。继续滴定至蓝色刚刚褪去，记录硫代硫酸钠溶液用量。见图 6-6。

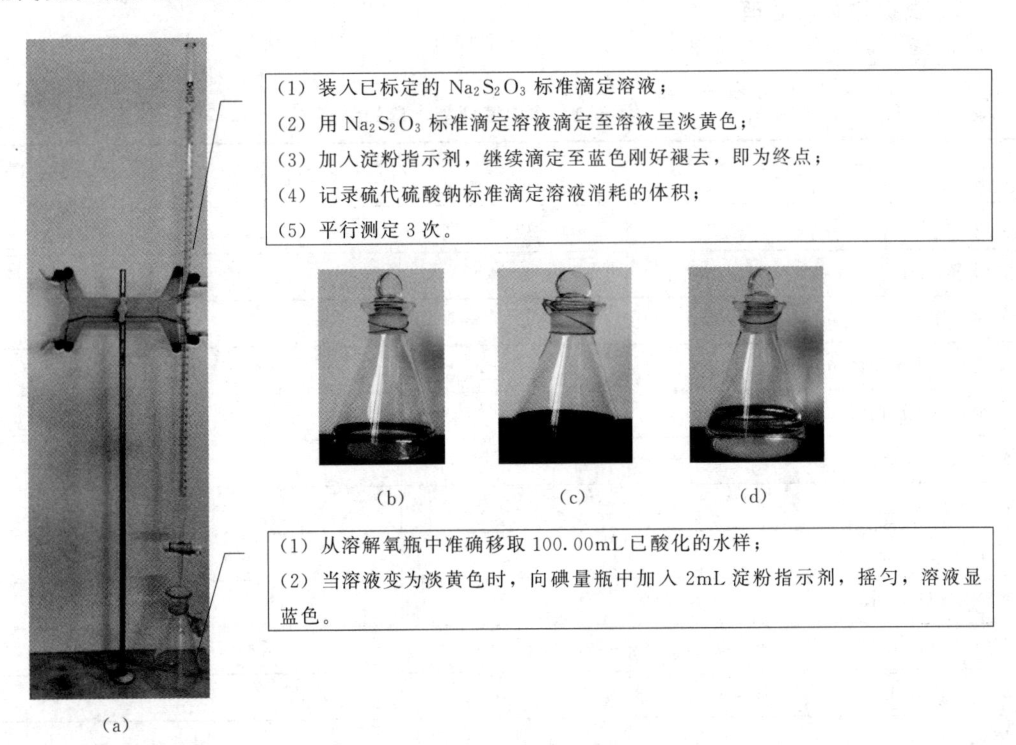

图 6-6　测定水中溶解氧的含量

GB 7489—87《水质 溶解氧的测定 碘量法》认为，碘量法是测定水中溶解氧的基准方法。在没有干扰的情况下，此方法适用于各种溶解氧浓度大于 0.2mg/L 和小于氧的饱和浓度两倍（约 20mg/L）的水样。易氧化的有机物，如丹宁酸、腐殖酸和木质素等会对测定产生干扰。当含有这类物质时，宜采用电化学探头法。

如果存在典型的氧化性或还原性物质，应按 GB 7489—87《水质 溶解氧的测定 碘量法》推荐的修改方法进行。如果存在能固定或消耗碘的悬浮物，分析检测方法应按 GB 7489—87 附录 A 中叙述的方法改进。

活动三 记录与处理数据

1. 计算公式

$$溶解氧(\mathrm{mg/L})=\frac{c(\mathrm{Na_2S_2O_3})V(\mathrm{Na_2S_2O_3})M\left(\frac{1}{4}\mathrm{O_2}\right)}{V(水样)\times 10^{-3}}$$

式中 $V(\mathrm{Na_2S_2O_3})$——滴定水样时消耗硫代硫酸钠标准滴定溶液的体积，mL；

$V(水样)$——水样的体积，mL；

$c(\mathrm{Na_2S_2O_3})$——硫代硫酸钠标准滴定溶液的浓度，mol/L；

$M\left(\frac{1}{4}\mathrm{O_2}\right)$——$\frac{1}{4}\mathrm{O_2}$ 的摩尔质量，g/mol。

2. 数据记录与处理

见表 6-2。

表 6-2 水中溶解氧含量的测定

实验内容 \ 实验编号	1	2	3
$c(\mathrm{Na_2S_2O_3})/(\mathrm{mol/L})$			
$V(水样)/\mathrm{mL}$			
滴定管体积初读数/mL			
滴定管体积末读数/mL			
滴定管体积校正值/mL			
溶液温度/℃			
温度补正值			
溶液温度校正值/℃			
$V(\mathrm{Na_2S_2O_3})/\mathrm{mL}$			
$\rho(\mathrm{O_2})/(\mathrm{mg/L})$			
$\bar{\rho}(\mathrm{O_2})/(\mathrm{mg/L})$			
相对极差/%			

过程评价

见表 6-3。

表 6-3 过程评价

操作项目	不规范操作项目名称	小组互评			教师评价
		是	否	扣分	
托盘天平的称量操作（每项 1 分，共 5 分）	台秤不调零				
	试剂或砝码放置位置不对				
	游码数据读错				
	用手直接拿取砝码				
	称量物品洒落在托盘内或工作台上				
溶解氧的固定操作（每项 2 分，共 10 分）	采样方法不对				
	盖上瓶盖后，溶解氧瓶内有气泡				
	吸量管未伸入液面下				
	颠倒摇匀、混合数次、静止时间不够				
	酸化后，沉淀溶解不完全未处理，未放置暗处 5min 以上				
玻璃器皿洗涤（每项 1 分，共 5 分）	滴定管挂液				
	移液管或吸量管挂液				
	溶解氧瓶挂液				
	碘量瓶挂液				
	未检查碘量瓶密封性				
移液管或操作（每项 1 分，共 5 分）	未润洗或润洗不规范				
	吸液时吸空或重吸				
	放液时吸量管不垂直				
	移液管管尖不靠壁				
	放液后不停留一定时间(约 15s)				
滴定管操作（20 分）	滴定管不试漏或滴定中漏液，扣 1 分				
	滴定管未润洗或润洗不规范，扣 1 分				
	装液操作不正确或未赶气泡，扣 1 分				
	调“0”刻度线时，溶液放在地面上或水槽中，扣 1 分				
	滴定操作不规范，扣 1 分				
	滴定速率控制不当，扣 1 分				
	标定硫代硫酸钠时，滴定至草绿色把握不当，扣 4 分				
	测定溶解氧含量时，滴定至淡黄色把握不当，扣 4 分				
	加淀粉后，滴定至蓝色刚好消失，把握不当，扣 4 分				
	平行测定时，不看指示剂颜色变化，而看滴定管的读数，扣 5 分				
	读数操作不对，扣 5 分				
	每重滴 1 份，在总分中扣 5 分				
数据记录及处理（5 分）	不记在规定的记录纸上，扣 5 分				
	计算过程及结果不正确，扣 5 分				
	有效数字位数保留不正确或修约不正确，扣 5 分				
结束工作（每项 1 分，共 5 分）	未先整理台面、清洗仪器就处理数据				
	玻璃仪器不清洗或未清洗干净				
	废液不处理或不按规定处理				
	工作台不整理或摆放不整齐				
	不整理公共台面、试剂和仪器				
损坏仪器（5 分）	每损坏一件仪器扣 5 分				
总分	注：准确度和精密度评价见附录七				

碘　量　法

碘量法的半反应为：

$$I_3^- + 2e \longrightarrow 3I^- \qquad \varphi^{\ominus}(I_3^-/3I^-) = +0.545V$$

从 $\varphi^{\ominus}$（$I_3^-/3I^-$）可以看出，I_2 是一种较弱的氧化剂，能与较强的还原剂作用；而 I^- 是一种中等强度的还原剂，能与许多氧化剂作用。碘量法既可测定氧化剂，又可测定还原剂，副反应又少，又有灵敏的淀粉指示剂指示终点，因此碘量法的应用范围非常广泛。

碘量法分为直接碘量法和间接碘量法两种。

一、直接碘量法

直接碘量法又称为碘滴定法，是利用 I_2 标准溶液直接滴定一些还原剂较强的物质（电极电位小于 0.545V）的方法。如 S^{2-}、SO_3^{2-}、Sn^{2+}、$S_2O_3^{2-}$、As^{3+}、维生素 C 等的测定。

直接碘量法只能在中性或微酸性溶液中进行，因为在碱性溶液中碘与碱发生歧化反应。

$$3I_2 + 6OH^- \longrightarrow IO_3^- + 5I^- + 3H_2O$$

由于 I_2 的氧化能力不强，使直接碘量法的应用受到一定的限制。直接碘量法用专属指示剂淀粉指示滴定终点时，指示液应在滴定开始前加入，终点时溶液由无色变为蓝色。

二、间接碘量法

间接碘量法又称为滴定碘法，是利用 I^- 的还原性，使之与一些电极电位大于 0.545V 的氧化性物质反应，产生等量的碘，然后用 $Na_2S_2O_3$ 标准滴定溶液滴定释放出的 I_2，从而间接测定氧化性物质含量的一种方法。如 Cu^{2+}、$Cr_2O_7^{2-}$、IO_3^-、BrO_3^-、AsO_4^{3-}、ClO^-、NO_2^-、H_2O_2 等的测定。

例如，测定铜含量就是用的间接碘量法。

$$2Cu^{2+} + 4I^- \longrightarrow 2CuI\downarrow + I_2$$

$$I_2 + 2Na_2S_2O_3 \longrightarrow 2NaI + Na_2S_4O_6$$

在间接碘量法测定过程中，为了减少误差，获得可靠的结果，必须注意滴定反应条件。

（1）控制溶液的酸度　I_2 和 $S_2O_3^{2-}$ 的反应必须在中性或弱酸性溶液中进行。反应如下。

$$I_2 + 2S_2O_3^{2-} \longrightarrow 2I^- + S_4O_6^{2-}$$

I_2 和 $S_2O_3^{2-}$ 的定量关系为 1∶2，硫代硫酸钠的基本单元就取其本身。

在碱性溶液中，I_2 和 $S_2O_3^{2-}$ 的反应之间有副反应发生，$S_2O_3^{2-}$ 会被氧化成 SO_4^{2-}；单质碘（I_2）还会发生歧化反应。

$$4I_2 + S_2O_3^{2-} + 10OH^- \longrightarrow 8I^- + 2SO_4^{2-} + 5H_2O$$

在强酸性溶液中，$Na_2S_2O_3$ 会分解成 SO_2 和单质硫（S）。

$$S_2O_3^{2-} + 2H^+ \longrightarrow SO_2\uparrow + S\downarrow + H_2O$$

（2）I_2 的挥发和 I^- 的氧化，是碘量法误差的主要来源，因此为了防止 I_2 的挥发和 I^- 被空气氧化，测定时必须采取以下措施。

① 加入过量的 KI，一般过量 2～3 倍，使 I_2 生成 I_3^-，以减少 I_2 的挥发。

② 由于I^-被空气中O_2氧化的反应，随光照及酸度增高而加快，因此在反应时应将碘量瓶置于暗处，控制溶液酸度不能太高。

③ 使用碘量瓶，滴定时不要剧烈摇动，要轻摇。

④ 反应析出I_2后立即进行滴定，滴定速率应适当快些。

⑤ Cu^{2+}、NO_2^-等离子催化空气对I^-的氧化，应设法消除干扰。

(3) 间接碘量法也使用淀粉指示剂，终点时溶液由蓝色变为无色。注意淀粉指示剂的加入时间，$Na_2S_2O_3$滴定生成的I_2，在大部分I_2已被还原，溶液呈浅黄色（接近终点前）时，才能加入淀粉指示剂。若加入太早，将会有大量的单质碘（I_2）被淀粉吸附，生成蓝色物质，被吸附的单质碘不易与$Na_2S_2O_3$标准滴定溶液发生反应，从而影响滴定终点的确定，带来滴定误差。

项目小结

知识要点

➤ 碘量法测定溶解氧的基本原理
➤ 水样溶解氧固定原理
➤ 间接碘量法滴定条件

技能要点

✧ 配制和标定$Na_2S_2O_3$标准滴定溶液
✧ 判断以淀粉作指示剂的滴定终点
✧ 测定溶解氧含量
✧ 控制标定和测定的滴定条件
✧ 记录和处理数据

阅读材料

溶解氧快速测试盒

溶解氧测定方法较多，有经典的基准方法碘量法 GB 7489—87、HJ 506—2009 电化学探头法（膜电极法）、消除水样中亚硝酸盐干扰的叠氮化钠修正碘量法、消除Fe^{2+}干扰的高锰酸钾修正碘量法、消除水样中有色或含有藻类及悬浮物干扰的明矾絮凝修正碘量法、适用于含有活性污泥等悬浊物的水样溶解氧测定的硫酸铜-氨基磺酸絮凝修正碘量法。

溶解氧测定领域多，特别是水产养殖行业，要求溶解氧测定既要快速，又要准确，因此，快速检测手段应运而生，溶解氧快速测试盒是比较经济实惠的方法。某厂生产的溶解氧快速测试盒如图 6-7 所示。

溶解氧快速测试盒充分体现了快速分析，无论使用目视比色法或滴定法都能快速得到可靠的结果，如同一个便携式实验室，可实时实地进行常规水质检测，可明显节省时间及费用。产品特点如下。

(1) 采用目视比色法或滴定法测量，操作简便。

(2) 2～10min 即可完成一个水样的分析，快速高效。

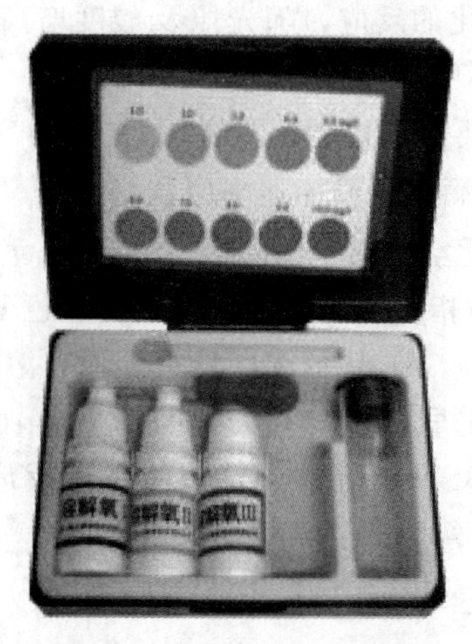

图 6-7 溶解氧快速测试盒

（3）测定结果可靠。

（4）所有试剂及附件均内置，无需另行准备。

（5）分析费用低。

（6）体积小，重量轻，携带方便。

（7）适用于海水、淡水的实时实地水质测试。

该产品应用领域广，可用于水产养殖、农业、污水废水排放与处理、环境分析、清洗消毒/卫生防疫等领域，测试范围 1.0～10mg/L，测试成本低，测试次数可达 90 次/盒。具体使用方法可参考溶解氧快速测试盒使用说明书。

目标检测

一、单选题

1. 能用于标定 $Na_2S_2O_3$ 标准滴定溶液的物质有（　　）。

A. $K_2Cr_2O_7$（基准物质）　　B. $KMnO_4$（AR）

C. I_2（AR）　　D. $KBrO_3$（AR）

2. 碘量法滴定的酸度条件为（　　）。

A. 中性或弱酸性　　B. 强酸性　　C. 强碱性　　D. 无要求

3. 淀粉是一种（　　）指示剂。

A. 自身　　B. 氧化还原型　　C. 专属　　D. 金属

4. 间接碘量法加入淀粉指示剂的适宜时间是（　　）。

A. 滴定开始时　　B. 滴定至近终点，溶液呈浅黄色时

C. 滴定至 I_3^- 红棕色褪尽，溶液呈无色时　　D. 在标准滴定溶液滴定了近 50%时

5. 配制 I_2 溶液时，是将碘单质（I_2）溶解在（　　）中。

A. 水　　B. KI 溶液　　C. HCl 溶液　　D. KOH 溶液

6. 下列几种标准滴定溶液一般采用直接法配制的是（　　）。

A. $KMnO_4$ 标准滴定溶液　　B. I_2 标准滴定溶液

C. $K_2Cr_2O_7$ 标准滴定溶液　　D. $Na_2S_2O_3$ 标准滴定溶液

7. 以 $K_2Cr_2O_7$ 为基准物质标定 $Na_2S_2O_3$ 标准滴定溶液，应选用的指示剂是（　　）。

A. 酚酞　　B. 二甲酚橙　　C. 淀粉　　D. 二苯胺磺酸钠

8. 下列哪种水样用碘量法测定溶解氧会不产生干扰（　　）。

A. 清洁水

B. 水样中含 Fe^{2+}

C. 水样中含固定碘的悬浮物

D. 水样中含有机物如腐殖酸、丹宁酸、木质素

9. GB 7489—87《水质　溶解氧的测定　碘量法》，在没有干扰的情况下，此方法适用于溶解氧浓度范围为（　　）mg/L。

A. 0.1～10　　B. 0.2～20　　C. ＜0.1　　D. ＞20

10. 碘量法中，硫代硫酸钠的基本单元取法正确的是（　　）。

A. $Na_2S_2O_3$　　B. $2Na_2S_2O_3$　　C. $\frac{1}{2}Na_2S_2O_3$　　D. $\frac{1}{4}Na_2S_2O_3$

二、判断题

1. 碘量法在弱酸性介质中进行，其酸性介质为 HAc。（　　）

2. 淀粉指示剂是专属指示剂，它只与 I^- 结合显蓝色。（　　）

3. 配制 I_2 标准滴定溶液时，间接碘量法加入 KI 一定要过量，加入 KI 的目的是增大 I_2 的溶解度，降低 I_2 的挥发性和提高淀粉指示剂的灵敏度。（　　）

4. 配制好的 $Na_2S_2O_3$ 标准滴定溶液应立即用基准物质标定。（　　）

5. 用碘量法测定水中溶解氧，在水样采集后，不需固定。（　　）

6. 用间接碘量法测定试样时，最好在碘量瓶中进行，并应避免阳光直射，为减少 I^- 与空气接触，滴定时不宜过度摇动。（　　）

7. 配制硫代硫酸钠标准滴定溶液时，加入少量碳酸钠，其主要作用是抑制溶液中的细菌生长。（　　）

8. 在强碱性介质中，$Na_2S_2O_3$ 要分解成 SO_2 和单质硫（S）。（　　）

9. 测定溶解氧时，在水样有色或有悬浮物的情况下采用明矾絮凝修正法。（　　）

10. 水样中亚硝酸盐含量高，要采取高锰酸钾修正法测定溶解氧；若亚铁离子含量高，则要采用叠氮化钠修正法测定溶解氧。（　　）

三、填空题

1. 碘量法测定可用直接和间接两种方式。直接法以________为标准滴定溶液，测定________较强的物质。间接法是利用________的还原性，以________为标准滴定溶液，测定析出来的________单质含量，应用更广一些，二者均用淀粉作指示剂，当 I_2 被还原成 I^- 时，溶液呈________色，当 I^- 被氧化成 I_2 时，溶液呈________色。

2. 我国测定水中溶解氧的标准分析方法是________和________，我国《地面水环境质量标准》中溶解氧的Ⅱ类标准值是（上网检索）________mg/L。

3. 碘量法是测定水中溶解氧的基准方法。在没有干扰的情况下，此方法可测定________溶解氧浓度在________mg/L 的水样。

4. 碘量法测定溶解氧，若水样呈强酸性或强碱性，可用________或________中和后，调至中性或弱酸性后再测定。

5. 溶解氧测定，水样预处理至少包括水样中溶解氧的________和水样的________等过

程。在用 $Na_2S_2O_3$ 标准滴定溶液滴定时，强碱性介质会使________发生歧化反应，强酸性介质会使________分解。

四、简答题

1. 简述间接碘量法溶解氧测定原理。

2. 简述间接碘量法滴定条件控制。

3. 溶解氧取样、固化、氧化有何具体要求？

4. 溶解氧测定除碘量法外，还有哪些方法（上网检索）？

五、计算题

1. 将 0.1963g 基准物质 $K_2Cr_2O_7$ 试剂溶于水，酸化后加入过量 KI，析出的 I_2 需用 33.61mL $Na_2S_2O_3$ 溶液滴定。试计算 $Na_2S_2O_3$ 溶液的浓度。

2. 准确吸取 100.0mL 已预处理好的水样（现场固定、酸化）于锥形瓶，用 0.009601mol/L 的 $Na_2S_2O_3$ 标准滴定溶液滴定至溶液呈淡黄色，加入 1mL 淀粉指示剂继续滴定至溶液蓝色刚好褪去，消耗 $Na_2S_2O_3$ 的体积为 9.12mL，请计算水样的溶解氧含量。

项目七

测定铁矿石中的全铁含量

凡是含有可利用的铁元素的矿石都叫作铁矿石，如图 7-1 所示。自然界中铁矿石的种类很多，用于炼铁的主要有磁铁矿（Fe_3O_4）、赤铁矿（Fe_2O_3）和菱铁矿（$FeCO_3$）等。

重铬酸钾法是测定铁矿石中全铁含量的标准方法。测定方法主要有 $SnCl_2$-$HgCl_2$ 法和 $SnCl_2$-$TiCl_3$ 法。目前应用广泛的是 $SnCl_2$-$TiCl_3$ 法（无汞法）。重铬酸钾法是利用 $K_2Cr_2O_7$ 标准滴定溶液来进行滴定的氧化还原滴定法。

图 7-1 铁矿石

$K_2Cr_2O_7$ 是一种较强的氧化剂，在酸性溶液中与还原性物质作用被还原为绿色的 Cr^{3+}。

$$Cr_2O_7^{2-}+14H^{+}+6e \longrightarrow 2Cr^{3+}+7H_2O$$

$$\varphi^{\ominus}(Cr_2O_7^{2-}/Cr^{3+})=1.33V$$

式中，$K_2Cr_2O_7$ 的基本单元为（1/6 $K_2Cr_2O_7$）。

$K_2Cr_2O_7$ 法具有以下特点。

（1）$K_2Cr_2O_7$ 容易提纯，基准试剂在 140～150℃烘至质量恒定就可以准确称量，用直接法配制标准滴定溶液，不必标定。

（2）$K_2Cr_2O_7$ 标准滴定溶液相当稳定，长期密闭保存浓度不变。

（3）室温下 $K_2Cr_2O_7$ 不与 Cl^- 作用，因此可在 HCl 介质中，用 $K_2Cr_2O_7$ 标准滴定溶液测定绿矾中的 Fe^{2+} 含量。

$$Cr_2O_7^{2-}+6Fe^{2+}+14H^{+} \longrightarrow 2Cr^{3+}+6Fe^{3+}+7H_2O$$

（4）应用 $K_2Cr_2O_7$ 标准滴定溶液滴定时，常用二苯胺磺酸钠作氧化还原指示剂。

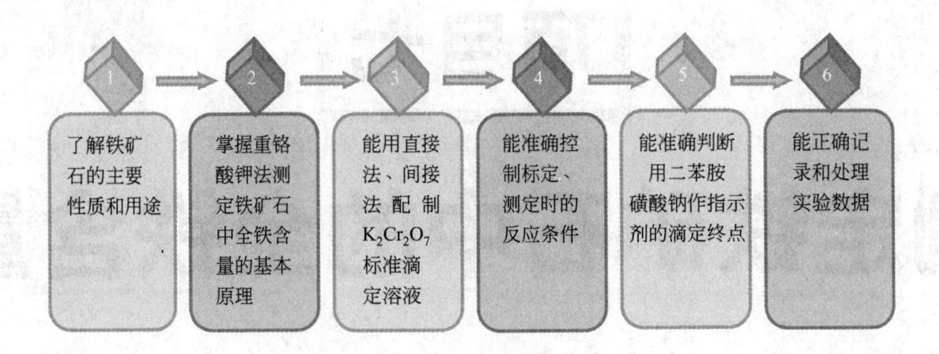

任务一 制备 $K_2Cr_2O_7$ 标准滴定溶液

活动一 准备仪器与试剂

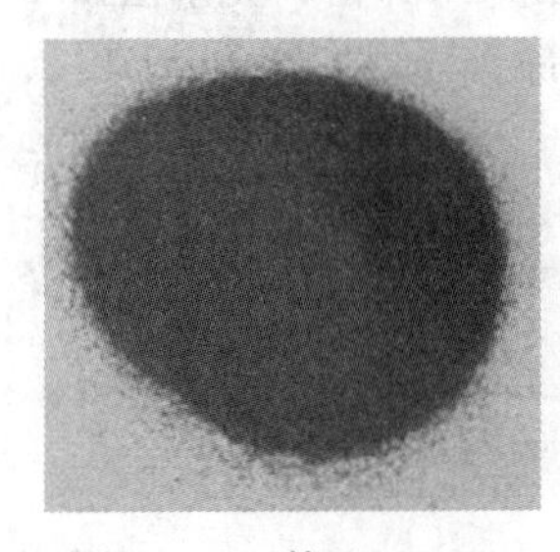
图 7-2 固体 $K_2Cr_2O_7$

准备仪器

分析天平、移液管（25mL）、碘量瓶（250mL）、碱式滴定管（50mL）、酸式滴定管（50mL）、常用玻璃仪器。

准备试剂

分析纯 $K_2Cr_2O_7$（见图 7-2）、固体碘化钾（AR）、5g/L 淀粉指示剂、$c(Na_2S_2O_3)=0.1$mo/L 标准滴定溶液、3mol/L 的 H_2SO_4溶液。硫磷混酸溶液、0.25g/mL 钨酸钠指示液、100g/L 氯化亚锡溶液、15g/L 三氯化钛溶液、0.5g/L 稀重铬酸钾溶液、2g/L 二苯胺磺酸钠指示剂、铁矿石样品。

1. 硫磷混酸溶液的配制

15mL 浓硫酸缓慢加入 70mL 水中，冷却后再加 15mL 浓 H_3PO_4。

2. 100g/L 的 $SnCl_2$ 溶液的配制

称取 10g $SnCl_2 \cdot H_2O$ 溶于 40mL 浓的热盐酸中，加水稀释至 100mL。

3. $c(Na_2S_2O_3)=0.1$mol/L 标准滴定溶液的制备

见项目六。

活动二 配制 $K_2Cr_2O_7$ 标准滴定溶液

以配制 0.1mol/L $\frac{1}{6}K_2Cr_2O_7$ 标准滴定溶液 500mL 为例，配制过程如图 7-3 所示。

图 7-3　配制 $K_2Cr_2O_7$ 标准滴定溶液

（1）重铬酸钾溶液对环境有污染，估算好用量。剩余重铬酸钾溶液一定要回收！

（2）标定 $K_2Cr_2O_7$ 标准滴定溶液因为没有合适的基准物，所以用另一已知浓度的 $Na_2S_2O_3$ 标准溶液（比较法）来比较确定其浓度。

（3）此任务中 $K_2Cr_2O_7$ 标准滴定溶液，是用间接法配制的。项目二中的 $K_2Cr_2O_7$ 标准滴定溶液是用直接法配制的。

活动三　标定 $K_2Cr_2O_7$ 标准滴定溶液

移取一定体积的 $K_2Cr_2O_7$ 溶液，加入过量的 KI 和 H_2SO_4，用已知浓度的 $Na_2S_2O_3$ 标准溶液进行滴定，以淀粉为指示剂指示滴定终点（图 7-4），其反应式如下。

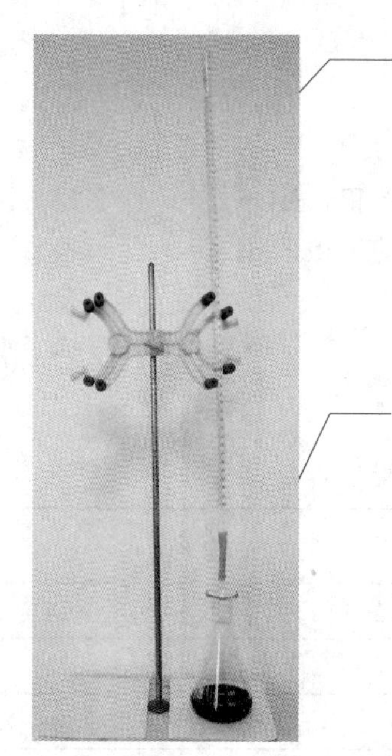

（1）装入已标定好的 $Na_2S_2O_3$ 标准滴定溶液；
（2）用 $Na_2S_2O_3$ 标准滴定溶液滴定至溶液呈浅黄色，加淀粉，继续滴定至溶液由蓝色变为亮绿色为终点，如图 7-5 所示；
（3）记录消耗 $Na_2S_2O_3$ 标准滴定溶液的体积；
（4）平行测定 3 次，同时做空白试验。

（1）准确移取 25.00mL 待标定的 $K_2Cr_2O_7$ 溶液于碘量瓶中；
（2）加 2g 碘化钾，摇匀；
（3）加入 10mL 3mol/L 的 H_2SO_4 溶液，于暗处放置 10min；
（4）加 150mL 水，用 $Na_2S_2O_3$ 标准滴定溶液滴定至浅黄色；
（5）加 3mL 淀粉指示剂（近终点），显蓝色。

图 7-4　标定 $K_2Cr_2O_7$ 标准滴定溶液

$$Cr_2O_7^{2-} + 6I^- + 14H^+ \xlongequal{\quad} 2Cr^{3+} + 3I_2 + 7H_2O$$

$$I_2 + 2S_2O_3^{2-} \xlongequal{\quad} S_4O_6^{2-} + 2I^-$$

图 7-5　亮绿色

(1) 加入过量 KI 和 H_2SO_4 的目的，不仅是为了加快反应速率，也为防止 I_2（生成 I_3^-）的挥发。

(2) 由于 I^- 在酸性溶液中易被空气中的 O_2 氧化，I_2 见光易分解，故需置于暗处避光。

(3) 标定的第一步反应需在强酸性溶液中进行，而 $Na_2S_2O_3$ 和 I_2 的反应必须在弱酸性或中性溶液中进行，因此需要加水稀释（加 150mL 水）以降低酸度。另外，稀溶液也有利于终点颜色的观察。

活动四　记录与处理数据

1. 计算公式

$$c\left(\frac{1}{6}K_2Cr_2O_7\right) = \frac{(V_1 - V_0)c(Na_2S_2O_3)}{V(K_2Cr_2O_7)}$$

式中　$c\left(\frac{1}{6}K_2Cr_2O_7\right)$——重铬酸钾标准溶液的浓度，mol/L；

$c(Na_2S_2O_3)$——硫代硫酸钠标准溶液的浓度，mol/L；

V_1——滴定时消耗硫代硫酸钠标准溶液的体积，mL；

V_0——空白试验消耗硫代硫酸钠标准溶液的体积，mL；

$V(K_2Cr_2O_7)$——重铬酸钾标准溶液的体积，mL。

2. 数据记录与处理

见表 7-1。

表 7-1　标定 $K_2Cr_2O_7$ 标准滴定溶液

测定次数 / 测定项目	1	2	3
移取 $K_2Cr_2O_7$ 标准溶液的体积/mL			
$c(Na_2S_2O_3)$/(mol/L)			
滴定体积初读数/mL			
滴定体积终读数/mL			

续表

测定项目 \ 测定次数	1	2	3
滴定消耗 $Na_2S_2O_3$ 标准溶液的体积/mL			
体积校正值/mL			
溶液温度/℃			
温度补正值/mL			
溶液温度校正值/℃			
实际消耗 $Na_2S_2O_3$ 标准溶液的体积 V_1/mL			
空白试验消耗 $Na_2S_2O_3$ 标准溶液的体积 V_0/mL			
$c\left(\frac{1}{6}K_2Cr_2O_7\right)$/(mol/L)			
$\bar{c}\left(\frac{1}{6}K_2Cr_2O_7\right)$/(mol/L)			
相对极差/%			

任务二　测定铁矿石中全铁的含量

重铬酸钾测铁矿石全铁的过程比较复杂，其简单的原理如下。

(1) 用盐酸溶解试样，溶解反应如下。

$$Fe_2O_3+6HCl \xlongequal{} 2FeCl_3+3H_2O$$

(2) 在热的浓盐酸溶液中，滴加 $SnCl_2$ 溶液将大部分的 Fe^{3+} 还原为 Fe^{2+}，反应如下。

$$2Fe^{3+}+Sn^{2+} \xlongequal{} 2Fe^{2+}+Sn^{4+}$$

(3) 以钨酸钠为指示剂，用 $TiCl_3$ 还原剩余的 Fe^{3+}，溶液呈蓝色，反应如下。

$$Fe^{3+}(\text{剩余})+Ti^{3+} \xlongequal{} Fe^{2+}+Ti^{4+}$$

(4) 稍过量的 $TiCl_3$，再滴加稀重铬酸钾溶液至钨蓝色刚好消失。

(5) 冷却至室温，在硫酸、磷酸混合酸介质中，以二苯胺磺酸钠作指示剂，用重铬酸钾标准滴定溶液滴定至溶液刚呈紫色时为终点。

活动一　铁矿石试样的制备

1. 铁矿石试样的溶解

准确称取铁矿石样品 0.2～0.3g（称准至 0.0002g），放入锥形瓶中，以少量水湿润，加入 10mL 浓盐酸，盖上表面皿，缓缓加热使其溶解，此时溶液为透明的橙黄色，用少量水冲洗表面皿及烧杯内壁，加热近沸。

2. 制备全铁试样

目的是将溶液中的 Fe^{3+} 全部还原为 Fe^{2+}，趁热滴加氯化亚锡溶液还原三价铁，并不时摇动锥形瓶中的溶液，直到溶液保持淡黄色，加水约 100mL，然后加钨酸钠指示液 10 滴，用三氯化钛溶液还原至溶液呈蓝色，再滴加稀重铬酸钾溶液至钨蓝色刚好消失。

活动二　铁矿石中全铁含量的测定

铁矿石中全铁含量的测定如图 7-6 所示。

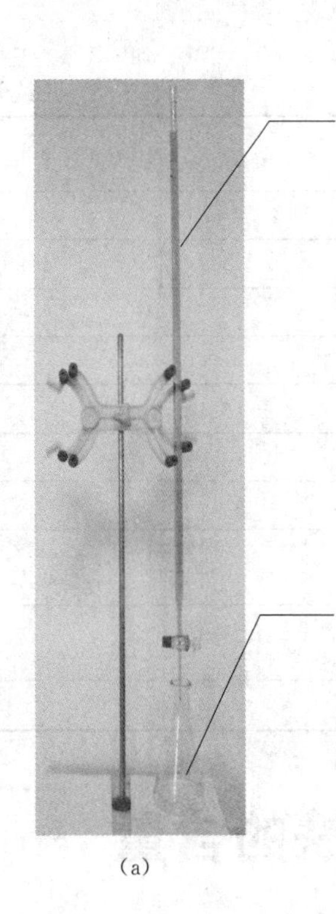

(a)

(1) 装入已标定好的 $K_2Cr_2O_7$ 标准滴定溶液；
(2) 用 $K_2Cr_2O_7$ 标准滴定溶液滴定至溶液呈现紫色，保持 30s 不褪色即为终点；
(3) 记录消耗 $K_2Cr_2O_7$ 标准滴定溶液的体积；
(4) 平行测定 3 次，同时做空白试验。

滴定前　　滴定中　　滴定终点

(b)

(c)

(d)

(1) 将制备好的全铁试样，冷却至室温；
(2) 加入 15mL H_2SO_4-H_3PO_4 混合酸；
(4) 加入 5～6 滴二苯胺磺酸钠指示剂；
(5) 滴定至溶液由浅绿色（Cr^{3+} 色）变为紫色，即为终点。

图 7-6　铁矿石中全铁含量的测定

小知识

测定中，硫酸提供酸性介质。加入磷酸的目的有两个。

(1) 使氧化产物 Fe^{3+} 能生成稳定的 $[Fe(PO_4)_2]^{3-}$，降低 Fe^{3+}/Fe^{2+} 电对的电极电位，使滴定突跃范围增大，让二苯胺磺酸钠变色点的电位落在滴定突跃范围之内。

(2) 使 Fe^{3+} 生成稳定无色的配合物 $[Fe(HPO_4)_2]^-$，消除 Fe^{3+} 的黄色干扰，有利于滴定终点的观察。

活动三　记录与处理数据

1. 计算公式

根据 $K_2Cr_2O_7$ 标准滴定溶液的浓度和滴定时消耗 $K_2Cr_2O_7$ 标准滴定溶液的体积，即可求铁矿石试样中全铁的含量。

计算铁矿石试样中全铁的含量公式如下。

$$w(\mathrm{Fe})=\frac{c\left(\frac{1}{6}\mathrm{K_2Cr_2O_7}\right)(V_1-V_0)M(\mathrm{Fe})\times10^{-3}}{m}\times100\%$$

式中　$c\left(\frac{1}{6}\mathrm{K_2Cr_2O_7}\right)$——重铬酸钾标准滴定溶液的浓度，mol/L；

V_1——滴定消耗重铬酸钾标准滴定溶液的体积，mL；

V_0——空白试验消耗重铬酸钾标准溶液的体积，mL；

$M(\mathrm{Fe})$——铁的摩尔质量，g/mol；

m——铁矿石试样的质量，g；

$w(Fe)$——全铁的质量分数。

2. 数据记录与处理

见表 7-2。

表 7-2　铁矿石中全铁含量的测定

测定项目＼测定次数	1	2	3
倾倒前 称量瓶＋铁矿石试样/g			
倾倒后 称量瓶＋铁矿石试样/g			
m(铁矿石试样)/g			
滴定体积初读数/mL			
滴定体积终读数/mL			
滴定消耗 $K_2Cr_2O_7$ 标准溶液的体积/mL			
体积校正值/mL			
溶液温度/℃			
温度补正值			
溶液温度校正值/℃			
实际消耗 $K_2Cr_2O_7$ 标准溶液体积 V_1/mL			
空白试验消耗 $K_2Cr_2O_7$ 标准溶液体积 V_0/mL			
铁矿石中全铁的含量/%			
铁矿石中全铁的平均含量/%			
相对极差/%			

过程评价

见表 7-3。

表 7-3　过程评价

操作项目	不规范操作项目名称	小组互评			教师评价
		是	否	扣分	
试样称量操作（8分）	不看水平				
	不清扫或校正天平零点后清扫				
	用手直接拿取称量瓶或滴瓶				
	称量瓶或滴瓶放在桌子台面上				
	称量时或敲样时不关门，或开关门太重使天平移动				
	称量物品洒落在天平内或工作台上				
	离开天平室物品留在天平内或放在工作台上				
	铁矿石的称样量超出称量范围5%，扣2分/个				
	每重称1份，在总分中扣5分				
玻璃器皿洗涤（每项1分，共2分）	滴定管挂液				
	移液管挂液				
移液管操作（每项2分，共10分）	移液管未润洗或润洗不规范				
	吸液时吸空或重吸				
	放液时移液管不垂直				
	移液管管尖不靠壁				
	放液后不停留一定时间(约15s)				

续表

操作项目	不规范操作项目名称	小组互评			教师评价
		是	否	扣分	
铁矿石试样的制备（每项 2 分，共 12 分）	溶解铁矿石样品时不加热				
	加热温度过高，使 $FeCl_3$ 挥发，结果偏低				
	趁热加入 $SnCl_2$，溶液未到淡黄色				
	$TiCl_3$ 加入量过多或过少				
	稀的重铬酸钾溶液加入量过多或过少				
	制样过程中溶液颜色变化不是由浅黄色到蓝色，再到蓝色刚好消失				
滴定管操作（16 分）	滴定管不试漏或滴定中漏液，扣 1 分				
	滴定管未润洗或润洗不规范，扣 1 分				
	装液操作不正确或未赶气泡，扣 1 分				
	调“0”刻度线时，溶液放在地面上或水槽中，扣 1 分				
	滴定操作不规范，扣 1 分				
	滴定速率控制不当，扣 1 分				
	滴定终点由蓝色变为亮绿色，过头或不到，每个扣 2 分				
	滴定终点为紫色，过头或不到，每个扣 2 分				
	平行测定时，不看指示剂颜色变化，而看滴定管的读数，扣 2 分				
	读数操作不对，扣 1 分				
	不进行滴定管表观读数校正，扣 2 分				
	不进行溶液温度校正，扣 2 分				
	每重滴 1 份，在总分中扣 5 分				
数据记录及处理（5 分）	不记在规定的记录纸上，扣 5 分				
	计算过程及结果不正确，扣 5 分				
	有效数字位数保留不正确或修约不正确，扣 1 分				
结束工作（每项 1 分，共 3 分）	玻璃仪器不清洗或未清洗干净				
	废液不处理或不按规定处理				
	工作台不整理或摆放不整齐				
损坏仪器（4 分）	每损坏一件仪器扣 4 分				
总 分	注：准确度和精密度评价见附录七				

一、氧化还原电对

物质的氧化型（高价态）和还原型（低价态）所组成的体系称为氧化还原电对，简称电对。常用氧化型/还原型来表示，无论是氧化剂获得电子还是还原剂失去电子，电对都写成氧化型/还原型的形式。例如

$$2I^- - 2e \xlongequal{} I_2 \qquad \text{电对为 } I_2/I^-$$

$$Fe^{2+} - e \xlongequal{} Fe^{3+} \qquad \text{电对为 } Fe^{3+}/Fe^{2+}$$

$$MnO_4^- + 8H^+ + 5e \xlongequal{} Mn^{2+} + 4H_2O \qquad \text{电对为 } MnO_4^-/Mn^{2+}$$

上述表示一个电对得失电子的反应又称氧化还原半电池反应或电极反应。

二、电极电位

电极电位是指电极与溶液接触的界面由于存在双电层而产生的差。用 φ 来表示，SI 单位为伏特，符号为 V。任一氧化还原电对都有其相应的电极电位，电极电位值越高，则此电对的氧化型的氧化能力越强；电极电位值越低，则此电对的还原型的还原能力越强，电极电

位值的大小表示了电对得失电子能力的强弱。

标准电极电位 $\varphi^{\ominus}$——电极电位值与浓度和温度有关，在热力学标准状态（即 298K，有关物质的浓度 1mol/L，有关气体压力为 100kPa）下，某电极的电极电位称为该电极的标准电极电位。有关氧化还原电对的标准电极电位见附录三。

三、氧化还原滴定曲线

在氧化还原滴定过程中，随着滴定剂的加入，溶液中各电对的电极电位不断发生变化。这种变化与酸碱滴定、配位滴定过程一样，也可用滴定曲线来描述。横坐标为标准溶液的加入量，纵坐标为电对的电极电位。

在氧化还原滴定中，随着滴定剂的加入，被滴定物质的氧化态和还原态的浓度逐渐改变，电对的电势也随之改变。

氧化还原滴定曲线是描述电对电势与滴定分数之间的关系的曲线。

以 $c[Ce(SO_4)_2]=0.1000mol/L$ 标准溶液滴定 20.00mL $c(H_2SO_4)=1mol/L$ 硫酸溶液中的 $c(FeSO_4)=0.1mol/L$，$FeSO_4$ 溶液滴定过程中的滴定曲线如图 7-7 所示。

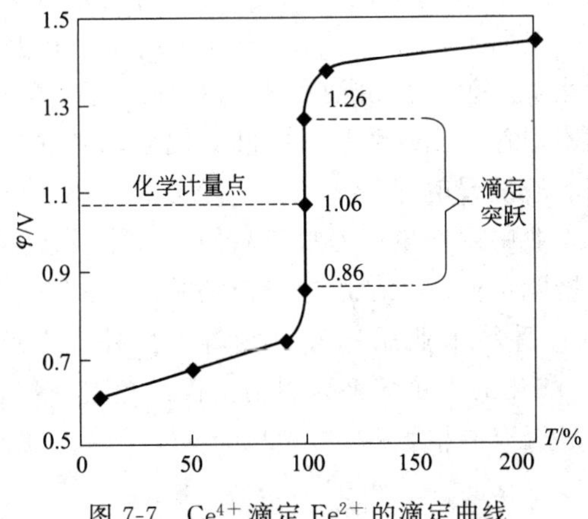

图 7-7　Ce^{4+} 滴定 Fe^{2+} 的滴定曲线

两个电对的条件电位或标准电极电位相差越大，电位突跃也越大。了解氧化还原滴定的电位突跃范围的目的是为了选择合适的指示剂。

项目小结

知识要点

➢ 重铬酸钾的基本性质

➢ 氧化还原指示剂

➢ 重铬酸钾法测定铁矿石中全铁含量的原理

➢ 氧化还原电对、电极电位和滴定曲线

技能要点

✧ 制备 $K_2Cr_2O_7$ 标准滴定溶液

✧ 准确判断以二苯胺磺酸钠作指示剂的滴定终点

✧ 控制好滴定条件

✧ 记录和处理数据

阅读材料

重铬酸钾及其应用

重铬酸钾系橙红色三斜晶系板状结晶体，有苦味及金属性味，密度 2.676g/cm³，熔点 398℃，稍溶于冷水，水溶液呈酸性，易溶于热水，不溶于乙醇，有剧毒。

重铬酸钾（$K_2Cr_2O_7$）是一种有毒且有致癌性的强氧化剂，室温下为橙红色固体。它被国际癌症研究机构（IARC）划归为第一类致癌物质，而且是强氧化剂，在实验室和工业中都有很广泛的应用。

重铬酸钾是一种含六价铬的有毒产品，长期吸入，能破坏鼻黏膜，引起鼻膜炎和鼻中隔软骨穿孔，使呼吸器官受到损伤，甚至造成肺硬化。一般的毒性作用表现在肝、肾、胃肠道、心血系统的损伤。皮肤接触重铬酸钾溶液和粉末时易引起铬疮和皮炎，当破伤的皮肤与之接触时，会造成不易痊愈的溃疡；眼睛受到沾染时，将引起结膜炎，甚至失明。因此，如有重铬酸钾溶液或粉末溅到皮肤上，应立即用大量水冲洗干净；如不慎溅入眼睛内，也应立即用大量水冲洗 15min 以上，并滴入鱼肝油和 30%磺胺乙酰溶液进行处理。

误食铬盐会起引急性铬中毒，出现腹痛、呕吐、便血，严重者会出现血尿抽搐、精神失常等，应立即用亚硫酸钠溶液洗胃解毒。

重铬酸钾主要在化学工业中用作生产铬盐产品如三氧化二铬等的主要原料；火柴工业用作制造火柴头的氧化剂；搪瓷工业用于制造搪瓷瓷釉粉，使搪瓷成绿色；玻璃工业用作着色剂；印染工业用作媒染剂；香料工业用作氧化剂等。另外，它还是测试水体化学耗氧量（COD）的重要试剂之一。酸化的重铬酸钾遇酒精由橙红色变灰绿色，以检验司机是否酒后驾驶，或检验化学生物中是否有酒精生成。

目标检测

一、选择题

1. 标定 $K_2Cr_2O_7$ 标准滴定溶液常用的试剂是（　　）。

A. $Na_2C_2O_4$　　B. $Na_2S_2O_3$　　C. $K_2Cr_2O_7$　　D. Na_2CO_3

2. 以 $K_2Cr_2O_7$ 标定 $Na_2S_2O_3$ 标准溶液时，滴定前加水稀释是为了（　　）。

A. 便于滴定操作　　B. 保持溶液的弱酸性

C. 防止淀粉凝聚　　D. 防止碘挥发

3. 以 $K_2Cr_2O_7$ 为基准物质标定 $Na_2S_2O_3$ 溶液，应选用的指示剂是（　　）。

A. 酚酞　　B. 二甲酚橙　　C. 淀粉　　D. 二苯胺磺酸钠

4. 用 $K_2Cr_2O_7$ 法测定 Fe^{2+}，可选用下列哪种指示剂（　　）。

A. 甲基红-溴甲酚绿　　B. 二苯胺磺酸钠

C. 铬黑 T　　D. 自身指示剂

5. 在含有少量 Sn^{2+} 的 $FeSO_4$ 溶液中，用 $K_2Cr_2O_7$ 法滴定 Fe^{2+}，应先消除 Sn^{2+} 的干扰，宜采用（　　）。

A. 控制酸度法　　B. 配合掩蔽法　　C. 离子交换法　　D. 氧化还原掩蔽法

6. 重铬酸钾滴定法测铁，加入 H_3PO_4 的作用主要是（　　）

A. 防止沉淀

B. 提高酸度

C. 降低 Fe^{3+}/Fe^{2+} 电位，使突跃范围增大

D. 防止 Fe^{2+} 氧化

7. 下列物质中可用于直接配制标准溶液的是（　　）。

A. NaOH(GR)　　B. 固体 $K_2Cr_2O_7$(GR)

C. 固体 $Na_2S_2O_3$(AR)　　D. 浓盐酸（AR）

8. 配制 500.0mL 的 0.1000mol/L（1/6 $K_2Cr_2O_7$）溶液，称量 $K_2Cr_2O_7$ 基准物（　　）g。

A. 2.45g　　B. 2.452g　　C. 4.903g　　D. 2.4515g

9.（　　）是标定硫代硫酸钠标准溶液较为常用的基准物。

A. 升华碘　　B. KIO_3　　C. $K_2Cr_2O_7$　　D. $KBrO_3$

二、判断题

1. $K_2Cr_2O_7$ 非常稳定，容易提纯，所以标准溶液可用直接法配制。（　　）

2. $K_2Cr_2O_7$ 标准溶液滴定 Fe^{2+} 既能在硫酸介质中进行，又能在盐酸介质中进行。（　　）

3. $Na_2S_2O_3$ 标准滴定溶液是用 $K_2Cr_2O_7$ 直接标定的。（　　）

4. 用于 $K_2Cr_2O_7$ 法中的酸性介质只能是硫酸，而不能用盐酸。（　　）

5. 重铬酸钾法的终点，由于 Cr^{3+} 的绿色影响观察，常采取的措施是加较多的水稀释。（　　）

6. 用 $K_2Cr_2O_7$ 法测定 Fe 含量时，$K_2Cr_2O_7$ 的基本单元应取（$K_2Cr_2O_7$）。（　　）

三、简答题

1. 什么是重铬酸钾法？它有什么特点？

2. $K_2Cr_2O_7$ 标准溶液为什么可用直接法配制？直接法配制 $K_2Cr_2O_7$ 标准溶液时应注意哪些问题？

3. 如何配制重铬酸钾标准滴定溶液？

4. $c(K_2Cr_2O_7)$ 和 $c\left(\frac{1}{6}K_2Cr_2O_7\right)$之间有何关系？配制 $c(K_2Cr_2O_7)$和 $c\left(\frac{1}{6}K_2Cr_2O_7\right)$均为 0.1000mol/L 的标准溶液，所需称取基准 $K_2Cr_2O_7$ 的质量是否相等？

四、计算题

1. 配制 $c\left(\frac{1}{6}K_2Cr_2O_7\right)=0.1mol/L$ 500mL 的 $K_2Cr_2O_7$ 溶液，应称取 $K_2Cr_2O_7$ 多少克？

2. 称取纯 $K_2Cr_2O_7$ 0.4903g，用水溶解后，配成 100.0mL 溶液。取出此溶液 25.00mL，加入适量 H_2SO_4 和 KI，滴定时消耗 24.95mL $Na_2S_2O_3$ 溶液，计算 $Na_2S_2O_3$ 的物质的量浓度？

3. 称取铁矿石 0.2000g，经处理后滴定时消耗 $c\left(\frac{1}{6}K_2Cr_2O_7\right)=0.1000mol/L$ 的 $K_2Cr_2O_7$ 标准溶液 24.82mL，计算铁矿石中铁的含量。

项目八

测定自来水的总硬度

日常生活中，平时家里用的毛巾为什么会变硬？家里烧水用的热水壶为什么会结垢？其实这都是硬水（含有较多可溶性钙、镁化合物的水）惹的祸。

硬水常常给人们带来许多危害，因此水硬度的测定有很大的实际意义。

自来水硬度的测定执行国家推荐标准 GB/T 5750—2006 规定，采用 EDTA 配位滴定法。

配位滴定法是以配位反应为基础的滴定分析方法，EDTA（如图 8-1 所示）是配位剂乙二胺四乙酸的英文缩写。

图 8-1　EDTA 试剂

EDTA 配位滴定法测定水的硬度，用 NH_3-NH_4Cl 缓冲溶液（pH＝10）来调节溶液的 pH，用铬黑 T（以 In 表示）作指示剂。配位测定反应如下。

滴定前：
$$Mg^{2+} + HIn^{2-} \rightleftharpoons MgIn^{-} + H^{+}$$
　　　　纯蓝色　　　酒红色

配位反应：
$$Ca^{2+} + H_2Y^{2-} \rightleftharpoons CaY^{2-} + 2H^{+}$$
$$Mg^{2+} + H_2Y^{2-} \rightleftharpoons MgY^{2-} + 2H^{+}$$

滴定终点时：
$$MgIn^{-} + H_2Y^{2-} \rightleftharpoons MgY^{2-} + HIn^{2-}$$
酒红色　　　　　　　　纯蓝色

（上述反应发生的条件：$K_{MgIn} > K_{CaIn}$）

式中，Y 代表 EDTA。当溶液由酒红色变为纯蓝色即为终点。

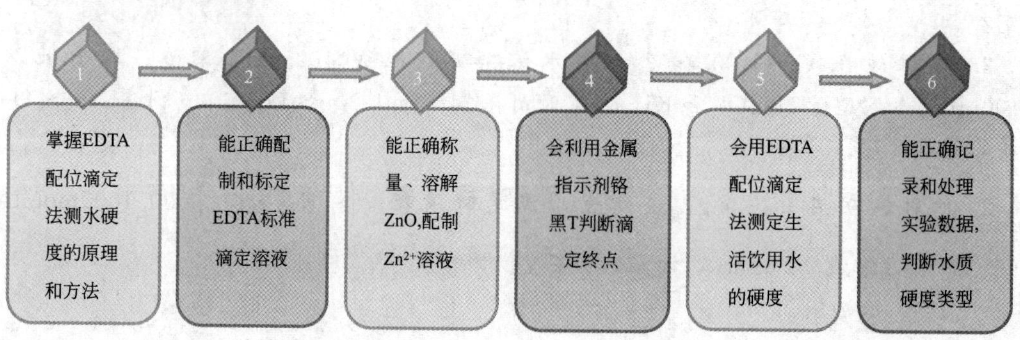

任务一　制备 EDTA 标准滴定溶液

活动一　准备仪器与试剂

准备仪器

托盘天平、分析天平、电炉、100mL 移液管、滴定分析玻璃仪器。

准备试剂

乙二胺四乙酸二钠（AR）、ZnO（基准物质）、NH_3-NH_4Cl 缓冲溶液（pH＝10）、盐酸（20%）、氨水（10%）、铬黑 T 指示剂（0.05%）（见图 8-2）、刚果红试纸、ρ＝200g/L 的三乙醇胺溶液、ρ＝20g/L 的 Na_2S 溶液、自来水水样。

图 8-2　铬黑 T 试剂

小知识

铬黑 T 简称 EBT，是黑褐色粉末，带金属光泽的一种金属指示剂。

金属指示剂大多是有机染料，能与某些金属离子（M）生成有色配合物（MIn），且与指示剂本身的颜色不同。例如，在 pH＝10 的缓冲溶液中，铬黑 T 本身是蓝色的，MIn 是酒红色的。滴定开始时溶液呈现出 MIn 的颜色。

滴定前：

$$\underset{\text{无色}}{M} + \underset{\substack{\text{纯蓝色}\\\text{(铬黑T)}}}{In} \rightleftharpoons \underset{\substack{\text{酒红色}\\\text{(铬黑T与M的配合物)}}}{MIn}$$

滴定终点时：

$$\underset{\text{酒红色}}{MIn} + \underset{\text{(EDTA)}}{Y} \rightleftharpoons MY + \underset{\text{纯蓝色}}{In}$$

终点时，EDTA 夺取 MIn 中的 M，使指示剂游离出来显示纯蓝色而指示滴定终点。铬黑 T 应用于配位滴定中的最适宜 pH＝9～10。常见金属指示剂见附录二。

注　意

（1）NH_3-NH_4Cl（pH＝10）缓冲溶液的作用是稳定溶液的酸度。一方面是保证铬黑 T 指示剂在滴定终点时能由酒红色变为纯蓝色；另一方面是提供碱性条件，有利于 EDTA 与金属离子的配位反应。

（2）各种缓冲溶液的缓冲能力是有限的，当向缓冲溶液中加入大量的强酸强碱时，其缓冲能力就会丧失。

（3）缓冲溶液缓冲能力的大小可用缓冲容量来衡量。缓冲容量是使 1L 缓冲溶液的 pH 值增加 1 个单位或减少一个单位所需要加入强碱强酸的量。

活动二　配制 EDTA 标准滴定溶液

以配制 0.02mol/L EDTA 标准滴定溶液 250mL 为例，配制过程如图 8-3 所示。

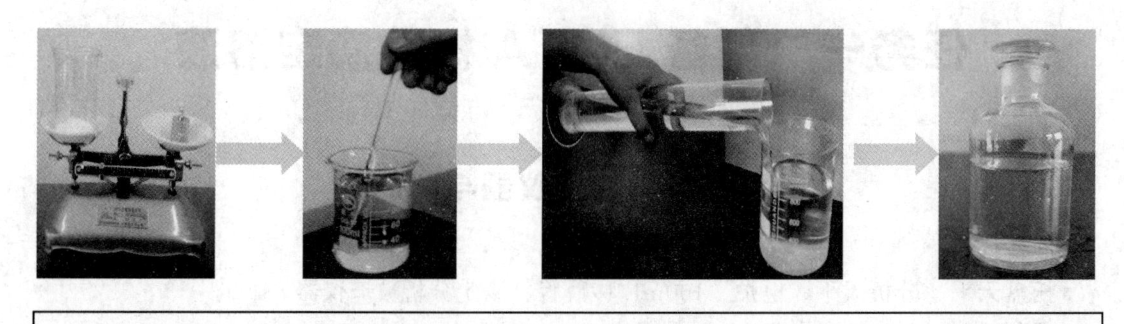

图 8-3　配置 EDTA 标准滴定溶液

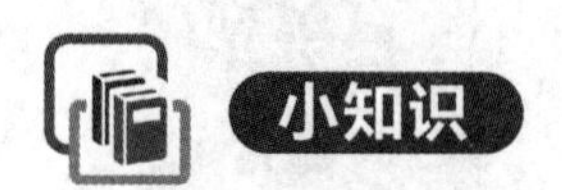

EDTA

乙二胺四乙酸简称 EDTA，常用 H_4Y 表示，结构简式如下。

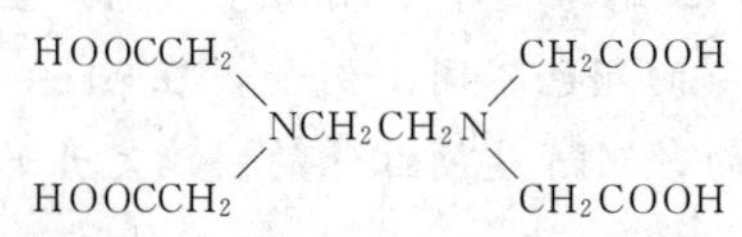

EDTA 微溶于水，不适宜作滴定剂，而其二钠盐（$Na_2H_2Y \cdot 2H_2O$，也称 EDTA）为白色结晶粉末，无臭无味，无毒，易溶于水（22℃时，每 100mL 水中可溶解 11.1g），所以，EDTA 标准溶液常用其二钠盐代替。采用间接法配制标准溶液。

注意：若天气较冷，气温较低，可适当加热，帮助 EDTA 二钠盐溶解。

活动三　标定 EDTA 标准滴定溶液

（1）基准 ZnO 溶液的配制过程如图 8-4 所示。

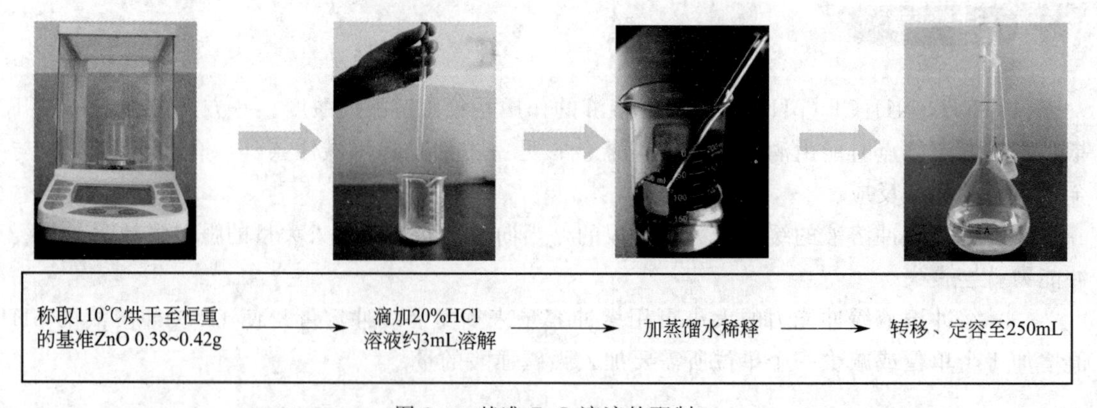

图 8-4　基准 ZnO 溶液的配制

（2）EDTA 标准滴定溶液的标定如图 8-5 所示。

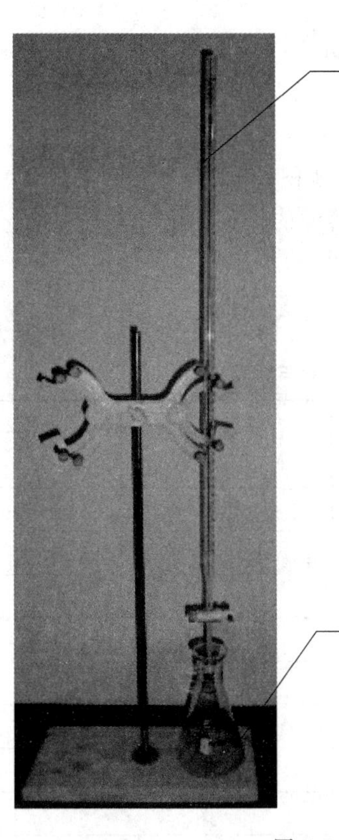

图 8-5　标定 EDTA 标准滴定溶液

 **小知识**

1. 配位滴定反应必须具备的条件

(1) 形成的配合物要有足够的稳定性，即 $K'_{稳} \geqslant 10^8$。

(2) 在一定条件下，反应必须定量进行，即配位数固定。

(3) 配合反应速率要快。

(4) 要有适当的方法确定终点。

2. EDTA 与金属离子配位的特点

(1) EDTA 是多基配位体，可以与许多金属离子形成稳定的螯合物，配位比简单，一般为 1∶1。

(2) EDTA 与金属离子形成的配合物易溶于水，大多数配位反应速率快。

(3) EDTA 与无色金属离子配位时，一般形成无色螯合物，容易找到合适的指示剂指示滴定终点。

活动四　记录与处理数据

1. 计算公式

$$c(\text{EDTA})=\frac{m(\text{ZnO})\times \frac{25}{250}}{(V_1-V_0)M(\text{ZnO})}\times 1000$$

式中　c(EDTA)——EDTA标准滴定溶液的浓度，mol/L；

　　m(ZnO)——基准氧化锌的质量，g；

　　M(ZnO)——氧化锌的摩尔质量，81.38g/mol；

　　V_1——标定消耗EDTA标准滴定溶液的体积，mL；

　　V_0——空白试验消耗EDTA标准滴定溶液的体积，mL。

2. 数据与处理记录

见表8-1。

表8-1　EDTA标准滴定溶液的配制与标定

测定项目＼测定次数	1	2	3
倾倒前 称量瓶＋ZnO/g			
倾倒后 称量瓶＋ZnO/g			
m(ZnO)/g			
滴定体积初读数/mL			
滴定体积终读数/mL			
滴定消耗EDTA标准溶液的体积/mL			
体积校正值/mL			
溶液温度/℃			
温度补正值			
溶液温度校正值/℃			
实际消耗EDTA溶液的体积V_1/mL			
空白试验消耗EDTA溶液的体积V_0/mL			
c(EDTA)/(mol/L)			
$\bar{c}$(EDTA)/(mol/L)			
相对极差/%			

任务二　测定水的总硬度

活动一　测定水样的总硬度

自来水的总硬度用EDTA配位滴定法直接测定，如图8-6所示。

(1) 因水样中含有$Ca(HCO_3)_2$，当溶液调至碱性时应防止生成$CaCO_3$，故需酸化。

(2) 由于水中存在的干扰离子Fe^{3+}、Al^{3+}、Cu^{2+}、Pb^{2+}对铬黑T有封闭作用，故应加入三乙醇胺掩蔽Fe^{3+}、Al^3，加入Na_2S溶液掩蔽Cu^{2+}、Pb^{2+}等重金属离子。

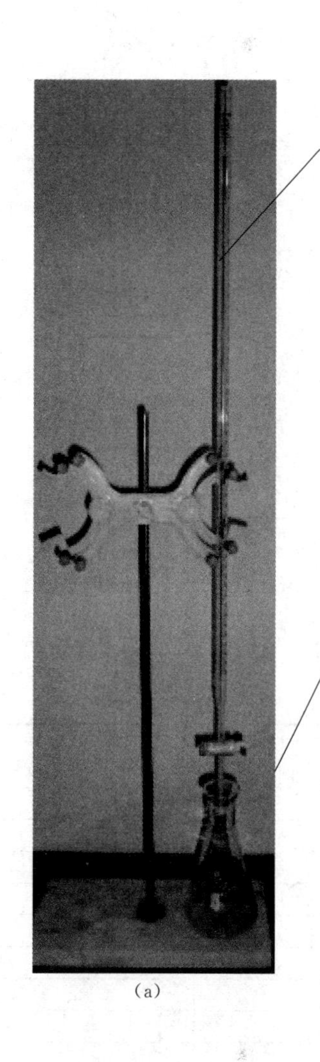

(a)

(c)

(d)

图 8-6　测定水样的总硬度

金属指示剂应具备的条件

(1) 在滴定 pH 范围内，MIn 与 In 的颜色有明显的区别。

(2) 金属离子与指示剂形成的配合物 MIn 要有适当的稳定性即 K'_{MIn} 要合适。即 $\lg K'_{MY} \geqslant \lg K'_{MIn} \geqslant 5$，且 $\lg K'_{MY} - \lg K'_{MIn} \geqslant 2$。$K'_{MIn}$ 太小，终点提前出现，且变色不敏锐；K'_{MIn} 太大，终点拖后出现，甚至得不到终点。

(3) 金属离子与指示剂形成的配合物应易溶于水。

(4) 指示剂与金属离子的反应要迅速，且变色可逆。

(5) 金属指示剂应比较稳定，便于贮存和使用。

常用金属指示剂见附录二。

活动二　记录与处理数据

1. 计算公式

$$\rho_{总}=\frac{c(\mathrm{EDTA})(V-V_0)M(\mathrm{CaO})}{V(水样)\times 10}\times 10^3$$

$$\rho_{以CaCO_3计}=\frac{c(\mathrm{EDTA})(V-V_0)M(\mathrm{CaCO_3})}{V(水样)}\times 10^3$$

式中　V——水样消耗 EDTA 标准滴定溶液的体积，mL；

V_0——空白试验消耗 EDTA 标准滴定溶液的体积，mL；

$\rho_{总}$——水样总硬度，度；

$\rho_{以CaCO_3计}$——水样总硬度，g/L；

$M(CaCO_3)$——$CaCO_3$ 的摩尔质量，g/mol；

$M(CaO)$——CaO 的摩尔质量，g/mol。

2. 数据记录与处理

见表 8-2。

表 8-2　测定饮用水的硬度

测定项目＼测定次数	1	2	3
$\bar{c}$(EDTA)/(mol/L)			
V(水样)/mL			
EDTA 溶液初读数/mL			
EDTA 溶液末读数/mL			
滴定消耗 EDTA 标准溶液的体积/mL			
体积校正值/mL			
溶液温度/℃			
温度补正值			
溶液温度校正值/℃			
实际消耗 EDTA 溶液的体积 V/mL			
空白试验消耗 EDTA 溶液的体积 V_0/mL			
$\rho_{以CaCO_3计}$/(mg/L)			
$\bar{\rho}_{以CaCO_3计}$/(mg/L)			
相对极差/%			

小知识

水的硬度大小常以 Ca、Mg 总量折算成 CaO 的量来衡量，各国采用的硬度单位有所不同。本书采用我国常用的表示方法：以度（°）计，即 1L 水中含有 10mg CaO 称为 1°，有时也以 mg/L 表示。如国家标准规定饮用水硬度以 $CaCO_3$ 计，不能超过 450mg/L。我国水质分类标准见表 8-3。

表 8-3　水质分类

总硬度	0°～4°	4°～8°	8°～16°	16°～25°	25°～40°	40°～60°	60°以上
水质	很软水	软水	中硬水	硬水	高硬水	超硬水	特硬水

过程评价

见表 8-4。

表 8-4 过程评价

操作项目	不规范操作项目名称	小组互评			教师评价
		是	否	扣分	
基准物和试样称量操作（10 分）	不看水平				
	不清扫或校正天平零点后清扫				
	称量开始或结束零点不校正				
	用手直接拿取称量瓶或滴瓶				
	称量瓶或滴瓶放在桌子台面上				
	称量时或敲样时不关门，或开关门太重使天平移动				
	称量物品洒落在天平内或工作台上				
	离开天平室物品留在天平内或放在工作台上				
	氧化锌称样量在规定量±5%以内				
	水样取样量正确				
	每重称 1 份，在总分中扣 5 分				
玻璃器皿洗涤（每项 1 分，共 3 分）	滴定管挂液				
	移液管挂液				
	容量瓶挂液				
容量瓶的定容操作（每项 2 分，共 10 分）	试液转移操作不规范				
	试液溅出				
	烧杯洗涤不规范				
	稀释至刻度线不准确				
	2/3 处未平摇或定容后摇匀动作不正确				
移取管操作（每项 2 分，共 10 分）	移液管未润洗或润洗不规范				
	吸液时吸空或重吸				
	放液时移液管不垂直				
	移液管管尖不靠壁				
	放液后不停留一定时间（约 15s）				
滴定管操作（15 分）	滴定管不试漏或滴定中漏液，扣 1 分				
	滴定管未润洗或润洗不规范，扣 1 分				
	装液操作不正确或未赶气泡，扣 1 分				
	调“0”刻度线时，溶液放在地面上或水槽中，扣 1 分				
	滴定操作不规范，扣 1 分				
	滴定速率控制不当，扣 1 分				
	滴定终点过头或不到，扣 2 分				
	平行测定时，不看指示剂颜色变化，而看滴定管的读数，扣 2 分				
	读数操作不对，扣 1 分				
	不进行滴定管表观读数校正，扣 2 分				
	不进行溶液温度校正，扣 2 分				
	每重滴 1 份，在总分中扣 5 分				
数据记录及处理（5 分）	不记在规定的记录纸上，扣 2 分				
	计算过程及结果不正确，扣 2 分				
	有效数字位数保留不正确或修约不正确，扣 1 分				
结束工作（每项 1 分，共 3 分）	玻璃仪器不清洗或未清洗干净				
	废液不处理或不按规定处理				
	工作台不整理或摆放不整齐				

续表

操作项目	不规范操作项目名称	小组互评			教师评价
		是	否	扣分	
损坏仪器（4分）	每损坏一件仪器扣4分				
总分	注：准确度和精密度评价见附录七				

一、EDTA与金属离子配合物的稳定常数

EDTA与金属离子的配位反应通常表示如下。

$$M+Y \rightleftharpoons MY$$

式中，M代表金属离子M^{n+}，Y代表Y^{4-}。

配位反应的平衡常数也叫配合物的稳定常数可表示如下。

$$K_{MY}=\frac{[MY]}{[M][Y]}$$

式中，[MY]、[M]、[Y] 分别表示配位平衡时配合物MY和金属离子M、Y的平衡浓度。表8-5列出了EDTA与一些金属离子生成配合物的平衡稳定常数。

表8-5　金属-EDTA配合物的稳定常数

金属离子	$\lg K_{MY}$	金属离子	$\lg K_{MY}$	金属离子	$\lg K_{MY}$
Na^+	1.66	Ce^{3+}	15.98	Cu^{2+}	18.80
Li^+	2.79	Al^{3+}	16.30	Hg^{2+}	21.8
Ba^{2+}	7.86	Co^{2+}	16.31	Th^{4+}	23.2
Sr^{2+}	8.73	Cd^{2+}	16.46	Cr^{3+}	23.0
Mg^{2+}	8.69	Zn^{2+}	16.50	Fe^{3+}	24.23
Ca^{2+}	10.69	Pb^{2+}	18.04	U^{4+}	25.80
Mn^{2+}	13.87	Y^{3+}	18.09	Bi^{3+}	27.94
Fe^{2+}	14.32	Ni^{2+}	18.62		

理论和实践证明，在适当条件下，只要$\lg K_{MY}>8$就可以用EDTA配位滴定法测定金属离子含量，即使碱土金属也可用EDTA滴定。

二、EDTA的离解平衡

当H_4Y溶解于水时，如果溶液的酸度很高，它的两个羧基可再接受两个H^+形成H_6Y^{2+}，使EDTA相当于一个六元酸（EDTA本身是四元酸），所以它存在六级离解平衡。

$$H_6Y^{2+} \rightleftharpoons H^+ + H_5Y^+ \qquad K_{a1}=1.26\times10^{-1}$$

$$H_5Y^+ \rightleftharpoons H^+ + H_4Y \qquad K_{a2}=2.51\times10^{-2}$$

$$H_4Y \rightleftharpoons H^+ + H_3Y^- \qquad K_{a3}=1.00\times10^{-2}$$

$$H_3Y^- \rightleftharpoons H^+ + H_2Y^{2-} \qquad K_{a4}=2.16\times10^{-3}$$

$$H_2Y^{2-} \rightleftharpoons H^+ + HY^{3-} \qquad K_{a5}=6.92\times10^{-7}$$

$$HY^{3-} \rightleftharpoons H^+ + Y^{4-} \qquad K_{a6}=5.50\times10^{-11}$$

在水溶液中，EDTA 总是以 H_6Y^{2+}、H_5Y^+、H_4Y、H_3Y^-、H_2Y^{2-}、HY^{3-}、Y^{4-} 等七种形式存在，见图 8-7。

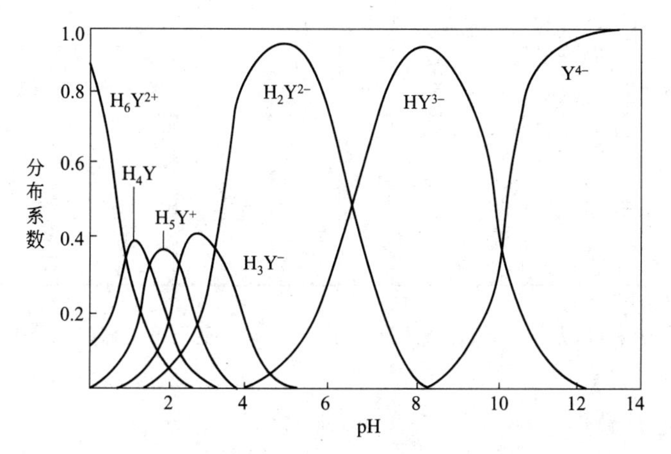

图 8-7　EDTA 各种存在型体在不同 pH 时的分布曲线

在不同 pH 时，EDTA 的主要存在型体列于表 8-6 中。

表 8-6　不同 pH 时，EDTA 的主要存在型体

pH	＜1	1～1.6	1.6～2	2～2.7	2.7～6.2	6.2～10.3	＞10.3
主要存在型体	H_6Y^{2+}	H_5Y^+	H_4Y	H_3Y^-	H_2Y^{2-}	HY^{3-}	Y^{4-}

在 EDTA 七中型体中，只有 Y^{4-} 能与金属离子直接配位，形成稳定的配合物，因此溶液的酸度越低（pH 越大），Y^{4-} 的分布分数越大，EDTA 的配位能力越强。

三、酸效应

由于 H^+ 存在，使 EDTA 参与主反应的能力降低的现象，称为 EDTA 的酸效应，酸效应的强弱用酸效应系数 $\alpha_{Y(H)}$ 来表示。

如果用［Y′］表示没有参加与待测金属离子 M 配位的 EDTA 的各种型体微粒的总浓度

即$[Y']=[H_6Y]+[H_5Y]+[H_4Y]+[H_3Y]+[H_2Y]+[HY]+[Y]$

用［Y］表示平衡时游离的 Y^{4-} 的浓度即平衡浓度，则酸效应系数如下。

$$\alpha_{Y(H)}=\frac{[Y']}{[Y]}$$

$\alpha_{Y(H)}$ 越大，表示参加与待测金属离子 M 配位反应的 EDTA 的浓度越小，H^+ 引起的副反应越严重，当酸度高于某一限度时，就不能准确滴定，这一限度就是滴定允许的最高酸度即最低 pH。

在只有酸效应时，必须要求：

$$\lg K_{MY}-\lg\alpha_{Y(H)}\geqslant 8$$

于是有：

$$\lg\alpha_{Y(H)}\leqslant\lg K_{MY}-8$$

将各种金属离子的 $\lg K_{MY}$ 代入上式，计算出对应的最大 $\lg\alpha_{Y(H)}$ 值，再从表 8-7 中查得与之对应的最小 pH，就是滴定该金属离子的最小 pH（最高酸度）。

表 8-7 EDTA 在不同 pH 时的 $\lg\alpha_{Y(H)}$ 值

pH	$\lg\alpha_{Y(H)}$	pH	$\lg\alpha_{Y(H)}$	pH	$\lg\alpha_{Y(H)}$
0.0	21.18	3.4	9.71	6.8	3.55
0.4	19.59	3.8	8.86	7.0	3.32
0.8	18.01	4.0	8.04	7.5	2.78
1.0	17.20	4.4	7.64	8.0	2.26
1.4	15.68	4.8	6.84	8.5	1.77
1.8	14.21	5.0	6.45	9.0	1.29
2.0	13.52	5.4	5.69	9.5	0.83
2.4	12.24	5.8	4.98	10.0	0.45
2.8	11.13	6.0	4.65	11.0	0.07
3.0	10.63	6.4	4.06	12.0	0.00

从表 8-7 中的数据可以看出，溶液 pH 接近 12 时，EDTA 的酸效应很弱，由 H^+ 引起的副反应可以忽略不计。

四、条件稳定常数

由于副反应的存在，配合物 MY 的稳定平衡常数必须进行修正，修正后的稳定平衡常数叫条件稳定平衡常数。在忽略待测金属离子的副反应，只考虑 EDTA 的酸效应的情况下，条件稳定平衡常数可由下式计算。

$$\lg K'_{MY} = \lg K_{MY} - \lg\alpha_{Y(H)}$$

条件稳定常数的大小，说明配合物 MY 在一定条件下的实际稳定程度，也是判断滴定可能性的重要依据。

硬水及其危害

所谓“硬水”是指水中所溶的矿物质成分多，尤其是钙和镁含量较大的水。中国《生活用水卫生标准》中规定，水的总硬度不能过大，生活用水的硬度不能超过 25°。如果硬度过大，饮用后增加了肾胆结石发病的概率，硬水对人体健康与日常生活都有一定的影响。

（1）如果没有经常饮硬水的人偶尔饮硬水，则会造成肠胃功能紊乱，即所谓“水土不服”，就是这个意思。

（2）用硬水烹调鱼肉、蔬菜，会因不易煮熟而破坏或降低食物的营养价值。

（3）用硬水泡茶会改变茶的色香味而降低其饮用价值。

（4）用硬水做豆腐不仅会使产量降低，而且会影响豆腐的营养成分。

（5）硬水使热水器、增湿器等设备管路阻塞、流量减小、寿命缩短；洁白的浴缸或坐便器等设备泛黄；龙头、淋浴喷头结满水垢、滋生细菌、镀铬的表面水渍斑斑。

（6）硬水洗澡会使皮肤干燥、粗糙、发痒；头发干枯、打结、无光泽、不易梳理。

（7）使用硬度大的水洗衣服既浪费肥皂，又不易洗净，洗出来的衣服暗黑僵硬。

（8）工业上用硬水会使锅炉、换热器中结垢而影响热效应，甚至有可能引起锅炉爆炸。由于硬水问题，工业上每年因设备、管线的维修和更换要耗资数千万元。

项目小结

知识要点

➢ 配位滴定法的测定原理
➢ 配位滴定反应条件
➢ 配位滴定反应特点
➢ 金属指示剂
➢ EDTA 的存在型体与 pH 值的关系
➢ 水的硬度的表示方法
➢ 水质分类

技能要点

✧ 配制 Zn^{2+} 标准滴定溶液
✧ 配制和标定 EDTA 标准滴定溶液
✧ 判断以铬黑 T 作指示剂的滴定终点
✧ 测定水中钙、镁离子含量
✧ 控制标定和测定的滴定条件
✧ 记录和处理数据

目标检测

一、单选题

1. EDTA 的水溶液有七种存在型体，其中能与金属离子直接配位的是（　　）。

A. H_6Y^{2+}　　B. H_2Y^{2-}　　C. HY^{3-}　　D. Y^{4-}

2. 用于标定 EDTA 的基准物质除下列的（　　）外均可。

A. $CaCO_3$　　B. Na_2CO_3　　C. Zn　　D. ZnO

3. 用 EDTA 溶液直接滴定无色金属离子时，终点时溶液所呈颜色是（　　）。

A. 金属指示剂和金属离子形成的配合物的颜色
B. 无色
C. 游离指示剂的颜色
D. EDTA 与金属离子形成的配合物的颜色

4. EDTA 与金属离子形成的配合物，其配位比一般为（　　）。

A. 1∶1　　B. 1∶2　　C. 1∶3　　D. 2∶1

5. EDTA 与金属离子配位的特点有（　　）

A. 因生成的配合物稳定性很高，与溶液酸度无关
B. 能与所有的金属离子形成稳定配合物
C. 生成的配合物大都易溶于水
D. 与金属离子形成的配合物都无颜色

6. 金属指示剂应具备的条件是（　　）。

A. In 与 MIn 的颜色要相近　　B. MIn 的稳定性要适当

C. MIn 应不溶于水　　　　　　D. 显色反应速率要慢

7. 用 EDTA 标准溶液滴定金属离子时，若要求相对误差小于 0.1%，则滴定的酸度条件必须满足（c_M=0.01mol/L）（　　）。

A. $\lg\alpha_{Y(H)}K_{MY}\geqslant 8$　　B. $\lg K'_{MY}<8$　　C. $\lg K_{MY}\geqslant 8$　　D. $\lg K'_{MY}\geqslant 8$

8. 在 Ca^{2+}、Mg^{2+} 混合液中，用 EDTA 标准溶液滴定 Ca^{2+} 时，为了消除 Mg^{2+} 的干扰，宜选用（　　）。

A. 控制溶液酸度法　　　　　　B. 氧化还原掩蔽法

C. 配位掩蔽法　　　　　　　　D. 沉淀掩蔽法

二、判断题

1. EDTA 与金属离子形成的配合物均无色。（　　）

2. EDTA 与金属离子配合时，大多数是以 1∶1 的关系配合。（　　）

3. 金属指示剂可以在任意 pH 的溶液中使用。（　　）

4. 在配位滴定中，EDTA 溶液通常是用酸式滴定管盛装。（　　）

5. 酸度是影响配合物稳定性的主要因素之一。（　　）

6. 配位滴定反应必须具备的条件之一是形成的配合物要足够的稳定，即 $K_{稳}\geqslant 10^8$。（　　）

7. 在配制 EDTA 标准溶液时，通常用加热的方法增大 EDTA 的溶解度。（　　）

8. EDTA 只有在溶液的 pH≥10.26，才主要以 Y^{4-} 的形式存在，所以配位滴定通常要加缓冲溶液来调节溶液的 pH。（　　）

三、简答题

1. EDTA 和金属离子形成的配合物有哪些特点？

2. EDTA 在水溶液中主要存在哪些形体？其中哪些形体能与金属离子直接配位？

四、计算题

1. 准确称取 0.4162g 纯 ZnO 基准物质，用 HCl 溶液溶解后，于 250mL 容量瓶中定容。吸取此溶液 25.00mL，以 EDTA 标准滴定溶液滴定至终点，用去 21.56mL，计算 EDTA 溶液的物质的量浓度。

2. 测定水 Ca^{2+}、Mg^{2+} 的总硬度时，用移液管移取 100.0mL 水样于锥形瓶中，以铬黑 T 作指示剂，用 c(EDTA)=0.0100mol/L 的 EDTA 标准溶液滴定，消耗 4.00mL，用 CaO 表示 Ca^{2+}、Mg^{2+} 的总硬度，求 ρ(CaO)（单位 mg/L）。

项目九

测定硫酸铝的含量

硫酸铝［化学式 $Al_2(SO_4)_3$，相对分子质量342.15］，白色斜方晶系结晶粉末，密度 1.69g/mL (25℃)。工业硫酸铝见图 9-1。硫酸铝在造纸工业中作为松香胶、蜡乳液等胶料的沉淀剂，水处理中作絮凝剂，还可作泡沫灭火器的内留剂，制造明矾、铝白的原料，石油脱色、脱臭剂，某些药物的原料等，还可制造人造宝石及高级铵明矾。

大约占总产量 50%的硫酸铝用于造纸，大约占总产量 40%硫酸铝在饮用水、工业用水和工业废水处理中作絮凝剂。当向这类水中加入硫酸铝后，可以生成胶状的、能吸附和沉淀出细菌、胶体和其他悬浮物的氢氧化铝絮片，用在饮用水处理中可控制水的颜色和味道。

图 9-1　工业硫酸铝

Al^{3+} 的测定采用 EDTA、Zn^{2+} 标准溶液返滴定法。在 pH=3～4 的条件下，在铝盐溶液中加入过量的 EDTA 标准滴定溶液，加热煮沸使 Al^{3+} 配位完全。调节溶液的 pH=5～6，以二甲酚橙作指示剂，用锌盐标准溶液滴定剩余的 EDTA 溶液，滴定至溶液由黄色变为橙红色即为终点。测定原理如下。

(1) 在待测溶液中准确加入定量且适当过量的第一种标准溶液，让其完全反应。

$$H_2Y^{2-} + Al^{3+} \rightleftharpoons AlY^- + 2H^+$$

(标准溶液 1)（待测溶液）

(2) 再用第二种标准溶液返滴剩余的第一种标准溶液。

$$H_2Y^{2-} + Zn^{2+} \rightleftharpoons ZnY^{2-} + 2H^+$$

(剩余标准溶液 1)（标准溶液 2)

(3) 由两种标准溶液所消耗溶质的物质的量之差计算被测组分的含量。

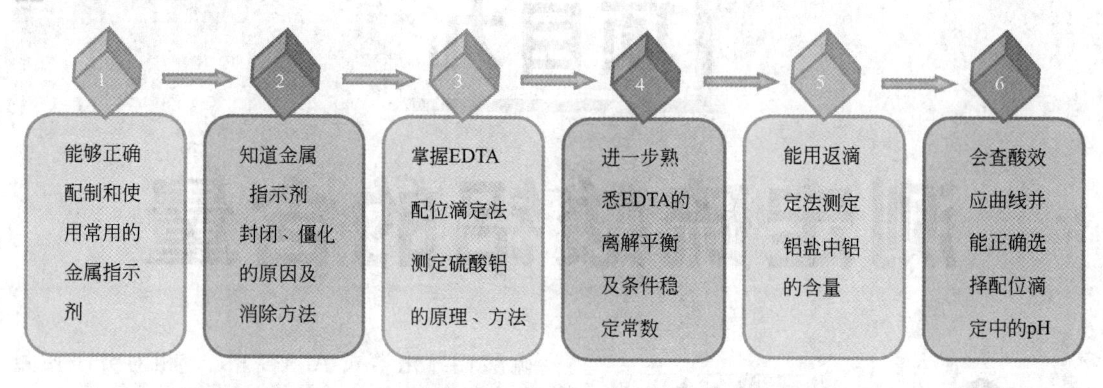

任务一　制备 EDTA、Zn^{2+} 标准滴定溶液

活动一　准备仪器与试剂

准备仪器

托盘天平、分析天平、电炉、容量瓶(250mL)、移液管(10mL)、滴定分析常用玻璃仪器。

准备试剂

ZnO(基准物质)(见图 9-2)、(1+1)盐酸、百里酚蓝指示剂(ρ=1g/L)、二甲酚橙指示剂(ρ=1g/L)、氨水(1+1)、六亚甲基四胺溶液(ρ=200g/L)、工业硫酸铝试样。

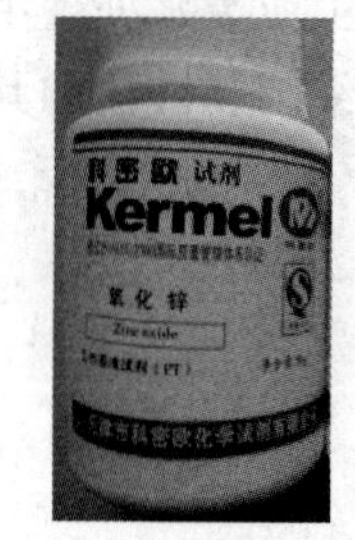

图 9-2　基准 ZnO

二甲酚橙指示剂(XO)为紫色结晶,易溶于水,pH>6.3 时呈红色,pH<6.3 时呈黄色。

二甲酚橙与金属离子生成的配合物为紫红色,因此它只适宜在 pH<6.3 的酸性溶液中使用,终点由紫红色变为黄色。

二甲酚橙指示剂通常配成 ρ=5g/L 的水溶液,可保存 2~3 周。

活动二　制备 EDTA 标准滴定溶液

EDTA 的配制和标定与项目八的任务一相同,此处不再复述。

活动三　制备 Zn^{2+} 标准滴定溶液

1. 直接法配制 Zn^{2+} 标准滴定溶液

以配制 0.02mol/L Zn^{2+} 标准滴定溶液 250mL 为例,配制过程如图 9-3 所示。

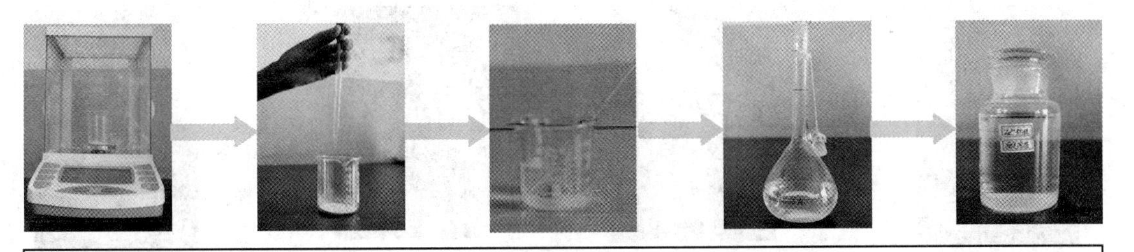

图 9-3 配制 Zn^{2+} 标准滴定溶液

2. 计算

$$c(Zn^{2+})=\frac{m(ZnO)}{M(ZnO)V\times 10^{-3}}$$

式中 $c(Zn^{2+})$——Zn^{2+} 标准滴定溶液的浓度，mol/L；

$m(ZnO)$——基准氧化锌的质量，g；

V——Zn^{2+} 标准滴定溶液的体积，mL。

Zn^{2+} 标准滴定溶液的配制见表 9-1。

表 9-1 Zn^{2+} 标准滴定溶液的配制

倾倒前(称量瓶＋ZnO)/g	
倾倒后(称量瓶＋ZnO)/g	
$m(ZnO)$/g	
溶液体积/mL	
$c(Zn^{2+})$/(mol/L)	

小知识

(1) 常用的滴定方式有四种：直接滴定法、间接滴定法、置换滴定法和返滴定法。当反应物为固体，或者待测组分与标准滴定溶液之间的反应速率慢，或者滴定时没有合适的指示剂，或待测离子对金属指示剂有封闭作用，均可采用返滴定法。比如：

① Al^{3+} 与 EDTA 配位速率缓慢；

② Al^{3+} 对二甲酚橙有封闭作用（见“相关知识”二）；

③ 酸度不高时，Al^{3+} 易水解，因此一般采用返滴定法进行测定 Al^{3+} 含量。

(2) 返滴定法需要 EDTA、Zn^{2+} 两种标准滴定溶液。

任务二 测定硫酸铝的含量

活动一 准备硫酸铝试样

硫酸铝试样溶液的准备如图 9-4 所示。

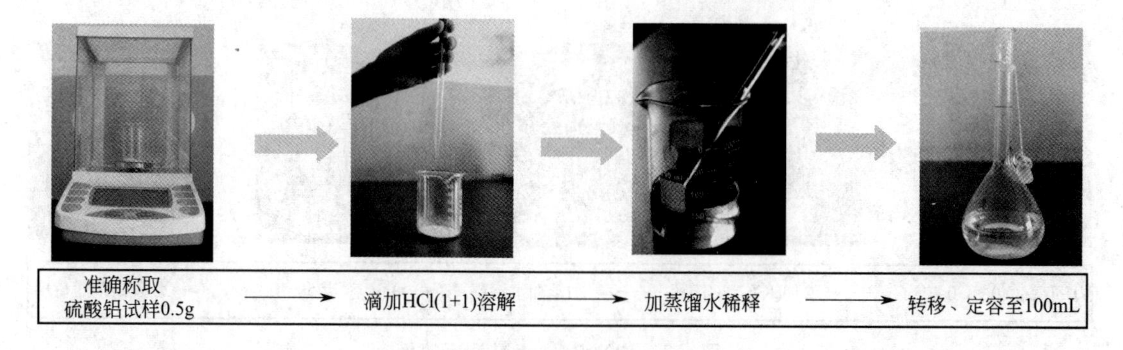

图 9-4　硫酸铝试样溶液的准备

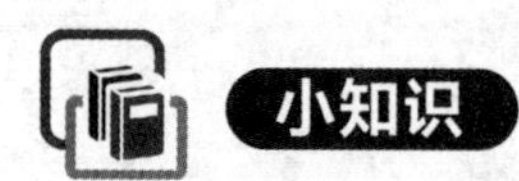

在实际工作中，经常遇到的情况是多种金属离子存在于同一溶液中，而 EDTA 能与很多金属离子生成稳定的配合物。因此提高配位滴定的选择性，设法消除共存离子的干扰，是配位滴定中要解决的重要问题。在实际滴定中，常用下列几种方法。

（1）控制溶液酸度进行混合离子的分步滴定。

（2）掩蔽和解蔽的方法

① 配位掩蔽法；

② 利用选择性的解蔽剂；

③ 沉淀掩蔽法；

④ 氧化还原掩蔽法。

（3）选用其他的配位滴定剂。

（4）化学分离法。

活动二　测定硫酸铝的含量

硫酸铝含量的测定如图 9-5 所示。

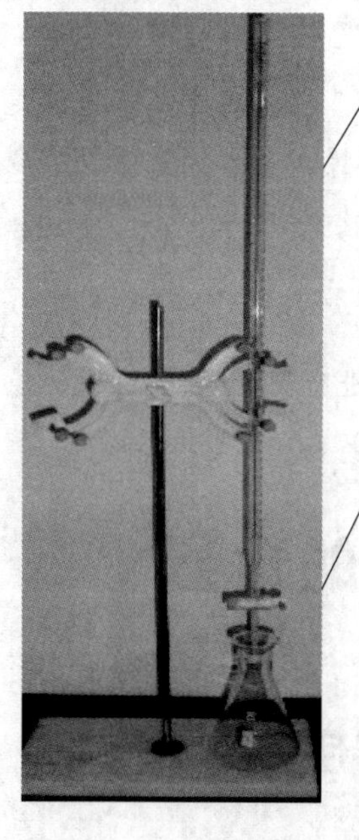

(1) 在滴定管中装入 Zn^{2+} 标准滴定溶液，排气泡，调零；
(2) 用 Zn^{2+} 滴定溶液滴定剩余的 EDTA 至溶液由亮黄色变为紫红色即为终点；
(3) 记录 Zn^{2+} 标准滴定溶液的体积；
(4) 平行测定 3 次，同时做空白试验。

(1) 准确移取铝盐试液 10.00mL 置于 250mL 锥形瓶中；
(2) 准确加入 EDTA 标准滴定溶液 25.00mL；
(3) 加百里酚蓝指示剂 1 滴，用(1+1)氨水调至溶液呈黄色(pH = 3～3.5)，煮沸后，加六亚甲基四胺溶液 10mL 使溶液 pH = 5～6，用力振荡，流水冷却；
(4) 滴加 3～4 滴二甲酚橙指示剂。

图 9-5　测定硫酸铝的含量

(1) 加百里酚蓝指示剂 1 滴，用 (1+1) 氨水调至溶液呈黄色 (pH=3～3.5)，煮沸。以上操作的目的是使 Al^{3+} 和 EDTA 完全配位。

(2) 加六亚甲基四胺溶液 10mL 使溶液 pH=5～6，以满足二甲酚橙指示剂对溶液 pH 的要求。

活动三　记录与数据处理

1. 计算公式

$$w[Al_2(SO_4)_3]=\frac{[c(EDTA)V(EDTA)-c(Zn^{2+})V(Zn^{2+})]\times10^{-3}M\left[\frac{1}{2}Al_2(SO_4)_3\right]}{m_s\times\frac{10}{100}}\times100\%$$

式中　$c(EDTA)$——EDTA 标准滴定溶液的浓度，mol/L；

$c(Zn^{2+})$——Zn^{2+} 标准滴定溶液的浓度，mol/L；

m_s——工业硫酸铝的质量，g；

$V(EDTA)$——EDTA 标准滴定溶液的体积，mL；

$V(Zn^{2+})$——Zn^{2+} 标准滴定溶液的体积，mL；

$M\left[\frac{1}{2}Al_2(SO_4)_3\right]$——硫酸铝基本单元的摩尔质量，g/mol。

2. 数据记录与处理

见表 9-2。

表 9-2　工业硫酸铝中 $Al_2(SO_4)_3$ 含量的测定

实验内容 \ 实验编号	1	2	3
$c(EDTA)/(mol/L)$			
$c(Zn^{2+})/(mol/L)$			
倾倒前称量瓶+铝盐试样/g			
倾倒后称量瓶+铝盐试样/g			
$m[Al_2(SO_4)_3]/g$			
$V(EDTA)/mL$	25.00	25.00	25.00
滴定体积初读数/mL			
滴定体积终读数/mL			
滴定消耗 Zn^{2+} 标准溶液的体积/mL			
体积校正值/mL			
溶液温度/℃			
温度补正值			
溶液温度校正值/℃			
$w[Al_2(SO_4)_3]/\%$			
$\bar{w}[Al_2(SO_4)_3]/\%$			
相对极差/%			

过程评价

见表9-3。

表9-3 过程评价

操作项目	不规范操作项目名称	小组互评			教师评价
		是	否	扣分	
基准物和试样称量操作（10分）	不看水平				
	不清扫或校正天平零点后清扫				
	称量开始或结束零点不校正				
	用手直接拿取称量瓶或滴瓶				
	称量瓶或滴瓶放在桌子台面上				
	称量时或敲样时不关门，或开关门太重使天平移动				
	称量物品洒落在天平内或工作台上				
	离开天平室物品留在天平内或放在工作台上				
	氧化锌称样量在规定量±5%以内				
	工业硫酸铝称样量未超出称量范围				
	每重称1份，在总分中扣5分				
玻璃器皿洗涤（每项1分，共3分）	滴定管挂液				
	移液管挂液				
	容量瓶挂液				
容量瓶的定容操作（每项2分，共10分）	试液转移操作不规范				
	试液溅出				
	烧杯洗涤不规范				
	稀释至刻度线不准确				
	2/3处未平摇或定容后摇匀动作不正确				
移取管操作（每项2分，共10分）	移液管未润洗或润洗不规范				
	吸液时吸空或重吸				
	放液时移液管不垂直				
	移液管管尖不靠壁				
	放液后不停留一定时间（约15s）				
滴定管操作（15分）	滴定管不试漏或滴定中漏液，扣1分				
	滴定管未润洗或润洗不规范，扣1分				
	装液操作不正确或未赶气泡，扣1分				
	调“0”刻度线时，溶液放在地面上或水槽中，扣1分				
	滴定操作不规范，扣1分				
	滴定速率控制不当，扣1分				
	滴定终点过头或不到，扣2分				
	平行测定时，不看指示剂颜色变化，而看滴定管的读数，扣2分				
	读数操作不对，扣1分				
	不进行滴定管表观读数校正，扣2分				
	不进行溶液温度校正，扣2分				
	每重滴1份，在总分中扣5分				
数据记录及处理（5分）	不记在规定的记录纸上，扣2分				
	计算过程及结果不正确，扣2分				
	有效数字位数保留不正确或修约不正确，扣1分				
结束工作（每项1分，共3分）	玻璃仪器不清洗或未清洗干净				
	废液不处理或不按规定处理				
	工作台不整理或摆放不整齐				

续表

操作项目	不规范操作项目名称	小组互评			教师评价
		是	否	扣分	
损坏仪器（4 分）	每损坏一件仪器扣 4 分				
总分					

一、EDTA 酸效应曲线的应用

滴定不同的金属离子有不同的最低 pH（最高酸度），以金属离子的 $\lg K_{MY}$ 为横坐标，以最低 pH 为纵坐标，绘制 pH-$\lg K_{MY}$ 曲线，此曲线称为酸效应曲线，如图 9-6 所示。

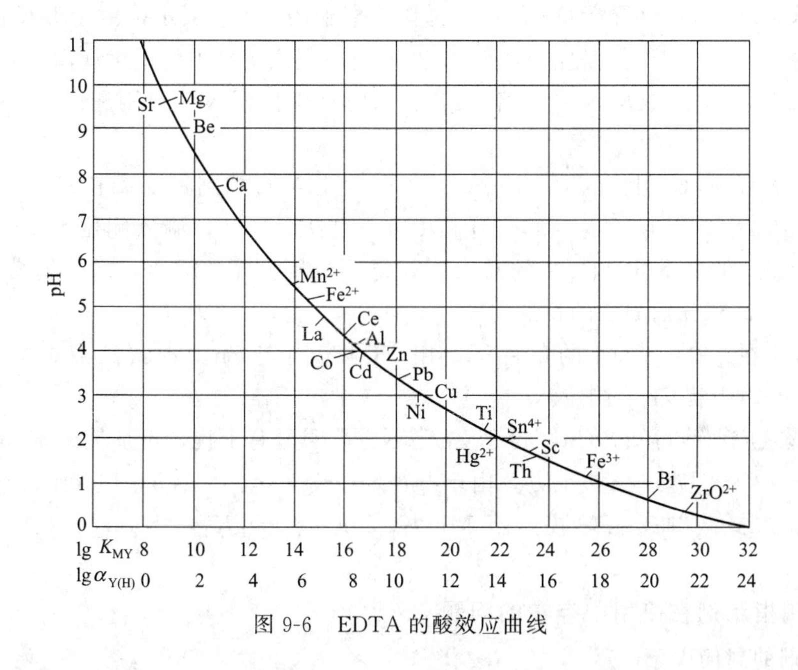

图 9-6　EDTA 的酸效应曲线

应用酸效应曲线，能较方便地解决滴定中可能遇到的一系列问题。

1. 选择滴定的合适酸度条件

在酸效应曲线上找到相关金属离子所在位置，并由此作水平线，与纵坐标的交点 pH，就是单独测定该金属离子的最高允许酸度即最低 pH。如果曲线上没有标出该金属离子，可根据被测离子的 $\lg K_{MY}$ 大小作垂线，垂线与曲线交点对应的 pH 就是滴定所允许的最低 pH。

【例 9-1】 试求用 EDTA 分别滴定 0.01mol/L Fe^{3+}、Al^{3+}、Zn^{2+}、Ca^{2+} 和 Mg^{2+} 的最高允许酸度（最低允许 pH）。

解：在酸效应曲线上找到各离子的位置，该位置对应的纵坐标即为单独滴定该金属离子的最低允许 pH。

$pH(Fe^{3+})=1.1, pH(Al^{3+})=4.2, pH(Zn^{2+})=4.0, pH(Ca^{2+})=7.6, pH(Mg^{2+})=9.7$

配位滴定的酸度不能太高，也不能太低。若酸度过低，pH 太大，金属离子将发生羟合反应，甚至生成 $M(OH)_n$ 沉淀，妨碍 MY 的形成，使配位滴定不能进行。在没有其他配位剂存在下，最低酸度值可由 $M(OH)_n$ 的溶度积求得。

【例 9-2】 求用 0.02000mol/L EDTA 标准滴定溶液滴定相同浓度的 Zn^{2+} 的最低酸度（最大允许 pH）。

解：根据溶度积原理，为防止滴定开始时生成 $Zn(OH)_2$ 沉淀，

由 $K_{sp}=c^{eq}(OH^-)^2c^{eq}(Zn^{2+})$ 可知：

$$c^{eq}(OH^-)\leqslant\sqrt{\frac{K_{sp}^{\ominus}}{c^{eq}(Zn^{2+})}}=\sqrt{\frac{10^{-15.3}}{2.0\times10^{-2}}}=10^{-6.8}\text{mol/L}$$

$$pOH\geqslant6.8$$

即溶液的 pH 应满足：$pH=14-pOH\leqslant7.2$

2. 提高配位滴定的选择性

在酸效应曲线上，位于被测离子下方的其他离子用“N”表示，由于 $\lg K_{NY}>\lg K_{MY}$，它们能对待测离子产生干扰，理论推导和实践证明，配位滴定中的干扰规律可总结如下。

（1）当 $\lg K'_{MY}\geqslant8$，$\lg K'_{NY}\leqslant3$，滴入 EDTA，M 配位而 N 完全不配位，N 不干扰 M 的测定。

（2）当 $\lg K'_{MY}\geqslant8$，且 $\lg K'_{MY}-\lg K'_{NY}\geqslant5$，可以通过控制酸度滴定 M，N 不干扰。

（3）当 $\lg K'_{MY}\geqslant8$，$\lg K'_{NY}>3$，但 $\lg K'_{MY}-\lg K'_{NY}<5$，滴入配位剂 EDTA，M、N 均被配位，因此，可以滴定 M、N 的总量。如果要分别测定 M、N，需用掩蔽和解蔽措施来消除其干扰，达到分别测定的目的。

【例 9-3】 在 pH＝5～6 的条件下，用 EDTA 滴定 Zn^{2+} 时，试液中共存的 Cu^{2+}、Mn^{2+}、Ca^{2+} 是否干扰 Zn^{2+} 测定?

解：查酸效应曲线可知，Cu^{2+} 位于 Zn^{2+} 下方，明显有干扰，可加掩蔽剂邻二氮菲掩蔽 Cu^{2+}。Mn^{2+}、Ca^{2+} 位于 Zn^{2+} 上方，由于 $\lg K_{ZnY}-\lg K_{MnY}=16.5-14.0=2.5<5$，$Mn^{2+}$ 有干扰，可加入掩蔽剂三乙醇胺掩蔽 Mn^{2+}。$\lg K_{ZnY}-\lg K_{CaY}=16.5-10.7=5.8>5$，$Ca^{2+}$ 不干扰。

二、金属指示剂在使用中存在的问题

1. 指示剂的封闭现象

如果指示剂与金属离子形成的配合物极稳定，即 $\lg K'_{MIn}>\lg K'_{MY}$，以至于加入过量的滴定剂（如 EDTA）也不能将金属离子从 MIn 配合物中夺取出来，溶液在计量点附近就没有颜色变化，这种现象称为指示剂的封闭现象。

对于封闭现象，通常加入适当的掩蔽剂来消除干扰离子的影响。例如，EDTA 测定 Ca^{2+}、Mg^{2+} 含量时，用铬黑 T 作指示剂，溶液中存在的 Al^{3+}、Fe^{3+}、Ni^{2+} 和 Co^{2+} 等离子对铬黑 T 有封闭作用，这时可加入三乙醇胺掩蔽 Al^{3+} 和 Fe^{3+}，加入 KCN 掩蔽 Co^{2+} 和 Ni^{2+}，以消除干扰。

2. 指示剂的僵化现象

有些指示剂或其 MIn 配合物在水中的溶解度太小，使得滴定剂（如 EDTA）与 MIn 配合物进行置换反应的速率变慢，导致终点到达时间拖长，这种现象称为指示剂的僵化，指示剂僵化会带来测定误差。解决办法是加入有机溶剂或加热以加快反应速率。如用 PAN 作指

示剂时，可加入少量甲醇或乙酸；也可以将溶液适当加热，以加快置换速率，使指示剂的变色较明显。

3. 金属指示剂的氧化变质现象

金属指示剂大多是具有双键的有色化合物，易被日光、空气和氧化剂所分解；有些指示剂在水溶液中不稳定，日久会因氧化或聚合而变质。如铬黑 T、钙指示剂的水溶液均易氧化变质，常加入盐酸羟胺防止其氧化。为了保存较长的时间，对于铬黑 T 或钙指示剂，常以固体 NaCl 为稀释剂，按质量比 1∶100 配成固体混合物使用。

项目小结

知识要点

➢ 配位滴定法测定 Al^{3+} 的原理
➢ 金属指示剂在使用中存在的问题
➢ 提高配位滴定选择性的方法
➢ 配位滴定方式
➢ 确定单一金属离子滴定的最低 pH

技能要点

✧ 配制和标定 EDTA 标准滴定溶液
✧ 配制 Zn^{2+} 标准滴定溶液
✧ 配制工业硫酸铝试样溶液
✧ 控制测定的滴定条件，测定 Al^{3+} 含量
✧ 记录和处理数据

目标检测

一、单选题

1. 指示剂僵化现象产生的原因是（　　）。

A. MIn 在水中的溶解度太小　　B. MIn 不够稳定
C. EDTA 与 MIn 的置换反应速度太慢　　D. $K_{MIn}>K_{MY}$

2. pH≥12 时，一般认为 $\alpha_{Y(H)}$（　　）。

A. ≥1　　B. =1　　C. ≥0　　D. = 0

3. 实验表明铬黑 T 应用于配位滴定中的最适宜的酸度是（　　）。

A. pH<6.3　　B. pH=9～10　　C. pH>11　　D. pH=7～11

4. EDTA 和金属离子配合物为 MY，金属离子和指示剂的配合物为 MIn，当 $K'_{MIn}>K'_{MY}$时，称为指示剂的（　　）现象。

A. 僵化　　B. 失效　　C. 封闭　　D. 掩蔽

5. 用 EDTA 标准溶液滴定 Al^{3+}，不能采用的滴定方式是（　　）

A. 直接滴定法　　B. 返滴定法　　C. 置换滴定法

6. 采用返滴定法测定 Al^{3+} 的含量时，欲在 pH=5.5 的条件下，以某一金属离子的标准滴定溶液返滴定过量的 EDTA，此金属离子标准滴定溶液最好选用（　　）。

A. Ca^{2+}　　B. Zn^{2+}　　C. Al^{3+}　　D. Mg^{2+}

7. 配位滴定所用的金属指示剂同时也是一种（　　）。

A. 沉淀剂　　B. 配位剂　　C. 掩蔽剂　　D. 酸碱指示剂

8. 标定 EDTA 标准滴定溶液时，加入六亚甲基四胺溶液的作用是（　　）。

A. 缓冲溶液　　B. 指示剂　　C. 掩蔽干扰离子　D. 消除指示剂封闭

二、判断题

1. 酸度越大，配合物的稳定性越大。（　　）

2. EDTA 的酸效应系数 $\alpha_{Y(H)}$ 与溶液的 pH 有关，pH 越大，则 $\alpha_{Y(H)}$ 也越大。（　　）

3. 能直接进行配位滴定的条件是 $cK'_{MY} \geqslant 10^6$。（　　）

4. 金属指示剂可以在任意 pH 的溶液中使用。（　　）

5. 金属指示剂的应用条件之一是 $K'_{MIn} > K'_{MY}$。（　　）

6. 配位滴定法测定 Al^{3+} 可以采用返滴定法。（　　）

7. 只要金属离子能与 EDTA 形成配合物，都能用 EDTA 直接滴定。（　　）

8. 利用酸效应曲线，可以查找测定各种金属离子所需要的最低 pH 值。（　　）

三、简答题

1. 金属离子指示剂应具备哪些条件？

2. 配位滴定的方式有几种？它们分别在什么情况下使用？

四、计算题

1. 称取铝盐试样 1.250g，溶解后加入 0.05000mol/L EDTA 溶液 25.00mL，在适当的条件下反应后，调节溶液的 pH 为 5～6，以二甲酚橙作指示剂，用 0.01024mol/L 的 Zn^{2+} 标准溶液回滴过量的 EDTA，耗用 Zn^{2+} 标准溶液 21.50mL，计算铝盐中铝的质量分数。

2. 含铝试样 0.2160g，溶解后加入 0.02000mol/L EDTA 溶液约 30mL，在 pH=3.5 的条件下加热煮沸使 Al^{3+} 与 EDTA 完全反应。冷却后以锌标准溶液滴定过量的 EDTA，再加入 NaF 并加热煮沸，冷却以后再用 0.02400mol/L 标准锌溶液 20.05mL 滴定至终点。计算试样中 Al_2O_3 的含量。

项目十

测定水样中氯离子的含量

天然水一般都含有氯化物，主要以钠、钙、镁的盐类形式存在。天然水用漂白粉消毒或加入凝聚剂 $AlCl_3$ 处理时也会带入一定量的氯化物，因此，饮用水中常含有一定量的氯，一般要求饮用水中的氯化物含量不超过 250mg/L。工业用水含有氯化物对锅炉、管道有腐蚀作用，化工原料用水中含有氯化物会影响产品质量，灌溉用水含有氯化物也不利于农作物的生长，因此不少工业用水和灌溉用水都对氯离子含量作了一定的限制。若氯离子含量过高，说明水源可能受到污染。因此，水中氯离子的含量是用以评价水质的指标之一。

水中氯离子含量的测定常用莫尔法。莫尔法是以铬酸钾作指示剂，用 $AgNO_3$ 标准滴定溶液来进行滴定的沉淀滴定法。

在中性或弱碱性（pH 为 6.5～10.5）条件下，

$$Ag^+ + Cl^- \longrightarrow AgCl\downarrow（白色）$$

$$2Ag^+ + CrO_4^{2-} \longrightarrow Ag_2CrO_4\downarrow（砖红色）$$

因为 AgCl 的溶解度小于 Ag_2CrO_4 的溶解度，所以在用 $AgNO_3$ 标准滴定溶液滴定 Cl^- 的过程中 AgCl 先沉淀出来，待滴定到达化学计量点时，过量半滴的硝酸银使 Ag^+ 浓度迅速增加，达到 Ag_2CrO_4 的溶度积，立即形成砖红色的铬酸银沉淀，指示滴定终点。

莫尔法可直接测定 Cl^- 和 Br^-，或通过返滴定法测定 Ag^+，但不适合测定 I^-。因为 AgI 沉淀吸附现象严重，使滴定误差增大。

任务目标

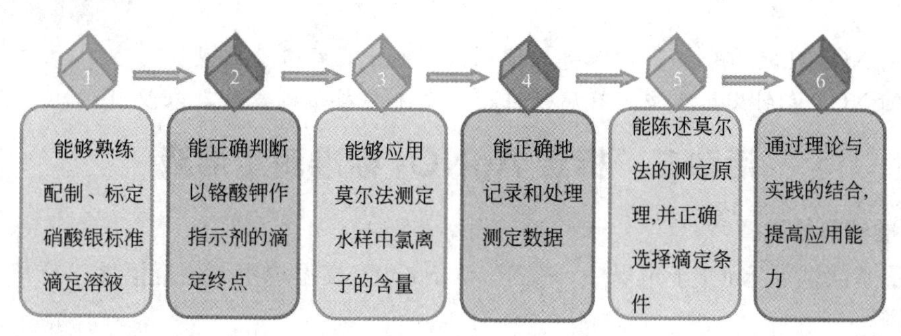

任务一 配制和标定 $AgNO_3$ 标准滴定溶液

活动一 准备仪器与试剂

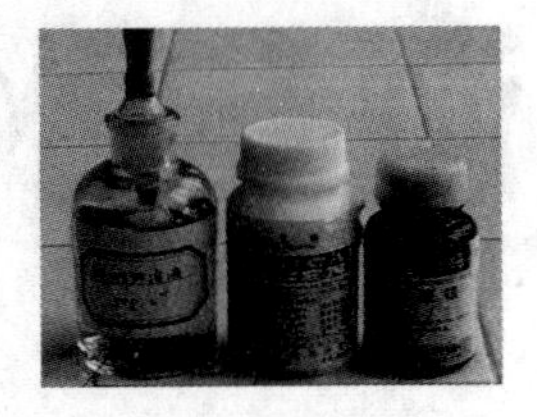
图 10-1 实验用试剂

准备仪器

分析天平、托盘天平、棕色酸式滴定管（50mL）、棕色试剂瓶（500mL）、移液管（25mL、100mL）、容量瓶（250mL）、常用玻璃仪器等。

准备试剂

固体 $AgNO_3$、基准试剂 NaCl、50g/L 的 K_2CrO_4 指示液、待测水样（见图 10-1）。

活动二 配制 $AgNO_3$ 标准滴定溶液

配制 500mL 0.1mol/L $AgNO_3$ 溶液的过程如图 10-2 所示。

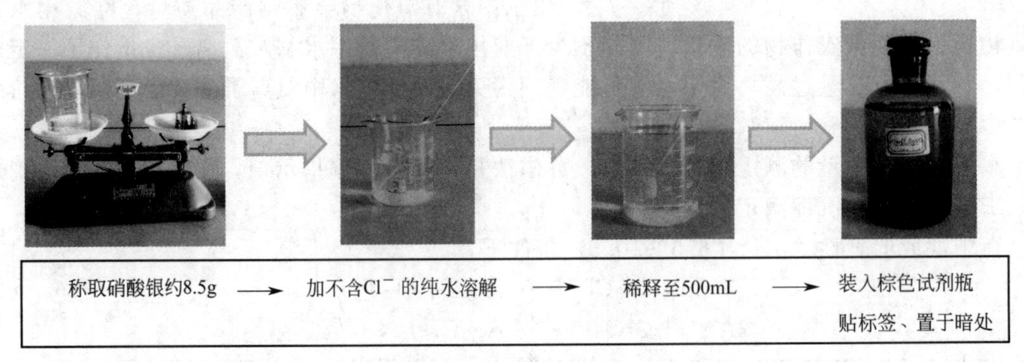

称取硝酸银约8.5g ⟶ 加不含Cl^-的纯水溶解 ⟶ 稀释至500mL ⟶ 装入棕色试剂瓶 贴标签、置于暗处

图 10-2 配制硝酸银溶液

小知识

（1）$AgNO_3$ 标准滴定溶液即可以用间接法配制，也可以用基准硝酸银直接配制。

（2）配制 $AgNO_3$ 标准滴定溶液的纯水如果含有 Cl^-，会使配成的溶液呈现浑浊而不能使用。

（3）$AgNO_3$ 见光易分解，应保存在棕色试剂瓶中，并置于暗处。

（4）$AgNO_3$ 试剂及其溶液具有腐蚀性，注意不要接触到皮肤及衣物。

活动三 标定 $AgNO_3$ 标准滴定溶液

1. 基准试剂的准备

取适量基准试剂 NaCl 于坩埚中，置于 500～600℃高温炉中灼烧至恒重，冷却、放入干燥器中待用。

2. 标定

标定 $AgNO_3$ 溶液的基准物质常用 NaCl，以 K_2CrO_4 作指示剂。

滴定反应　　　$AgNO_3 + NaCl \longrightarrow NaNO_3 + AgCl\downarrow$（白色）

终点指示反应　$2AgNO_3 + K_2CrO_4 \longrightarrow 2KNO_3 + Ag_2CrO_4\downarrow$（砖红色）

见图 10-3。

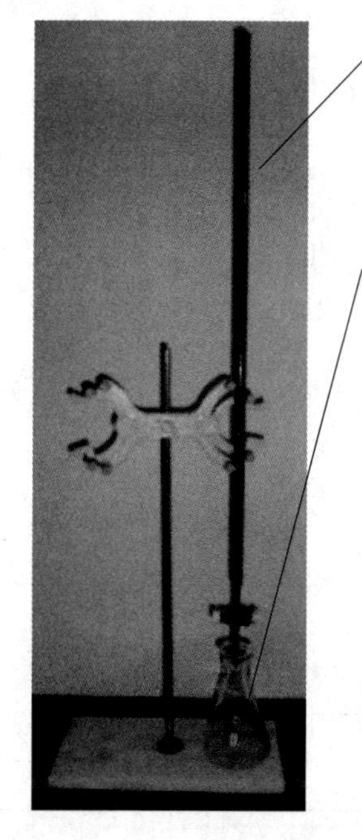

(1) 装入待标定的 $AgNO_3$ 溶液；
(2) 用 $AgNO_3$ 标准滴定溶液滴定 NaCl 试液，至溶液由黄色变为呈砖红色即为终点，颜色变化如图 10-4 所示；
(3) 终点时记录消耗 $AgNO_3$ 的体积；
(4) 平行测定 3 次，同时做空白试验。

(1) 准确称取 0.12 ～ 0.15g 的基准 NaCl；
(2) 加 70mL 纯水溶解；
(3) 加入 2mL 50g/L 的 K_2CrO_4 指示液，溶液呈黄色。

图 10-3　标定 $AgNO_3$ 标准滴定溶液

实验中溶液颜色的变化见图 10-4。

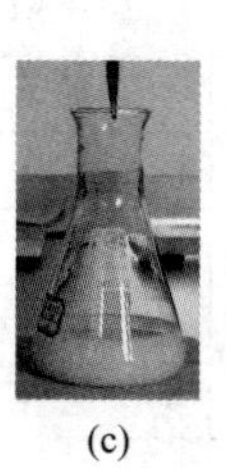
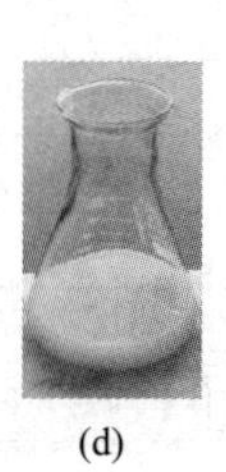

(a)　(b)　(c)　(d)

图 10-4　实验中溶液颜色的变化

注　意

为了保证测定结果的准确性，应注意下列滴定条件。

（1）指示剂用量　K_2CrO_4 太少，会使终点延后；K_2CrO_4 太多，黄色影响终点观察，有可能使终点提前。实验证明，滴定溶液中 K_2CrO_4 的适宜浓度为 5×10^{-3}mol/L。

（2）溶液酸度　滴定时，溶液酸度应控制 pH 在 6.5～10.5 。在酸性溶液中，CrO_4^{2-} 会转变为 $Cr_2O_7^{2-}$，浓度减小使终点拖后或无终点；在强碱性溶液中，会析出棕黑色 Ag_2O 沉淀，多消耗 Ag^+，且终点不明显。

(3) 振荡　滴定生成的AgCl沉淀易吸附溶液中的Cl^-，使终点提前。因此滴定时应剧烈摇动锥形瓶使被吸附的Cl^-释放出来，以获得准确的滴定终点。

活动四　记录与处理数据

1. 计算公式

$$c(AgNO_3)=\frac{m(NaCl)}{(V-V_0)\times 10^{-3}M(NaCl)}$$

式中　$c(AgNO_3)$——$AgNO_3$ 标准滴定溶液的浓度，mol/L；

$m(NaCl)$——基准氯化钠的质量，g；

V——标定消耗硝酸银标准滴定溶液的体积，mL；

V_0——空白试验消耗硝酸银标准滴定溶液的体积，mL；

$M(NaCl)$——氯化钠的摩尔质量，58.44g/mol 。

2. 数据记录与处理

见表10-1。

表10-1　标定$AgNO_3$标准滴定溶液

测定项目 \ 测定次数	1	2	3
倾样前 称量瓶＋NaCl/g			
倾样后 称量瓶＋NaCl/g			
$m(NaCl)$/g			
滴定管初读数/mL			
滴定管终读数/mL			
滴定消耗 $AgNO_3$ 溶液的体积/mL			
体积校正值/mL			
溶液温度/℃			
温度补正值			
溶液温度校正值/℃			
实际消耗 $AgNO_3$ 溶液的体积 V/mL			
空白试验消耗 $AgNO_3$ 溶液的体积 V_0/mL			
$c(AgNO_3)$/(mol/L)			
$\overline{c}(AgNO_3)$/(mol/L)			
相对极差/%			

小知识

(1) 盛装$AgNO_3$标准滴定溶液的滴定管使用完后，应先用纯水洗涤2～3次，再用自来水冲洗干净，避免自来水中的Cl^-与$AgNO_3$反应析出AgCl沉淀残留于滴定管内壁。

(2) $AgNO_3$接触到皮肤或织物上，呈黑色斑点污渍，用氯化铵和氯化汞的混合液擦拭即可除去。沾有污渍的衣物可浸入微热的10%硫代硫酸钠水溶液中，然后用洗涤剂搓洗后，再用清水漂洗干净。

任务二　测定水样中氯离子的含量

活动一　测定水样

1. 水样的准备

用500mL烧杯接取自来水，待测。

2. 0.01mol/L $AgNO_3$ 标准滴定溶液的准备

稀释 $AgNO_3$ 溶液的过程如图10-5所示。

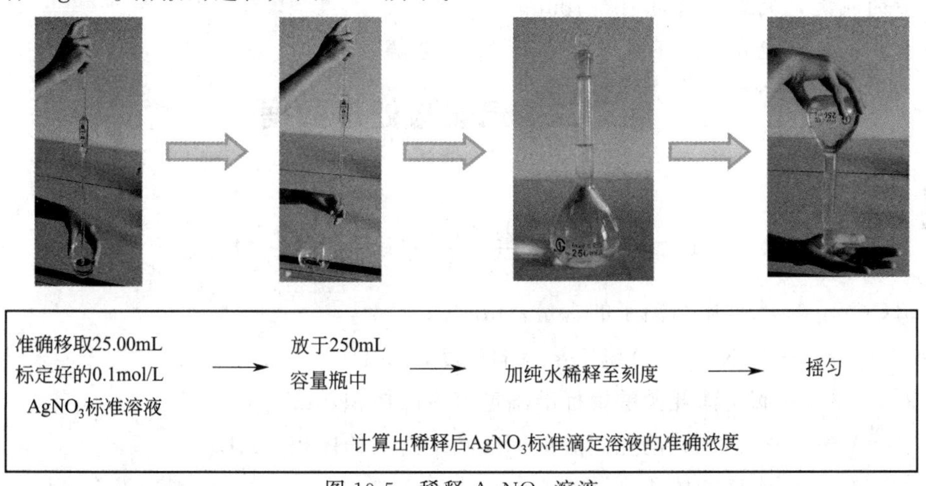

图10-5　稀释 $AgNO_3$ 溶液

3. 测定

在中性或弱碱性溶液中，以铬酸钾作为指示剂，用硝酸银标准滴定溶液直接滴定水样中的 Cl^-，当出现砖红色沉淀时即为终点，如图10-6所示。

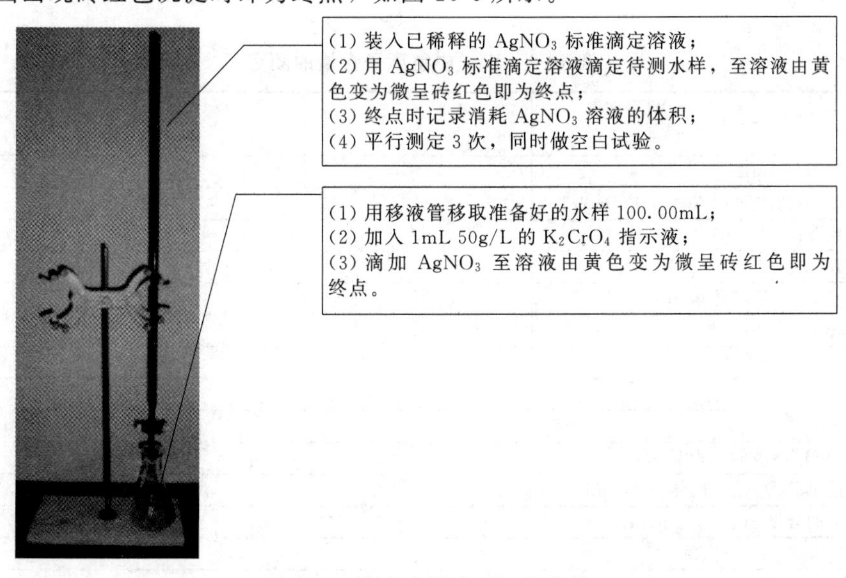

图10-6　测定水样中 Cl^- 的含量

一般天然水的 pH 在 7 左右，故无需调节酸度。如水样的 pH 超出 6.5～10.5 范围时，以酚酞作指示剂，用稀 HNO_3 或稀 $NaHCO_3$ 溶液调节至 pH 为 8 左右。如水样中有 NH_4^+ 存在，滴定时溶液酸度应控制 pH 在 6.5～7.2 范围内。如果水样浑浊或色度较深，应进行水样的预处理。

GB/T 15453—2008 规定了工业循环冷却水和锅炉用水中氯离子含量的测定方法，标准中莫尔法和电位滴定法适用于天然水、循环冷却水、以软化水为补给水的锅炉炉水中氯离子含量的测定，测定范围 5～150mg/L；共沉淀富集分光光度法适用于除盐水、锅炉给水中氯离子含量的测定，测定范围为 10～100μg/L。

注意：滴定只能在室温下进行，防止 AgCl 分解。

活动二　记录与处理数据

1. 计算公式

$$\rho(Cl^-)=\frac{c(AgNO_3)(V-V_0)M(Cl^-)}{V_s}\times 1000$$

式中　$\rho(Cl^-)$——水样中氯离子的含量，mg/L；

$c(AgNO_3)$——$AgNO_3$ 标准滴定溶液的浓度，mol/L；

V——滴定消耗硝酸银标准滴定溶液的体积，mL；

V_0——空白试验消耗硝酸银标准滴定溶液的体积，mL；

V_s——水样的体积，mL；

$M(Cl^-)$——氯离子的摩尔质量，35.45g/mol 。

2. 数据记录与处理

见表 10-2。

表 10-2　水样中氯离子含量的测定

测定项目 \ 测定次数	1	2	3
移取水样的体积 V_s/mL			
$AgNO_3$ 标准溶液的浓度 $c(AgNO_3)$/(mol/L)			
滴定管初读数/mL			
滴定管终读数/mL			
滴定消耗 $AgNO_3$ 溶液的体积/mL			
体积校正值/mL			
溶液温度/℃			
温度补正值			
溶液温度校正值/℃			
实际消耗 $AgNO_3$ 溶液的体积 V/mL			
空白试验消耗 $AgNO_3$ 溶液的体积 V_0/mL			
水样中氯离子的含量 $\rho(Cl^-)$/(mg/L)			
氯离子的平均含量 $\bar{\rho}$/(mg/L)			
相对极差/%			

见表10-3。

表 10-3　过程评价

操作项目	不规范操作项目名称	小组互评			教师评价
		是	否	扣分	
基准物的称量操作（10分）	不看水平				
	不清扫或校正天平零点后清扫				
	称量开始或结束零点不校				
	用手直接拿取称量瓶				
	称量瓶放在桌子台面上				
	称量时或敲样时不关天平门				
	开关天平门太重使天平移动				
	称量物品洒落在天平内或工作台上				
	离开天平室物品留在天平内或放在工作台上				
	氯化钠称样量超出称量范围(0.12～0.15g)				
	每重称1份，在总分中扣5分				
玻璃器皿洗涤（每项1分，共3分）	滴定管挂液				
	移液管挂液				
	容量瓶挂液				
容量瓶的定容操作（每项1分，共5分）	容量瓶不试漏或使用中漏液				
	溶液转移操作不规范				
	稀释至2/3处未平摇				
	稀释至刻度线不准确				
	倒立摇匀动作不正确				
移取管操作（每项2分，共10分）	移液管未润洗或润洗不规范				
	吸液时吸空或重吸				
	调液面前未用滤纸擦管尖或调液面操作不规范				
	放液时移液管不垂直或管尖不靠壁				
	放液后不停留一定时间(约15s)				
滴定管操作（20分）	滴定管不试漏或滴定中漏液				
	滴定管未润洗或润洗不规范				
	装液操作不正确或未赶气泡				
	滴定操作不规范				
	滴定速度控制不当				
	滴定终点过头或不到				
	平行测定时，不看指示剂颜色变化，而看滴定管的读数				
	读数操作不对				
	不进行滴定管表观读数校正				
	不进行溶液温度校正				
	每重滴1份，在总分中扣5分				
数据记录及处理（5分）	不记在规定的记录纸上，扣2分				
	计算过程及结果不正确，扣2分				
	有效数字位数保留不正确或修约不正确，扣1分				
结束工作（每项1分，共3分）	玻璃仪器不清洗或未清洗干净				
	废液不处理或不按规定处理				
	工作台不整理或摆放不整齐				

续表

操作项目	不规范操作项目名称	小组互评			教师评价
		是	否	扣分	
损坏仪器（4分）	每损坏一件仪器扣4分				
总 分	注:准确度和精密度评价见附录七				

沉淀滴定法与分级沉淀原理

一、沉淀滴定法

莫尔法属于银量法，所谓银量法是指利用生成难溶性银盐的反应进行滴定分析的方法。而银量法又是沉淀滴定法中应用最广的方法，可以测定Cl^-、Br^-、I^-、SCN^-和Ag^+，以及一些含卤素的有机化合物。

根据滴定方式的不同，银量法可分为直接滴定法和返滴定法；根据所选用指示剂的不同，银量法分为莫尔法、佛尔哈德法和法扬司法。

沉淀滴定法是以沉淀反应为基础的滴定分析方法。虽说沉淀反应很多，但能用于沉淀滴定法的反应并不多。用于滴定分析的沉淀反应必须符合下列条件：

① 反应能定量进行，生成的沉淀溶解度必须很小；

② 沉淀组成一定，反应速率要快；

③ 有适当的指示剂或其他方法确定滴定终点；

④ 沉淀的吸附现象不是很严重，对测定结果影响不大。

二、分级沉淀原理

莫尔法的理论依据是分级沉淀原理。对于相同类型的沉淀，K_{sp}小的先沉淀；对于不同类型的沉淀，不能简单的比较K_{sp}的大小，而应比较溶解度s的大小，溶解度小的先沉淀。

【例 10-1】 在含有0.01mol/L的Cl^-、Br^-、I^-溶液中，逐滴加入$AgNO_3$试剂，出现沉淀的先后顺序是AgI、AgBr、AgCl。（已知：$K_{sp,AgCl}=1.8\times10^{-10}$；$K_{sp,AgBr}=5.0\times10^{-13}$；$K_{sp,AgI}=9.3\times10^{-17}$）

【例 10-2】 在含有Cl^-和CrO_4^{2-}的溶液中，加入$AgNO_3$试剂，判断AgCl和Ag_2CrO_4沉淀的先后顺序。（已知：$K_{sp,AgCl}=1.8\times10^{-10}$；$K_{sp,Ag_2CrO_4}=2.0\times10^{-12}$）

AgCl的溶解度 $s=\sqrt{K_{sp}}=\sqrt{1.8\times10^{-10}}=1.3\times10^{-5}\text{mol/L}$

Ag_2CrO_4的溶解度 $s=\sqrt[3]{\frac{K_{sp}}{4}}=\sqrt[3]{\frac{2.0\times10^{-12}}{4}}=7.9\times10^{-5}\text{mol/L}$

由于AgCl的溶解度比Ag_2CrO_4的溶解度小，因此先析出AgCl沉淀。待Cl^-几乎沉淀完全后，才开始析出Ag_2CrO_4沉淀。

阅读材料

水中氯离子的危害及其去除方法

氯离子是水中常见的一种阴离子，过高浓度的氯离子会造成饮用水有苦咸味、土壤盐碱化、管道腐蚀、植物生长困难，并危害人体健康，因此必须控制生活用水和工农业用水中氯离子的浓度。

盐酸和含氯离子的盐类（如氯化钠）是各工业企业生产中的常用原料，尤其是化工合成、制药、印染、机械加工、冶金、单晶硅、食品等行业由于使用了大量含氯元素原料，其排放的废水中通常含有高浓度的氯离子。这些废水中所含有的大量氯离子如果不进行有效去除，排入水体，则会对人体健康、土壤、生态环境造成严重而持久的危害。许多地方标准中都规定了相应的氯离子浓度排放限值，以限制氯离子的排放浓度。

氯离子的去除一直以来都是一个技术难题，目前采用的方法主要有以下几种。

（1）沉淀法　利用银离子或亚铜离子能与氯离子形成难溶的氯化银或氯化亚铜沉淀，以实现氯离子分离。但银离子难以回收，大规模应用过于昂贵，而亚铜离子极易被氧化，条件控制困难，而且处理成本也很高。

（2）膜分离法　膜分离技术是给水除盐的常用技术之一，主要包括电渗析和反渗透。目前它越来越多地被应用于废水除盐（脱氯）领域。膜分离技术可有效地从废水中脱除氯离子，但对于高氯废水来说，含氯量往往超过了膜分离技术的应用界限，并且废水中含有的大量有机物和其他杂质会对膜组件造成不可逆的污染，从而限制了膜分离技术的应用。

（3）蒸发法　将含氯废水蒸发浓缩，使含氯的盐类结晶，以完成氯离子与水的分离。目前常采用的方法主要包括多效蒸发、膜蒸馏和分子蒸馏等技术，虽然其处理效果较好，但对设备的耐腐蚀性要求极高，通常需要采用特种合金，甚至金属钛进行加工，因此设备造价极高。同时蒸发技术运行成本很高，通常每吨水在几十到数百元不等，很多企业难以接受。

（4）药剂法　利用专门的氯离子去除剂，通过简单工艺和设施实现氯离子的去除。与沉淀法、膜分离法和蒸发法相比具有投资和运行成本低、操作管理简单的巨大优势，但只适用于低浓度氯离子（500～5000mg/L）的水。

项目小结

知识要点

- 莫尔法的测定原理
- 莫尔法的滴定条件
- 莫尔法的应用
- 水中氯离子的危害
- $AgNO_3$ 的性质
- 沉淀滴定对反应的要求

➢ 分级沉淀的概念

技能要点

✧ 配制和标定 $AgNO_3$ 标准滴定溶液

✧ 判断以 K_2CrO_4 作指示剂的滴定终点

✧ 测定水中 Cl^- 的含量

✧ 控制标定和测定的滴定条件

✧ 记录和处理数据

目标检测

一、单选题

1. 用莫尔法测定溶液中 Cl^- 含量，下列说法错误的是（　　）。

A. 标准滴定溶液是 $AgNO_3$ 溶液

B. 指示剂为铬酸钾

C. AgCl 的溶解度比 Ag_2CrO_4 的溶解度小，因而终点时 Ag_2CrO_4 转变为 AgCl

D. $n(Cl^-)=n(Ag^+)$

2. 莫尔法选用的指示剂为（　　）。

A. 铬酸钾　　B. 铁铵矾　　C. 荧光黄　　D. 曙红

3. 莫尔法滴定中，指示剂的实际浓度为（　　）mol/L。

A. 1.2×10^{-2}　　B. 0.015　　C. 3×10^{-5}　　D. 5×10^{-3}

4. 莫尔法滴定终点的颜色是（　　）。

A. 白色　　B. 黄色　　C. 红色　　D. 橙红

5. 莫尔法测定 Cl^- 含量的酸度条件为（　　）。

A. pH=1～3　　B. pH=6.5～10.5　　C. pH=3～6　　D. pH=10～12

6. 莫尔法测定 Cl^- 含量时，若溶液的酸度过高，则（　　）。

A. AgCl 沉淀不完全　　B. Ag_2CrO_4 沉淀不易生成

C. 形成 AgO 沉淀　　D. 吸附作用增强

7. 下列离子中，不能用莫尔法测定的是（　　）。

A. Br^-　　B. I^-　　C. Cl^-　　D. Ag^+

8. 对莫尔法不产生干扰的离子是（　　）。

A. Pb^{2+}　　B. NO_3^-　　C. S^{2-}　　D. Cu^{2+}

二、判断题

1. 莫尔法的理论依据是分级沉淀原理。（　　）

2. $AgNO_3$ 是感光性物质，其溶液宜用棕色滴定管盛装。（　　）

3. 莫尔法中与 Ag^+ 形成沉淀或配合物的阴离子均不干扰测定。（　　）

4. 莫尔法中，由于 Ag_2CrO_4 的 $K_{sp}=2.0\times10^{-12}$，小于 AgCl 的 $K_{sp}=1.8\times10^{-10}$，因此在 CrO_4^{2-} 和 Cl^- 浓度相等时，滴加 $AgNO_3$，Ag_2CrO_4 首先沉淀出来。（　　）

5. 莫尔法测定溶液中 Cl^- 时，若溶液酸度过低，会使结果由于 Ag_2O 的生成而产生误差。（　　）

6. 莫尔法适用于能与 Ag^+ 形成沉淀的阴离子的测定，如 Cl^-、Br^- 和 I^- 等。（　　）

7. 莫尔法滴定时应剧烈摇动试液，减少 AgCl 沉淀对 Cl^- 的吸附。（　　）

三、计算题

1. 称取基准 NaCl 0.1365g，溶于水后，恰好与 22.36mL $AgNO_3$ 溶液定量反应，求 $AgNO_3$ 溶液的浓度。

2. 用 0.02018mol/L 的 $AgNO_3$ 溶液滴定 0.1g 试样中的 Cl^-，耗去 39.98mL，求试样中 Cl^- 的含量。

项目十一

测定酱油中氯化钠的含量

酱油是我们日常生活中常用的一种调味品，其味道鲜美，以咸味为主。按照国家标准规定，酱油卫生标准要求食盐含量不低于15%（以氯化钠计）。按照部颁标准规定，二级酱油含氯化钠为17%，三级酱油含氯化钠为16%。但有不少酱油过多地超过中商部16%～17%的含盐标准，因盐分过高而咸苦并影响鲜味。酱油的标签如图11-1所示。

酱油中氯化钠含量的测定可用佛尔哈德法。佛尔哈德法是以铁铵矾作指示剂，用NH_4SCN标准滴定溶液来进行滴定的银量法。

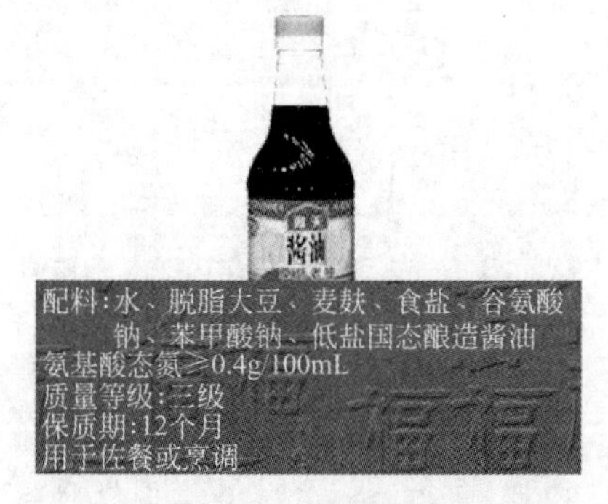

图11-1　酱油标签

在酸性溶液中，

$$Cl^- + Ag^+ (过量) \longrightarrow AgCl\downarrow (白色)$$

$$Ag^+ (余量) + SCN^- \longrightarrow AgSCN\downarrow (白色)$$

$$Fe^{3+} + SCN^- \longrightarrow [FeSCN]^{2+} (红色)$$

稍过量的NH_4SCN与铁铵矾反应生成红色的$[FeSCN]^{2+}$，即为滴定终点。

此法优于莫尔法，可以直接测定Ag^+，也可采用返滴定法测定Cl^-、Br^-、I^-和SCN^-。

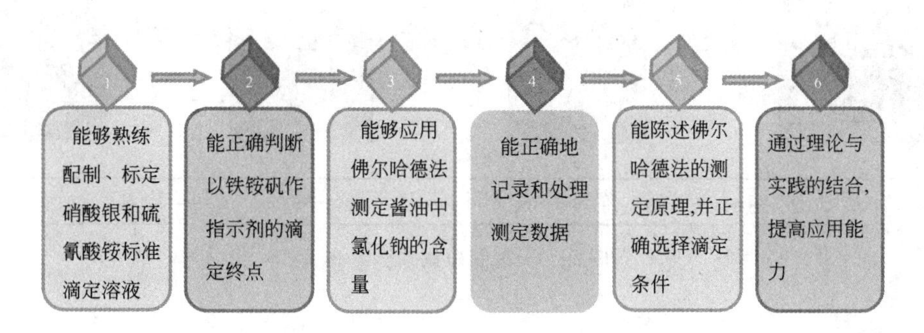

任务一　配制 $AgNO_3$、NH_4SCN 标准滴定溶液

活动一　准备仪器与试剂

准备仪器

分析天平、托盘天平、无色和棕色酸式滴定管（50mL)、无色和棕色试剂瓶（500mL)、胶帽滴瓶、容量瓶（250mL)、移液管（10mL、25mL)、常用玻璃仪器等。

准备试剂

固体 $AgNO_3$、固体 NH_4SCN、基准试剂 NaCl 、80g/L 的铁铵矾指示液、6mol/L HNO_3 溶液、硝基苯或邻苯二甲酸二丁酯、酱油试样。

活动二　配制 $AgNO_3$、NH_4SCN 标准滴定溶液

1. 配制 0.02mol/L $AgNO_3$ 溶液 500mL

如图 11-2 所示。

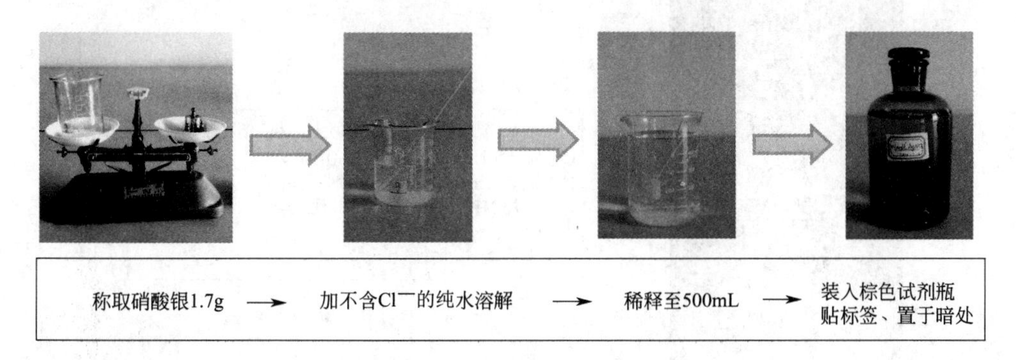

图 11-2　配制硝酸银溶液

2. 配制 0.02mol/L NH_4SCN 溶液 500mL

如图 11-3 所示。

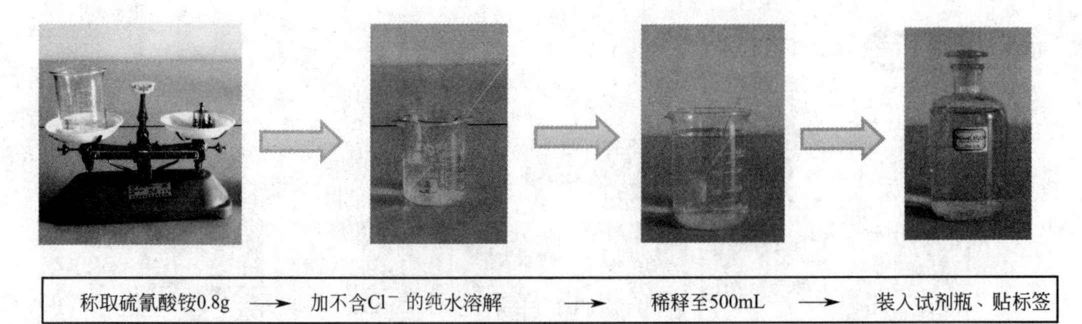

图 11-3　配制硫氰酸铵溶液

小知识

硫氰酸铵是一种无色结晶，易潮解，常含有硫酸盐、氯化物等杂质，应配制成近似浓度的溶液，再用基准试剂 $AgNO_3$ 或 $AgNO_3$ 标准溶液进行标定和比较。其水溶液遇铁盐溶液呈血红色，遇亚铁盐则无反应。有毒，对眼睛、皮肤有刺激作用。

活动三　标定 $AgNO_3$、NH_4SCN 标准滴定溶液

1. 标定 NH_4SCN 溶液

采用 $AgNO_3$ 标准滴定溶液比较法。即在硝酸的酸性溶液中，以硫酸铁铵作指示剂，用 NH_4SCN 标准滴定溶液直接滴定 $AgNO_3$ 标准溶液。见图 11-4。

滴定反应　　$Ag^+ + SCN^- \longrightarrow AgSCN\downarrow$（白色）

终点指示反应　　$Fe^{3+} + SCN^- \longrightarrow [FeSCN]^{2+}$（红色）

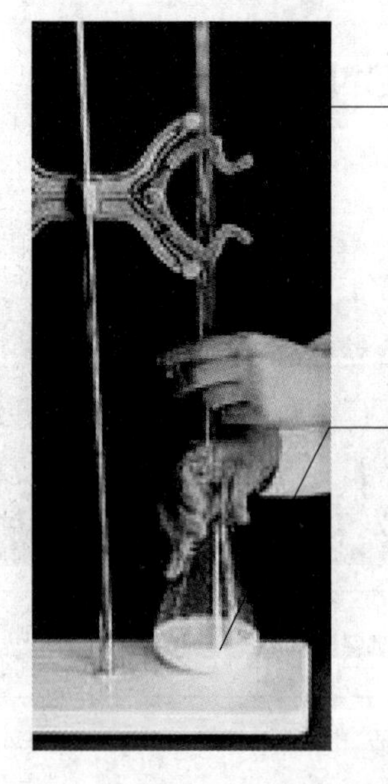

(1) 装入待标定的 NH_4SCN 溶液；
(2) 将 NH_4SCN 溶液滴入 $AgNO_3$ 溶液中；
(3) 终点时记录消耗 NH_4SCN 溶液的体积(V_2)。

(1) 准确移取 25.00mL(V_1) $AgNO_3$ 溶液；
(2) 加 5mL 6mol/L HNO_3 溶液；
(3) 加入 1mL 铁铵矾指示剂；
(4) 滴加 NH_4SCN 至溶液出现淡红色，30s不褪色即为终点；
(5) 平行测定 3 次。

图 11-4　标定 NH_4SCN 溶液

1mL NH_4SCN 溶液相当于 $AgNO_3$ 溶液的体积（mL），用 K 表示：$K = V_1/V_2$。

2. 标定 $AgNO_3$ 溶液

如图 11-5 所示，为了减小指示剂误差，用佛尔哈德法标定 $AgNO_3$ 溶液的浓度。即以 NaCl 为基准物质，加入一定量过量的 $AgNO_3$ 溶液，再以硫酸铁铵作指示剂，用 NH_4SCN 溶液滴定。

滴定前反应　　$AgNO_3 + NaCl \longrightarrow NaNO_3 + AgCl\downarrow$（白色）

滴定反应　　$NH_4SCN + AgNO_3 \longrightarrow NH_4NO_3 + AgSCN\downarrow$（白色）

终点指示反应　　$3NH_4SCN + NH_4Fe(SO_4)_2 \longrightarrow 2(NH_4)_2SO_4 + Fe(SCN)_3$（红色）

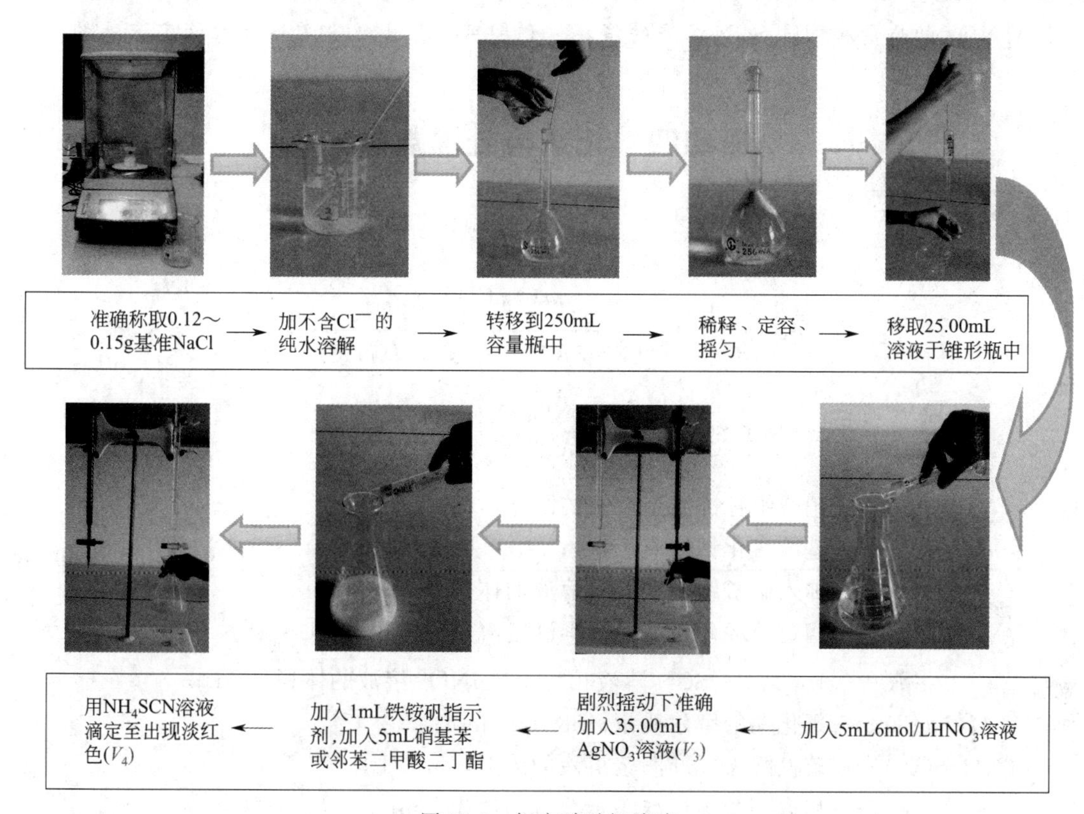

图 11-5　标定硝酸银溶液

注　意

为了保证测定结果的准确性，应注意下列滴定条件。

（1）指示剂用量　铁铵矾加入太多，会使滴定终点提前；若加入太少，终点现象又不明显。实验证明，滴定溶液中 Fe^{3+} 的适宜浓度为 0.015mol/L。

（2）溶液酸度　滴定时，溶液酸度应控制在 0.1～1mol/L（稀硝酸）。在中性和碱性溶液中，Fe^{3+} 水解生成 $Fe(OH)_3$ 沉淀，同时 Ag^+ 在碱性溶液中会析出 Ag_2O 沉淀，影响滴定终点的判断。

（3）振荡　直接法测 Ag^+，应充分摇动锥形瓶，阻止 AgSCN 沉淀吸附溶液中的 Ag^+，使终点提前；返滴定法测 Cl^-，则不能剧烈摇动，以防止 AgCl 转化为 AgSCN。

（4）防止沉淀转化　返滴定法测 Cl^-，滴定前，加入硝基苯或邻苯二甲酸二丁酯，用力摇动，可在 AgCl 沉淀表面形成一层隔离层，阻止 AgCl 与 NH_4SCN 发生沉淀转化反应。

硫氰酸铵标准溶液的标定，除了用 $AgNO_3$ 标准滴定溶液比较外，还可以用基准试剂 $AgNO_3$ 标定。即准确称取一定质量干燥至恒重的基准试剂 $AgNO_3$ 于锥形瓶中，加纯水溶解后，加入适量硫酸铁铵指示液及硝酸水溶液，再用配制好的 NH_4SCN 溶液滴定至终点。根据 $AgNO_3$ 的质量和 NH_4SCN 溶液的消耗体积即可计算出硫氰酸铵标准滴定溶液的准确浓度。

活动四　记录与处理数据

1. 计算公式

$$c(AgNO_3)=\frac{m(NaCl)\times\frac{25}{250}}{(V_3-\overline{K}V_4)\times10^{-3}M(NaCl)}$$

$$c(NH_4SCN)=\frac{c(AgNO_3)V_1}{V_2}=\overline{K}c(AgNO_3)$$

式中　$c(AgNO_3)$——硝酸银标准滴定溶液的浓度，mol/L；

$m(NaCl)$——基准氯化钠的质量，g；

V_3——加入硝酸银标准滴定溶液的体积，mL；

V_4——滴定消耗硫氰酸铵标准滴定溶液的体积，mL；

$\overline{K}$——1mL NH_4SCN 溶液相当于 $AgNO_3$ 溶液的体积，mL；

$M(NaCl)$——氯化钠的摩尔质量，58.44g/mol；

$c(NH_4SCN)$——硫氰酸铵标准滴定溶液的浓度，mol/L；

V_1——移取硝酸银标准滴定溶液的体积，mL；

V_2——滴定消耗硫氰酸铵标准滴定溶液的体积，mL。

2. 数据记录与处理

见表 11-1、表 11-2。

表 11-1　测定 $AgNO_3$ 溶液与 NH_4SCN 溶液的体积比

测定项目 \ 测定次数	1	2	3
移取 $AgNO_3$ 溶液的体积 V_1/mL			
NH_4SCN 溶液初读数/mL			
NH_4SCN 溶液终读数/mL			
滴定消耗 NH_4SCN 溶液的体积 V_2/mL			
K			
$\overline{K}$			

表 11-2　标定 $AgNO_3$ 标准滴定溶液

测定项目 \ 测定次数	1	2	3
倾样前 称量瓶＋NaCl/g			
倾样后 称量瓶＋NaCl/g			
m(NaCl)/g			
加入 $AgNO_3$ 溶液的体积 V_3/mL			
NH_4SCN 溶液初读数/mL			
NH_4SCN 溶液终读数/mL			
滴定消耗 NH_4SCN 溶液的体积 V_4/mL			
$c(AgNO_3)$/(mol/L)			
$\bar{c}(AgNO_3)$/(mol/L)			
相对极差/%			
$\bar{c}(NH_4SCN)$/(mol/L)			

注：以上两个表格中均省略了溶液温度校正和滴定管体积校正，如需要可自行加入。

任务二　测定酱油中氯化钠的含量

活动一　准备酱油试样

酱油试样的称量和稀释过程如图 11-6 所示。

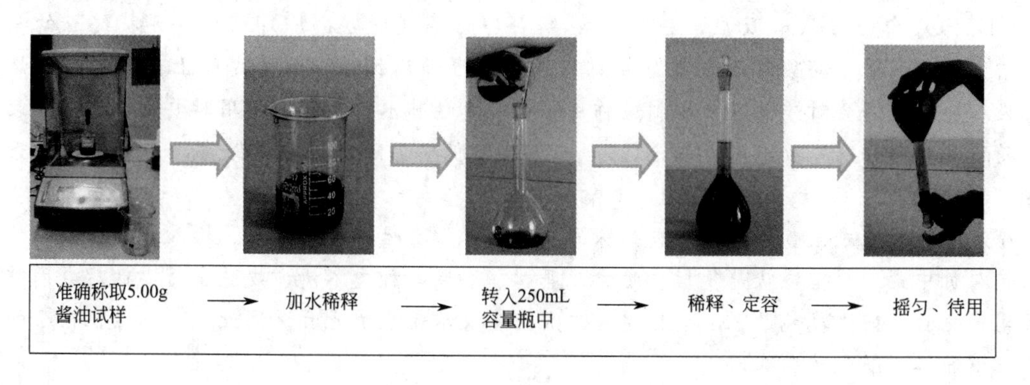

图 11-6　准备酱油试样

活动二　测定酱油试样

在稀硝酸介质中，加入一定量过量的 $AgNO_3$ 标准溶液，以铁铵矾作指示剂，用 NH_4SCN 标准滴定溶液返滴定过量的 $AgNO_3$。见图 11-7。

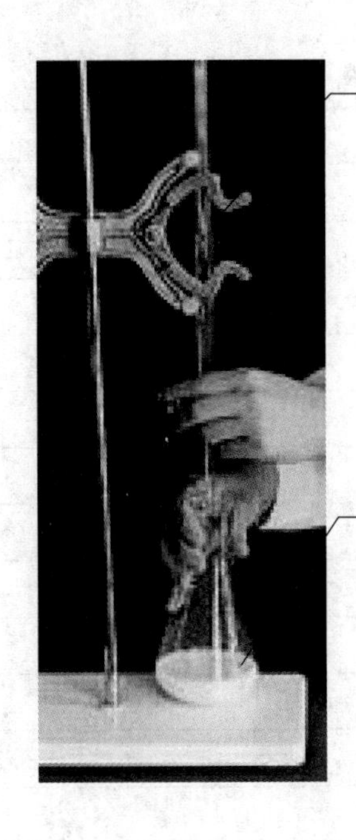

图 11-7　测定酱油试样

注　意

(1) 操作过程中应避免阳光直接照射。

(2) 酿造酱油国家标准为 GB 18186—2000，其中 NaCl 含量的测定采用莫尔法。

小知识

佛尔哈德法需在酸性条件下进行，常用 HNO_3 溶液来调节溶液的酸度，而 H_2SO_4、HCl、H_3PO_4 都会与 Ag^+ 反应，分别生成 Ag_2SO_4、AgCl、Ag_3PO_4 沉淀，干扰终点的判断，增大滴定误差。硝酸不论浓稀溶液都有强氧化性和腐蚀性，溅到皮肤上会引起严重烧伤，吸入硝酸气雾会对呼吸道产生刺激作用，引起急性肺水肿，因此使用时要注意安全。此外，硝酸见光易分解释放出有毒的 NO_2，应在棕色瓶中于阴暗处避光保存，严禁与还原剂接触。

硝基苯为无色或微黄色具有苦杏仁味的油状液体，毒性较大，吸入、摄入或皮肤吸收均可引起人员中毒，典型症状是气短、眩晕、恶心、昏厥、神志不清、皮肤发蓝，最后会因呼吸衰竭而死亡。当浓度超过 33mg/L 时可造成鱼类及水生生物死亡。因此，常用毒性较小的邻苯二甲酸二丁酯代替硝基苯。

活动三　记录与处理数据

1. 计算公式

$$w(\mathrm{NaCl})=\frac{[c(\mathrm{AgNO_3})V(\mathrm{AgNO_3})-c(\mathrm{NH_4SCN})V(\mathrm{NH_4SCN})]\times10^{-3}M(\mathrm{NaCl})}{m_s\times\frac{10}{250}}\times100\%$$

或

$$w(\mathrm{NaCl})=\frac{c(\mathrm{AgNO_3})\times[V(\mathrm{AgNO_3})-KV(\mathrm{NH_4SCN})]\times10^{-3}M(\mathrm{NaCl})}{m_s\times\frac{10}{250}}\times100\%$$

式中　$w(\mathrm{NaCl})$——氯化钠的质量分数；

$c(AgNO_3)$——硝酸银标准滴定溶液的浓度，mol/L；

$V(AgNO_3)$——加入硝酸银标准滴定溶液的体积，mL；

$c(NH_4SCN)$——硫氰酸铵标准滴定溶液的浓度，mol/L；

$V(NH_4SCN)$——滴定消耗硫氰酸铵标准滴定溶液的体积，mL；

K——1mL NH_4SCN 溶液相当于 $AgNO_3$ 溶液的体积，mL；

m_s——酱油试样的质量，g；

$M(\mathrm{NaCl})$——氯化钠的摩尔质量，58.44g/mol。

2. 数据记录与处理

见表 11-3。

表 11-3　酱油中氯化钠含量的测定

测定次数 测定项目	1	2	3
滴样前 滴瓶＋试样/g			
滴样后 滴瓶＋试样/g			
酱油试样 m_s/g			
$c(AgNO_3)$/(mol/L)			
加入 $AgNO_3$ 标准滴定溶液的体积/mL			
体积校正值/mL			
溶液温度/℃			
温度补正值			
溶液温度校正值/℃			
实际加入硝酸银溶液的体积 $V(AgNO_3)$/mL			
$c(NH_4SCN)$/(mol/L)			
滴定管初读数/mL			
滴定管终读数/mL			
滴定消耗 NH_4SCN 标准滴定溶液的体积/mL			
体积校正值/mL			
溶液温度/℃			
温度补正值			
溶液温度校正值/℃			
实际消耗硫氰酸铵溶液的体积 $V(NH_4SCN)$/mL			
酱油中的氯化钠含量 $w(\mathrm{NaCl})$/%			
氯化钠平均含量 $\bar{w}$/%			
相对极差/%			

见表 11-4。

表 11-4 过程评价

操作项目	不规范操作项目名称	小组互评			教师评价
		是	否	扣分	
基准物和试样称量操作（10分）	不看水平				
	不清扫或校正天平零点后清扫				
	称量开始或结束零点不校				
	用手直接拿取称量瓶或滴瓶				
	称量瓶或滴瓶放在桌子台面上				
	称量时或敲样时不关天平门，或开关门太重使天平移动				
	称量物品洒落在天平内或工作台上				
	离开天平室物品留在天平内或放在工作台上				
	氯化钠称样量超出称量范围(0.12～0.15g)				
	酱油称样量超出5%				
	每重称1份，在总分中扣5分				
玻璃器皿洗涤(每项1分，共3分)	滴定管挂液				
	移液管挂液				
	容量瓶挂液				
容量瓶的定容操作(每项2分，共10分)	试液转移操作不规范				
	试液溅出				
	烧杯洗涤不规范				
	稀释至刻度线不准确				
	2/3处未平摇或定容后摇匀动作不正确				
移取管操作(每项2分，共10分)	移液管未润洗或润洗不规范				
	吸液时吸空或重吸				
	调液面前未用滤纸擦管尖或调液面操作不规范				
	放液时移液管不垂直或管尖不靠壁				
	放液后不停留一定时间(约15s)				
滴定管操作(15分)	滴定管不试漏或滴定中漏液，扣1分				
	滴定管未润洗或润洗不规范，扣1分				
	装液操作不正确或未赶气泡，扣1分				
	滴定操作不规范，扣1分				
	滴定速率控制不当，扣1分				
	滴定终点过头或不到，扣2分				
	平行测定时，不看指示剂颜色变化，而看滴定管的读数，扣2分				
	读数操作不对，扣2分				
	不进行滴定管表观读数校正，扣2分				
	不进行溶液温度校正，扣2分				
	每重滴1份，在总分中扣5分				
数据记录及处理(5分)	不记在规定的记录纸上，扣2分				
	计算过程及结果不正确，扣2分				
	有效数字位数保留不正确或修约不正确，扣1分				
结束工作(每项1分，共3分)	玻璃仪器不清洗或未清洗干净				
	废液不处理或不按规定处理				
	工作台不整理或摆放不整齐				
损坏仪器(4分)	每损坏一件仪器扣4分				
总分					

沉淀转化

佛尔哈德法中用返滴定法测定 Cl^- 时，由于 AgSCN 的溶解度（$K_{sp,AgSCN}=1.0\times10^{-12}$）小于 AgCl 的溶解度（$K_{sp,AgCl}=1.8\times10^{-10}$），当剩余的 Ag^+ 被滴定完后，SCN^- 会将 AgCl 转化为更难溶的 AgSCN 沉淀，从而破坏了 $[FeSCN]^{2+}$ 的离解平衡。

$$AgCl+SCN^- \longrightarrow AgSCN\downarrow +Cl^-$$

滴定达终点时，摇动后红色会消失，再滴加 NH_4SCN 呈现的红色随着摇动又会消失。这样，在化学计量点之后又消耗较多的 NH_4SCN 标准滴定溶液，造成较大的滴定误差。

为了避免上述转化反应的发生，可以采取下列措施：

(1) 将生成的 AgCl 沉淀过滤出，再用 NH_4SCN 标准滴定溶液滴定滤液，但这一方法需要过滤、洗涤等操作，手续较烦琐。

(2) 在用 NH_4SCN 标准滴定溶液滴定过量的 $AgNO_3$ 之前，向待测溶液中加入硝基苯或邻苯二甲酸二丁酯，并强烈振摇，在 AgCl 沉淀表面上覆盖一层有机溶剂，减少 AgCl 与 SCN^- 的接触，防止沉淀转化。此法操作简便易行。

(3) 利用高浓度的 Fe^{3+} 作指示剂（在滴定终点时使浓度达到 0.2mol/L），实验结果证明，终点误差可减小到 0.1%。

佛尔哈德法测定 I^- 和 Br^- 时，由于 AgI 和 AgBr 的溶解度都小于 AgSCN 的溶解度，不存在沉淀转化问题，不需加入有机溶剂或滤去沉淀，滴定终点明显确切。

佛尔哈德法的产生

以银与硫氰酸盐间的沉淀反应为基础的滴定分析法称为佛尔哈德法。研制出此方法的佛尔哈德教授是 19～20 世纪的知名德国化学家，他一生勤奋工作，在有机化学、分析化学及教书育人等领域成绩卓著。

以硫氰酸盐滴定法测银最早是夏本替尔（P. Charpentier）于 1870 年提出的，经雅克布·佛尔哈德（Jacob Volhard）研究应用，于 1874 年以《一种新的容量分析测定银的方法》推荐给化学界，受到广泛关注。他报告了以此方法测定银的具体操作和数据比较，并指出此法用于间接测定氯、溴、碘化物的可能性。此法在酸性介质中进行，使用可溶性指示剂，优于颇受局限的莫尔法（Mohr）。与素称精确的盖-吕萨克氯化物比浊测银法（Gay-Lussac）相比，结果同样精确，而简便快速则远过之。佛尔哈德还探讨了铜的干扰与排除，以及对铜多银少或贫银样品的处理办法，确认“这是一个值得推荐的方法”，4 年之后，佛尔哈德在《硫氰酸铵在容量分析中的应用》中从多角度提出问题，报告他对硫氰酸铵滴定法测定银、汞，间接测定氯、溴、碘、氰化物、铜、与硫氰酸盐共存的卤化物，以及经卡里乌斯法（G. L. Carius）或碱熔氧化法处理后测定有机化合物中的卤族元素等的研究结果，后来还有用硫氰酸钾为标定高锰酸钾溶液的基准物和铁盐还原的指示剂的建议。针对硫氰酸铵溶液能与沉出的氯化银、氰化银继续反应影响测定，沉出的碘化银吸附碘化物致终点提前，多种其他元素的影响，以及间接法测定铜等技术问题，他提出了可行的解决办法，使佛尔哈德法得以成功。

今天佛尔哈德法的应用范围已扩大到间接测定能被银沉淀的碳酸盐、草酸盐、磷酸盐、砷酸盐、碘酸盐、氰酸盐、硫化物和某些高级脂肪酸。而佛尔哈德教授也受到人们的普遍尊重，曾当选德国化学家联合会的荣誉会员，1900 年为德国化学会会长。

参考文献：魏音，刘景清．佛尔哈德与他的沉淀滴定法．化学教育，2001 (7-8)。

项目小结

知识要点

- 佛尔哈德法的测定原理
- 佛尔哈德法的滴定条件
- 佛尔哈德法的应用
- HNO_3 和硝基苯的危险性
- 沉淀转化的概念

技能要点

- 配制和标定 $AgNO_3$、NH_4SCN 标准滴定溶液
- 判断以铁铵矾作指示剂的滴定终点
- 测定酱油中 NaCl 的含量
- 控制标定和测定的滴定条件
- 记录和处理数据

目标检测

一、单选题

1. 佛尔哈德法测定 Ag^+ 含量时，所用的指示剂是（　　）。

A. 铬酸钾　　B. 铁铵矾　　C. 荧光黄　　D. 二甲酚橙

2. 铁铵矾作指示剂测定 Br^-，其终点颜色为（　　）。

A. 白色　　B. 黄色　　C. 红色　　D. 蓝色

3. 以铁铵矾作指示剂，介质条件是（　　）。

A. 碱性　　B. 中性　　C. 弱酸性　　D. 酸性

4. 佛尔哈德法测定 I^- 含量时，下面步骤错误的是（　　）。

A. 在 HNO_3 介质中进行，酸度控制在 0.1～1mol/L

B. 加入铁铵矾指示剂后，加入定量过量的 $AgNO_3$ 标准溶液

C. 用 NH_4SCN 标准滴定溶液滴定过量的 Ag^+

D. 至溶液呈红色时，停止滴定，根据消耗标准溶液的体积进行计算

5. 佛尔哈德法中，滴定过程充分振摇其目的不是（　　）。

A. 加速反应　　B. 防止沉淀吸附

C. 防止终点提前　　D. 释放被吸附的 Ag^+

6. 在佛尔哈德法中，若酸度过低则（　　）。

A. Fe^{3+} 易还原　　B. Fe^{3+} 易水解

C. 滴定终点提前　　D. AgSCN 沉淀发生转化

7. 用佛尔哈德法测定Cl^-时，未加硝基苯保护沉淀，分析结果会（　　）。

A. 偏高　　B. 偏低　　C. 无影响　　D. 无法判断

8. 用佛尔哈德法测定下列离子时，如不对沉淀进行分离或隔离，会使测定结果偏低的是（　　）。

A. Cl^-　　B. Br^-　　C. I^-　　D. SCN^-

9. 下列离子中不能用佛尔哈德法测定是（　　）。

A. Ag^+　　B. Br^-　　C. I^-　　D. F^-

二、判断题

1. 佛尔哈德法是以铬酸钾为指示剂的一种银量法。（　　）

2. 佛尔哈德法通常在0.1～1mol/L的H_2SO_4溶液中进行。（　　）

3. 强氧化剂、汞盐等干扰佛尔哈德法，应预先除去。（　　）

三、计算题

1. 称取基准物质NaCl 0.1273g，溶解后加入30.00mL $AgNO_3$溶液，过量的$AgNO_3$消耗NH_4SCN溶液8.20mL。已知滴定25.00mL $AgNO_3$溶液需要24.90mL NH_4SCN溶液。计算$AgNO_3$和NH_4SCN溶液的浓度。

2. 氯化物试样0.2354g，溶解后加入0.1028mol/L的$AgNO_3$溶液30.00mL，过量的$AgNO_3$用0.1085mol/L NH_4SCN溶液滴定，用去7.50mL。计算试样中氯的含量。

拓展项目三　测定碘化钠的纯度

碘化钠有何用途？为什么要测其纯度？如何测定？

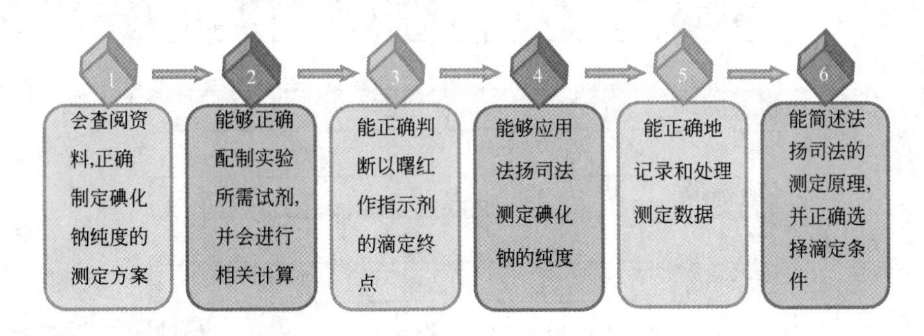

学习任务描述

化工企业质监中心负责成品分析的化验员，每天按时到成品储槽或仓库取样拿回化验室检验。请将取回的碘化钠试样按国家标准检测其纯度，并进行数据处理。实际工作中，还需检测杂质含量，检验结果合格的出具报告单送生产车间和销售部。检验结果如有一项指标不符合要求，重新加倍采取具有代表性的样品进行复检，复检结果中仍有一项指标不符合要求，则该批产品为不合格品。

任务一　准备仪器与试剂

（1）列出实验所需仪器的名称、规格和数量，并领取相关仪器，洗净备用。

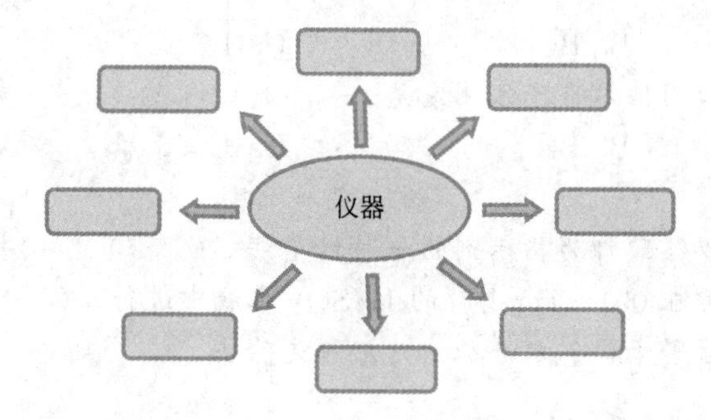

（2）填写所需试剂的名称和配制方法，根据小组用量分工领取和配制所有试剂。

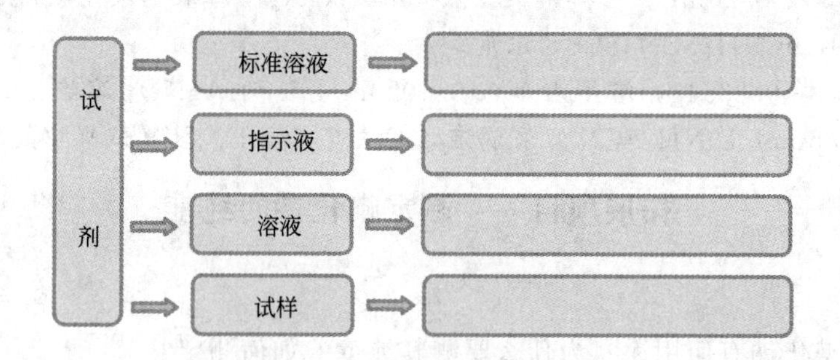

任务二　测 定 操 作

（1）补充完善下列操作步骤。

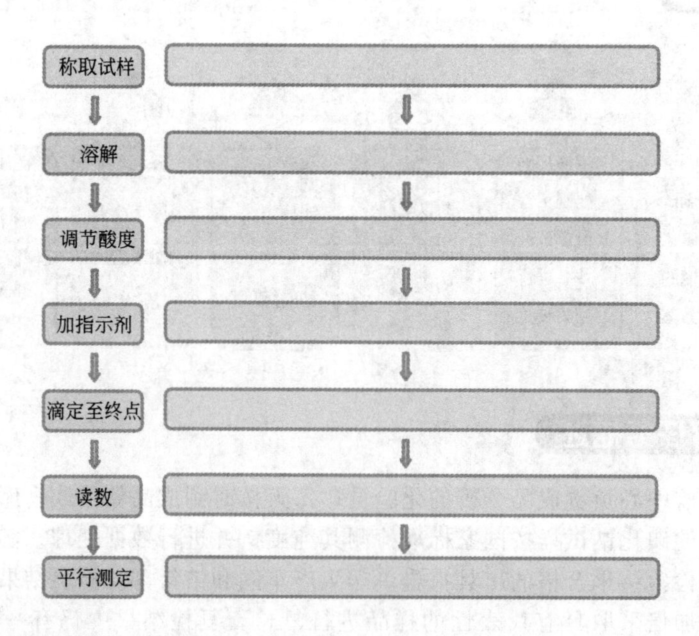

（2）简述碘化钠纯度的测定原理。

在________溶液中，以________作指示剂，用________标准滴定溶液滴定碘化钠，溶液颜色由________变为________即为滴定终点。根据____________即可计算出碘化钠的纯度。

(1) 实验用水是否能含有 Cl^-？为什么？

(2) 试样溶解后为什么要加入 HAc 调节 pH ？

(3) 除了曙红，还可以选择其他指示剂吗？

(4) 滴定终点溶液颜色变化的原理是什么？

(5) 操作过程中为什么要避免阳光直接照射？

任务三　记录与处理数据

(1) 列出计算公式。

$$w(\mathrm{NaI})=$$

(2) 设计数据记录表格，并进行数据处理。

测定次数 内　容	1	2	3

见拓展表 3。

拓展表 3　评价表

评价项目及标准		配分	评价等级		
			自评	互评	教师评
1	按时出勤,无旷课、迟到、早退现象	5			
2	课前预习,有效获取信息	5			
3	合理制定检验方案	5			
4	与组员沟通交流	5			
5	与教师互动,积极回答问题	5			
6	语言表达能力	5			
7	书中预留问题的解决	5			
8	新知识的理解,旧知识的应用	5			
9	合理分工准备试剂	5			
10	仪器的准备和使用	5			
11	滴定分析基本操作技能	5			
12	熟悉操作步骤,任务完成顺畅	5			
13	记录表设计合理,数据填写规范	5			
14	测定结果处理正确	5			
15	测定结果精密度	5			
16	仪容仪表、工作服的穿戴	5			
17	安全、文明遵守情况	5			
18	学习的兴趣和积极性	5			
19	团队合作意识,创新精神	5			
20	个人收获与进步	5			
总　分		100			

注：等级评定　A 为优（5 分）；B 为良（4 分）；C 为一般（3 分）；D 为有待提高（2 分）。

法 扬 司 法

法扬司法是以硝酸银作标准滴定溶液，利用吸附指示剂确定滴定终点的银量法。选择不同的吸附指示剂，可以分别测定 Cl^-、Br^-、I^- 和 SCN^-。

1. 吸附指示剂的变色原理

吸附指示剂是一类有色的有机化合物，其阴离子在溶液中能被带正电荷的胶状沉淀吸附，称阴离子吸附指示剂；而阳离子能被带负电荷的胶状沉淀吸附，称阳离子吸附指示剂。吸附指示剂被吸附在沉淀表面后，由于结构发生改变引起颜色的变化。现以 $AgNO_3$ 溶液滴定 NaI 为例，说明曙红指示剂的作用原理。

曙红是一种酸性染料，化学名为四溴荧光素二钠，在水溶液中离解为阴离子，呈黄红色。化学计量点前：

$$Ag^+ + I^- \longrightarrow AgI\downarrow$$

$$AgI + I^- \longrightarrow AgI \cdot I^-$$

曙红阴离子不被吸附，溶液仍呈黄红色；化学计量点时，Ag^+ 过量。

$$AgI + Ag^+ \longrightarrow AgI \cdot Ag^+$$

曙红阴离子被吸附，结构发生变化，沉淀由黄红色变为红紫色，指示终点。

因此，法扬司法的理论依据是沉淀吸附原理。指示剂的离子与加入标准滴定溶液的离子应带有相反的电荷。

2. 吸附指示剂的选择原则

沉淀对指示剂离子的吸附能力应略小于对被测离子的吸附力，否则指示剂将在化学计量点前变色。但沉淀对指示剂离子的吸附能力也不能太小，否则化学计量点后不能立即变色，引入较大误差。滴定卤化物时，卤化银对卤素离子和几种常用指示剂的吸附能力的大小次序如下：

$$I^- > \text{二甲基二碘荧光黄} > SCN^- > Br^- > \text{曙红} > Cl^- > \text{荧光黄}$$

由此看出，在测定 Cl^- 时不能选用曙红，而应选用荧光黄为指示剂。

3. 滴定条件

(1) 控制溶液酸度　常用的吸附指示剂多是有机弱酸，而起指示剂作用的是它们的阴离子。因此，溶液的 pH 应有利于吸附指示剂阴离子的存在。也就是说，离解常数小的吸附指示剂，溶液的酸度应小些；反之，离解常数大的吸附指示剂，溶液的酸度可以大些。例如荧光黄，其 $K_a \approx 10^{-7}$，滴定条件为 pH=7～10；曙红 $K_a \approx 10^{-2}$，可在 pH=2～10 的溶液中使用。

(2) 使沉淀呈胶体状态　吸附指示剂不是使溶液发生颜色变化，而是使沉淀的表面发生颜色变化。因此，应尽可能使卤化银沉淀呈胶体状态，具有较大的表面。为此，在滴定前应将溶液适当稀释，也可加入糊精、淀粉作为胶体保护剂，防止沉淀凝聚。

(3) 避免强光照射　卤化银沉淀对光线极敏感，遇光易分解析出金属银，因此不要在强光直射下进行滴定。

知识要点

- 法扬司法的测定原理
- 法扬司法的滴定条件
- 法扬司法的应用
- 吸附指示剂的变色原理
- 吸附指示剂的选择原则

技能要点

- 配制和标定 $AgNO_3$ 标准滴定溶液
- 配制醋酸溶液和曙红指示液
- 判断以曙红作指示剂的滴定终点
- 测定碘化钠的纯度
- 控制测定时的滴定条件
- 记录和处理数据

目标检测

一、单选题

1. 沉淀滴定中，吸附指示剂终点变色发生在（　　）。

A. 溶液中　　B. 沉淀内部　　C. 沉淀表面　　D. 溶液表面

2. 用法扬司法测定溶液中的 Cl^- 含量，下列说法不正确的是（　　）。

A. 标准滴定溶液是 $AgNO_3$ 溶液

B. 滴定化学计量点前 AgCl 胶体沉淀表面不带电荷，不吸附指示剂

C. 化学计量点后微过量的 Ag^+ 使 AgCl 胶体沉淀表面带正电荷，指示剂被吸附，呈现粉红色，指示终点

D. 计算：$n(Cl^-)=n(Ag^+)$

3. 法扬司法中，滴定时避免强光是为了（　　）。

A. 降低反应温度　　B. 防止卤化银分解

C. 防止卤化银挥发　　D. 防止卤化银氧化

4. 用法扬司法测定时，加入糊精或淀粉的目的在于（　　）。

A. 加快沉淀聚集　　B. 加速沉淀的转化

C. 防止氯化银分解　　D. 加大沉淀比表面

5. 用法扬司法测定 Cl^- 含量时，以荧光黄作指示剂，溶液的 pH 应控制在（　　）。

A. 1～2　　B. 5～6　　C. 7～10　　D. 2～10

6. 曙红作指示剂测 I^- 时，其终点的颜色为（　　）。

A. 黄绿色　　B. 粉红色　　C. 黄色　　D. 红紫色

7. 用曙红作指示剂，$AgNO_3$ 作滴定剂，不能测定（　　）。

A. Cl^-　　B. Br^-　　C. I^-　　D. SCN^-

8. 用荧光黄作指示剂，$AgNO_3$ 作滴定剂，适于测定溶液中的（　　）。

A. Cl^-　　B. Br^-　　C. I^-　　D. SCN^-

二、判断题

1. 吸附指示剂是利用指示剂与胶体沉淀表面的吸附作用，引起结构变化，导致指示剂的颜色发生变化的。（　　）

2. 用法扬司法测定 I^- 含量时，以曙红作指示剂，溶液的 pH 应大于 7，小于 10。（　　）

3. 法扬司法中，采用荧光黄作指示剂可测定高含量的氯化物。（　　）

4. 用法扬司法测定 I^- 含量时，只能以曙红作指示剂。（　　）

项目十二

测定氯化钡的含量

氯化钡含量的测定常用称量分析法。

称量分析法也称为重量分析法，一般是将被测组分从试样中分离出来，转化为一定的称量形式后进行称量，根据称量物的质量来计算被测组分的含量。即

分离 → 称量

称量分析法中最常用的是沉淀称量法。即将被测组分以沉淀的形式分离出来，经过过滤、洗涤、烘干或灼烧，成为一种有一定组成的难溶性化合物，然后经过一系列操作步骤来完成测定。最后由称得的质量来计算被测组分的含量。沉淀称量法操作步骤如下：

$$试样\xrightarrow{溶解}试液\xrightarrow{沉淀}沉淀式\xrightarrow{过滤、洗涤、烘干或灼烧}称量式\xrightarrow{质量恒定}计算含量$$

沉淀析出的形式称为沉淀式，烘干或灼烧后称量时的形式称为称量式。例如：

$$Fe^{3+} \longrightarrow Fe(OH)_3 \longrightarrow Fe_2O_3$$

被测组分　沉淀式　　称量式

$$Ba^{2+} \longrightarrow BaSO_4 \longrightarrow BaSO_4$$

被测组分　沉淀式　　称量式

注　意

沉淀式和称量式可以相同也可以不同：

(1) 沉淀式　沉淀式应具有最小的溶解度；具有便于过滤和洗去杂质的结构；容易转变为称量式；沉淀吸附杂质少。

(2) 称量式　称量式的组成必须与化学式相符；称量式必须很稳定；称量式的摩尔质量要尽可能大，而被测组分在称量式中的含量应尽可能小。

称量分析法　称量分析法是一种最基本、最古老的分析方法。其特点：不需要标准溶液

或基准物质，准确度高；操作烦琐、周期长；不适用于微量和痕量组分的测定；主要用于常量的硅、硫、镍、磷、钨等元素以及灰分、水分等项目的精确分析。

称量分析法还包括：

（1）气化法　气化法是通过加热等方法使被测组分挥发逸出，然后根据试样减轻的重量计算该组分的含量；或者当挥发性组分逸出时，选一种吸收剂将它吸收，然后根据吸收剂增加的重量计算该组分的含量。

（2）电解法　电解法是通过电解使被测金属离子在电极上析出，然后称重，计算其含量。

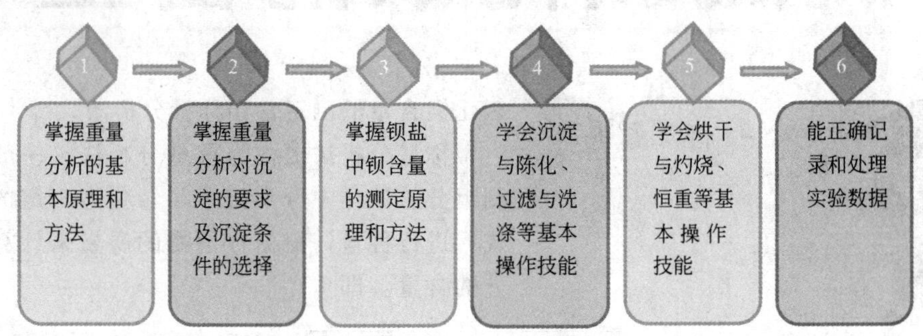

任务一　称取氯化钡试样、溶解、生成 $BaSO_4$ 沉淀

活动一　准备仪器与试剂

准备仪器

电子天平、坩埚、定量滤纸（中速）、玻璃漏斗、淀帚（1把）、马弗炉（温控高温炉）、坩埚钳、干燥器等。如图12-1所示。

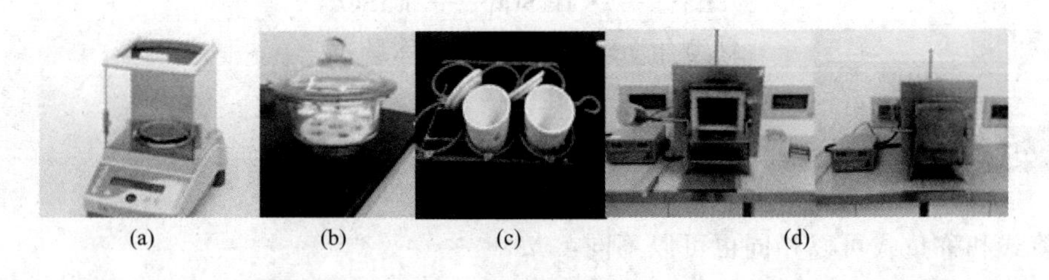

(a)　(b)　(c)　(d)

图12-1　各种仪器

准备试剂

H_2SO_4 溶液（1mol/L、0.1mol/L）、HCl 溶液（2mol/L）、HNO_3 溶液（2mol/L）、$AgNO_3$ 溶液（0.1mol/L）、$BaCl_2 \cdot 2H_2O$（AR）。

活动二　称样、溶解、生成沉淀

（1）空坩埚恒重操作流程如图12-2所示。

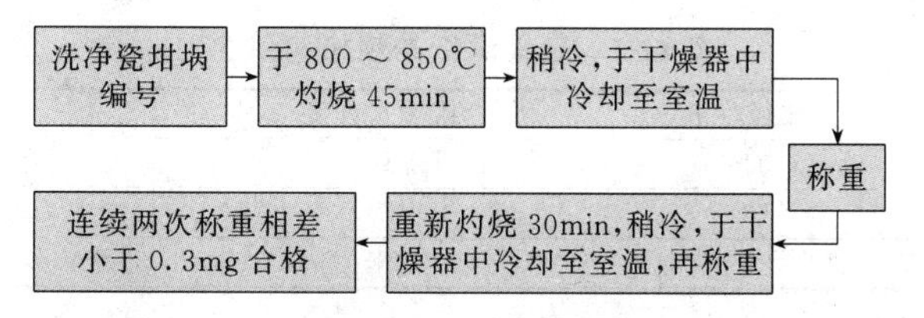

图 12-2　空坩埚恒重

（2）试样沉淀制备操作流程如图 12-3 所示。

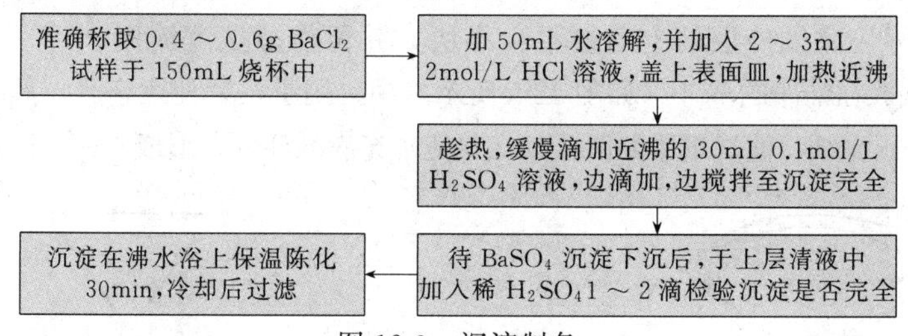

图 12-3　沉淀制备

注　意

沉淀按形状不同，分为晶形沉淀和无定形沉淀，无定形沉淀又分为非晶形沉淀和胶状沉淀。形成晶形 $BaSO_4$ 沉淀的条件：

（1）稀　沉淀要在稀溶液中进行；

（2）慢　沉淀剂加入速度要慢；

（3）热　在加热条件下形成沉淀；

（4）搅　边滴加沉淀剂边搅拌；

（5）陈　即“陈化”，沉淀和母液一起放置或加热一定时间。

小知识

沉淀重量分析法关键在于沉淀剂的选择和用量。

（1）沉淀剂应选择易挥发或易分解的物质，这样，在灼烧时，可自沉淀中将其除去。

（2）沉淀剂应具有特效性或良好的选择性，即沉淀剂只能和被测组分生成沉淀。

（3）为使被测组分沉淀完全，即被测离子在溶液中的浓度应在 10^{-4}～10^{-5} mol/L 以下，加入的沉淀剂需要过量，一般按理论过量 50%～100%。如果沉淀剂是不易挥发的物质，则控制过量 20%～30%。

任务二　过滤、洗涤 $BaSO_4$ 沉淀

活动一　过滤和洗涤的准备工作

1. 滤纸的选择

定量无灰滤纸的规格和用途如表 12-1 所示。

表 12-1　定量滤纸的规格和用途

滤纸类型	标签色别	孔径/μm	纤维紧密程度	用途
快速	蓝色	3.5～10	疏松	无定形沉淀，如 $Fe(OH)_3$ 等
中速	白色	3	中等	粗晶形沉淀，如 $MgNH_4PO_4$ 等
慢速	红色	1～2.5	紧密	细晶形沉淀，如 $BaSO_4$、CaC_2O_4 等

2. 滤纸的折叠与安放

折好的滤纸如图 12-4 所示，一个半边为三层，另一个半边为单层，为使滤纸三层部分紧贴漏斗内壁，可将滤纸外层的上角撕下一小块，并留作擦拭沉淀用。

将折好的滤纸放在洁净的漏斗（如图 12-5 所示）中，用手按紧使之密合，然后用蒸馏水润湿，再用手或玻璃棒按压滤纸，使滤纸紧贴漏斗壁，并使水充满漏斗颈，形成水柱，以加快过滤速度。

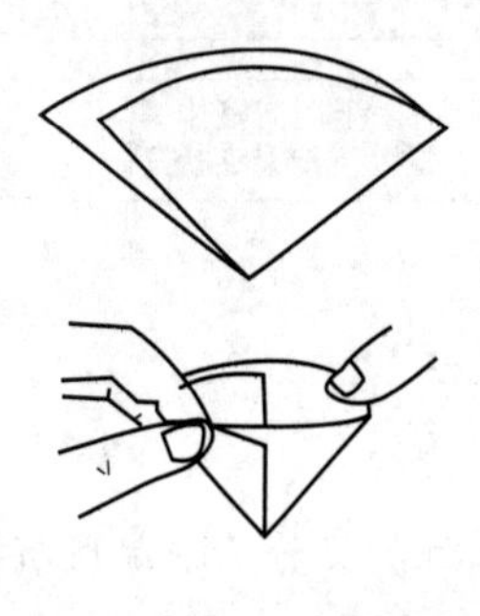

图 12-4　滤纸的折叠

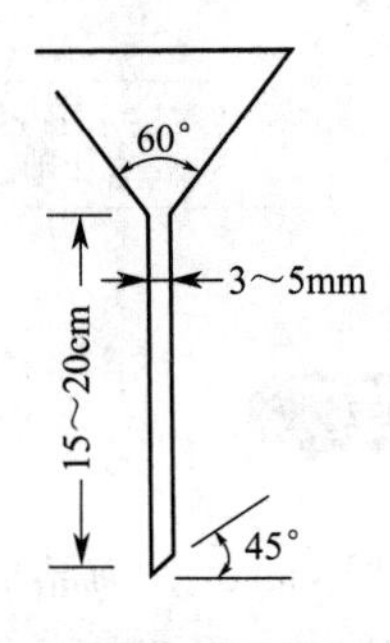

图 12-5　漏斗

活动二　沉淀的过滤和洗涤

过滤是将沉淀与溶液分离的过程，洗涤是除去沉淀物中杂质的过程。沉淀的过滤和洗涤操作流程如图 12-6 所示。

沉淀陈化后，用慢速定量滤纸，进行倾泻法过滤 → 每次用 0.01mol/L H_2SO_4 稀溶液洗涤烧杯中的沉淀 3～4 次，然后将沉淀定量转移到滤纸上 → 去离子水淋洗漏斗中的沉淀至无 Cl^-（用 0.1mol/L $AgNO_3$ 溶液检验滤液）

图 12-6　沉淀的过滤和洗涤操作流程

小知识

（1）倾泻法过滤　过滤前先将沉淀倾斜静置，然后将沉淀上部的清液小心倾于滤纸上。如图 12-7 所示。

（2）洗涤　每次约用 10mL 洗涤液吹洗烧杯内壁，同样用倾泻法过滤，洗涤 3～4 次。

（3）转移　加少量洗涤液于烧杯中，搅动沉淀，立即将沉淀和洗涤液一起过滤 。最后，用撕下的滤纸角擦拭玻璃棒和烧杯内壁，并将此滤纸角放在漏斗的沉淀上 。转移操作如图 12-8 所示。

（1）陈化不仅可使沉淀晶体颗粒长大，有利于过滤和洗涤，而且也使沉淀更为纯净，因

为晶体颗粒长大总表面积变小，吸附杂质的量就少了。

(2) 倾泻法过滤的目的是避免沉淀堵塞滤纸上的空隙，影响过滤速度。过滤操作如图12-7(a)所示。

(3) 采用“少量多次”的原则洗涤沉淀，即每次加少量洗涤液，洗后尽量沥干，再加第二次洗涤液，这样可提高洗涤效率。洗涤操作见图12-9所示。

(4) 过滤操作的“三靠”指滤纸靠漏斗壁；漏斗颈下端靠烧杯壁；玻璃棒下端靠三层滤纸。

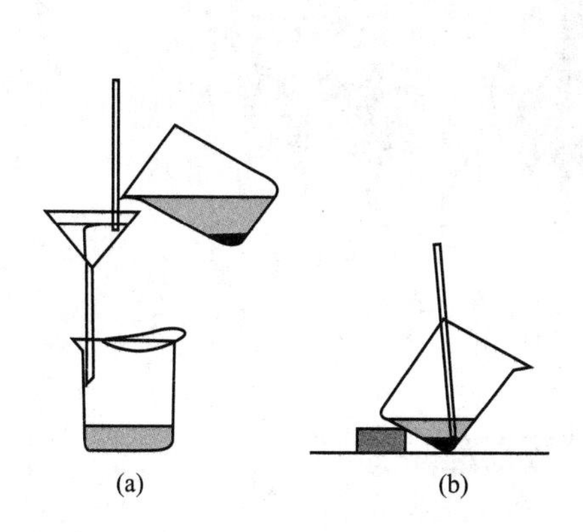

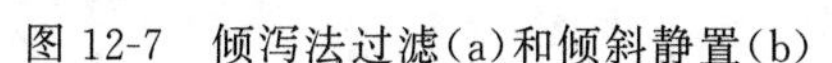

图12-7 倾泻法过滤(a)和倾斜静置(b)

图12-8 沉淀的转移

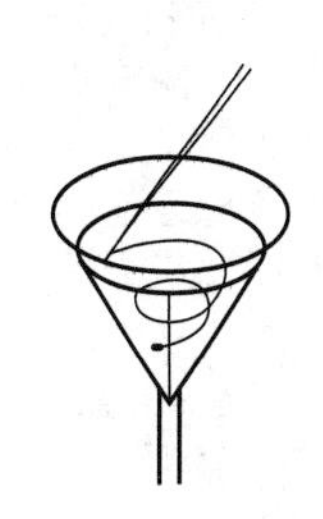

图12-9 沉淀的洗涤

任务三 烘干、灼烧 $BaSO_4$沉淀

活动一 沉淀的烘干处理

1. 包裹沉淀

过滤后将滤纸进行包卷，如图12-10所示。

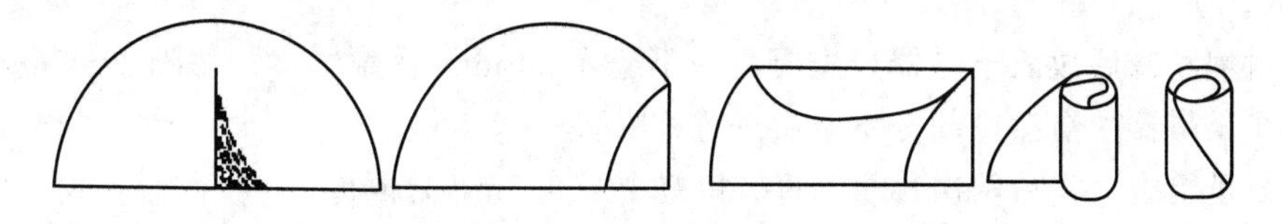

图12-10 沉淀的包卷

2. 烘干沉淀

把包卷好的沉淀放入已恒定质量的空坩埚中，滤纸层数较多的一面向上，以利滤纸的灰化。烘干操作如图12-11所示。

(1) 炭化时，滤纸不得着火，否则会使沉淀飞散而损失。

（2）干燥过程中，加热不可太急，否则坩埚遇水容易破裂，同时沉淀中的水分也会因猛烈汽化而将沉淀冲出。

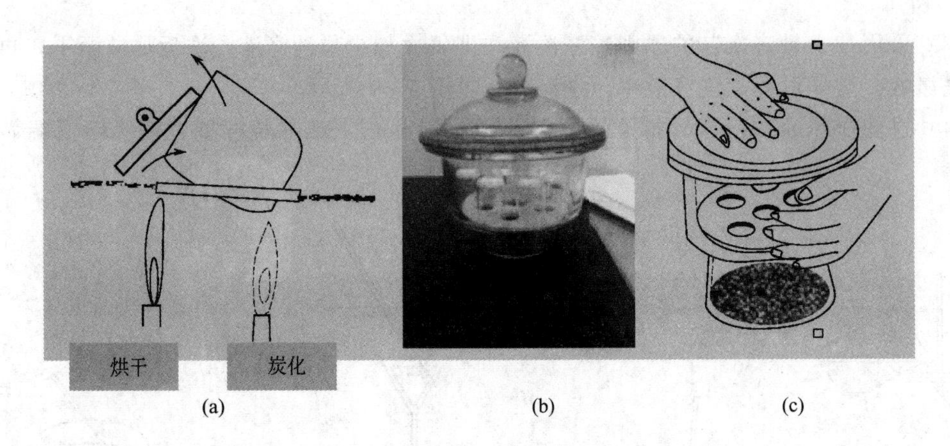

图 12-11　烘干、炭化及干燥器的使用

活动二　灼烧 $BaSO_4$ 沉淀

灼烧沉淀的操作流程如图 12-12 所示。

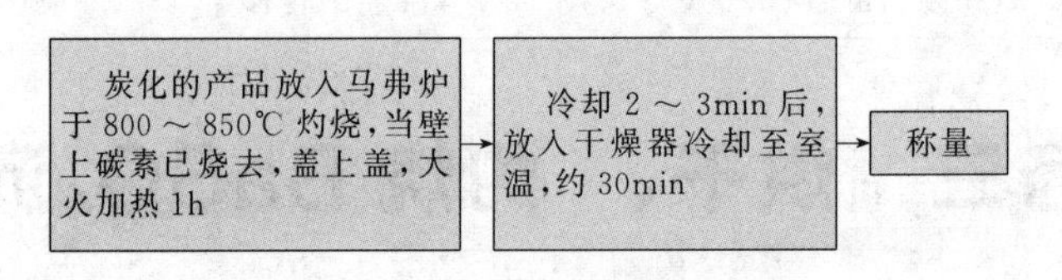

图 12-12　沉淀灼烧

（1）坩埚放在高温炉中灼烧，一般第一次灼烧时间为 30～45min，第二次灼烧时间为 15～20min。

（2）坩埚稍冷后放入干燥器，先要留一小缝，0.5min 后盖严，并每隔 1～3min 开盖一次，必须在干燥器中自然冷却至室温后进行称量。

（3）恒重检查　先后两次称量，两次相差小于 0.3mg 为恒重。

活动三　记录与处理数据

1. 计算公式

$$w(\text{Ba})=\frac{m(\text{BaSO}_4)\times\dfrac{M(\text{Ba})}{M(\text{BaSO}_4)}}{m(\text{试样})}\times 100\%$$

2. 数据记录与处理

见表 12-2。

表 12-2　称量分析法数据记录表

实验编号		1	2	3
空坩埚质量（恒重）	第一次灼烧/g			
	第二次灼烧/g			
	两次误差/g			
（坩埚＋$BaSO_4$）恒重	第一次灼烧/g			
	第二次灼烧/g			
	两次误差/g			
$BaCl_2 \cdot 2H_2O$ 的质量/g				
干燥后 $BaSO_4$ 的质量/g				
w(Ba)/%				
$\bar{w}$(Ba)/%				
相对极差				

过程评价

见表 12-3。

表 12-3　过程评价

操作项目	不规范操作项目名称	小组互评		教师评价	
		正确	不正确	得分	
称量操作（每项 2 分，共 18 分）	不看水平				
	不清扫或校正天平零点后清扫				
	称量开始或结束零点不校正				
	用手直接拿取称量瓶				
	称量瓶放在桌子台面上或纸上				
	称量时不关门，或开关门太重使天平移动				
	称量物品未冷却到室温就开始称量				
	离开天平室物品留在天平内或放在工作台上				
	称样量未进行恒重操作				
沉淀操作（每项 3 分，共 15 分）	沉淀要在稀溶液中进行				
	沉淀剂滴加入速度要慢				
	是否在加热条件下形成沉淀				
	边滴加沉淀剂边搅拌				
	沉淀要放置或加热一定时间				
过滤与洗涤（每项 3 分，共 21 分）	漏斗的选择正确				
	滤纸的折叠方法正确				
	是否用倾泻法先过滤清液				
	沉淀初步洗涤及转移的操作				
	滤纸角擦拭玻璃棒和烧杯操作				
	沉淀洗涤，少量多次				
	洗涤完成程度				
烘干与灼烧（每项 3 分，共 18 分）	烘干操作				
	炭化操作				
	灼烧及温度控制				
	灼烧时间				
	高温炉使用及操作				
	坩埚的选择与使用				
冷却与恒重作（每项 3 分，共 15 分）	灼烧次数				
	温度控制操作				
	干燥器使用				
	冷却至室温操作				
	恒重操作				

续表

操作项目	不规范操作项目名称	小组互评		教师评价	
		正确	不正确	得分	
数据记录及处理（每项2分，共6分）	不记在规定的记录纸上				
	计算过程及结果不正确				
	有效数字位数保留不正确或修约不正确				
结束工作（4分）	考核结束，仪器不清洗或未清洗干净				
	考核结束，物品不处理或不按规定处理				
	考核结束，工作台不整理或摆放不整齐				
损坏仪器（3分）	每损坏一件仪器扣3分				
总分					

相关知识

一、影响沉淀纯度的因素

1. 共沉淀现象

当沉淀从溶液中析出时，溶液中的其他可溶性组分被沉淀带下来而混入沉淀之中的现象称为共沉淀现象。共沉淀是沉淀重量法中最重要的误差来源之一，引起共沉淀的原因主要有下列几个表面吸附，沉淀比表面越大，杂质浓度越大吸附越严重，而且吸附作用是一个放热过程，溶液的温度越低，吸附越严重。如果杂质离子半径与构晶离子半径相近，电荷又相同，杂质离子极易随沉淀析出形成混晶。如果沉淀剂加入过快时，沉淀迅速长大，吸附在沉淀表面的杂质离子来不及离开，而被包夹在沉淀内部产生吸留现象。

2. 后沉淀现象

所谓后沉淀是指沉淀析出后，在沉淀与母液一起放置过程中，溶液中本来难于析出的某些杂质离子可能沉淀到原沉淀表面上的现象。这是由于沉淀表面吸附了构晶离子，它再吸附溶液中带相反电荷的杂质离子时，在表面附近形成了过饱和溶液，因而使杂质离子沉淀到原沉淀表面上。

影响沉淀纯度还应考虑选择适当的分析程序、改变杂质存在的形式、创造适当的沉淀条件、洗涤沉淀、再沉淀、选用有机沉淀剂。

二、重量分析中的换算因数

在重量分析中，多数情况下获得的称量形式与待测组分的形式不同，待测组分的摩尔质量与称量形式的摩尔质量之比称为换算因数（又称重量分析因素），以 F 表示。

$$F=\frac{a\times \text{被测组分的摩尔质量}}{b\times \text{称量形式的摩尔质量}}$$

式中，a、b 是使分子和分母中所含主体元素的原子个数相等时需乘以的系数。a、b 的确定：

① 找出被测组分与沉淀称量形式之间的关系式；

② 关系式中被测组分的系数为 a，沉淀称量形式的系数为 b。

称量形式的质量 m，试样的质量 m_s 及换算因素 F，被测组分的质量分数 w 为

$$w=\frac{mF}{m_s}\times 100\%$$

【例 12-1】 测定磁铁矿中铁的含量时，称取试样 0.1666g，经溶解、氧化，使 Fe^{3+} 沉淀为 $Fe(OH)_3$，灼烧后得 Fe_2O_3，其质量为 0.1370g，计算试样中 Fe 的质量分数。

解：称量式与 Fe 的换算关系为

$a=2$，$b=1$ $$Fe_2O_3 \longrightarrow 2Fe$$

$$F=\frac{am(Fe)}{bm(Fe_2O_3)}=\frac{2\times 55.65}{1\times 159.69}=0.6970$$

$$w(Fe)=\frac{m(Fe_2O_3)F}{m_s}\times 100\%=\frac{0.1370\times 0.6970}{0.1666}\times 100\%=57.32\%$$

重量分析技术的发展现状和前景

智能重量分析将成为重量分析行业的发展趋势。分析数据报告及时全面、图表丰富、反映直观，是企业重量分析行业今后的发展方向，实现自动化、智能化分析过程，准确度大大提高。

用微波炉代替马弗炉，利用微波炉进行熔样、沉淀干燥以及恒重具有以下几个优点：

① 微波能直接穿透样品内部，里外同时加热，不需传热过程，在微波管启动 105℃左右便可奏效，瞬时可达较高温度，可大大降低能耗，并且没有很大的温度梯度，加热均匀。

② 样品本身发热，设备几乎不辐射热量，故避免环境高温，可改善工作条件。

③ 微波炉可实现数据智能化、自动分析过程。

项目小结

知识要点

- 沉淀重量分析测定原理
- 沉淀剂及沉淀条件选择
- 影响沉淀及纯度因素
- 过滤与洗涤、灼烧与恒重方法

技能要点

✧ 仪器使用（天平、高温炉）

✧沉淀制备

✧过滤与洗涤

✧烘干、灼烧与恒重

✧称量及数据处理

目标检测

一、单选题

1. 用洗涤方法可除去的沉淀杂质是（　　）。

A. 混晶杂质　　B. 包藏杂质　　C. 吸附杂质　　D. 后沉淀杂质

2. 实验室测定 $CuSO_4 \cdot xH_2O$ 晶体里结晶水的 x 值时，出现了三种情况：

① 晶体中含有受热不分解的杂质

② 晶体尚带蓝色，即停止加热

③ 晶体脱水后放在台上冷却，再称量

使实验结果偏低的原因是（　　）。

A. ①②　　B. ①③　　C. ②③　　D. ①②③

3. 沉淀中若杂质含量太大，则应采用（　　）措施使沉淀纯净。

A. 再沉淀　　B. 提高沉淀体系温度

C. 增加陈化时间　　D. 减小沉淀的比表面积

4. 对晶形沉淀和非晶形沉淀，（　　）陈化。

A. 都要　　B. 都不要　　C. 后者要　　D. 前者要

5. 过滤大颗粒晶体沉淀应选用（　　）。

A. 快速滤纸　　B. 中速滤纸　　C. 慢速滤纸　　D. 4 号玻璃砂芯坩埚

6. 下列各条件中何者是晶形沉淀所要求的沉淀条件（　　）。

A. 沉淀作用在较浓溶液中进行　　B. 在不断搅拌下加入沉淀剂

C. 沉淀在冷溶液中进行　　D. 沉淀后立即过滤

7. 下面有关称量分析法的叙述错误的是（　　）。

A. 称量分析法是定量分析方法之一

B. 称量分析法不需要基准物质做比较

C. 称量分析法一般准确度较高

D. 操作简单适用于常量组分和微量组分的测定

二、判断题

1. 沉淀 $BaSO_4$ 应在热溶液中进行，然后趁热过滤。（　　）

2. 共沉淀引入的杂质量，随陈化时间的增大而增多。（　　）

3. 重量分析中使用的“无灰滤纸”，指每张滤纸的灰分质量小于 0.2mg。（　　）

4. 重量分析中要获得晶形沉淀，必须按“稀、慢、冷、搅、陈”操作进行。（　　）

5. 在含有 0.01mol/L 的 I^-、Br^-、Cl^- 溶液中，逐渐加入 $AgNO_3$ 试剂，先出现的沉淀是 AgI。（$K_{sp,AgCl} > K_{sp,AgBr} > K_{sp,AgI}$）（　　）

6. 重量分析法是一种最基本、最古老的分析方法，操作烦琐、周期长且准确度不高。（　　）

三、计算题

1. 重量法测定 $BaCl_2 \cdot H_2O$ 中钡的含量，纯度约 90%，要求得到 0.5g $BaSO_4$，应称试样多少克？

2. 分析一磁铁矿 0.5000g，得 Fe_2O_3 的质量为 0.4980g，计算磁铁矿中 Fe_3O_4 的质量分数。

拓展项目四　测定氯化钡中的结晶水

氯化钡中的结晶水采用气化法来测定。气化法属于称量分析法。

气化法是通过加热等方法使被测组分挥发逸出，然后根据试样减轻的重量计算该组分的含量。如矿石中的水分、挥发分的测定。

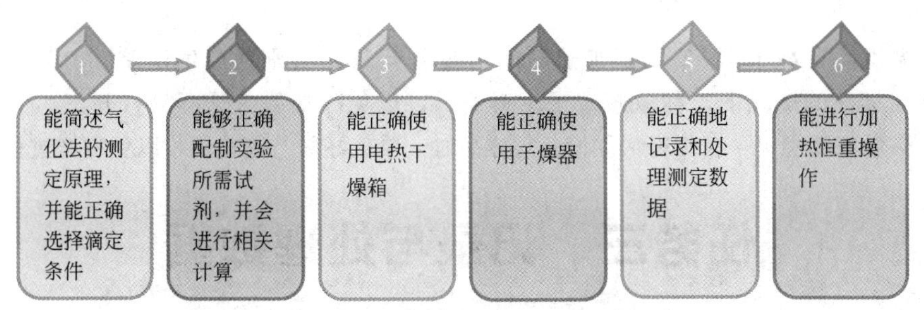

任务一　准备仪器与试剂

准备仪器

电子天平、称量瓶、玻璃坩埚、电热恒温干燥箱（温控红外干燥箱）、干燥器等。

准备试剂

结晶氯化钡样品。

小知识

（1）$BaCl_2 \cdot 2H_2O$ 中的结晶水，在105℃时能完全挥发。

（2）在800℃以下无水氯化钡不挥发、不分解，故可根据加热后质量的减少，来测定氯化钡中结晶水的含量。

任务二　测定氯化钡中结晶水的含量

1 空称量瓶恒重

操作流程如拓展图1所示。

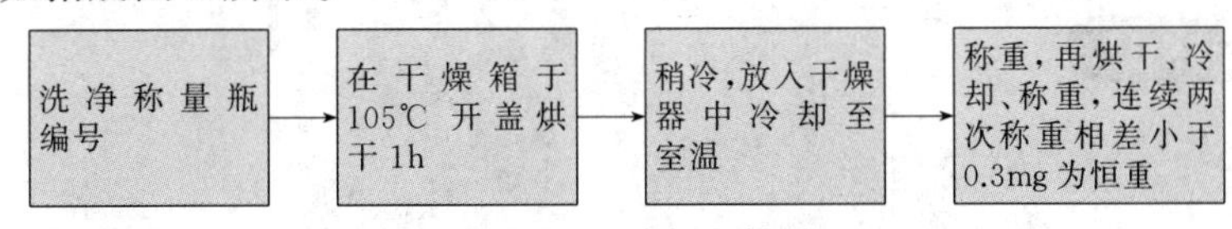

拓展图1　称量瓶恒重

2. 称取含结晶水的氯化钡样品

准确称取氯化钡样品1.4～1.6g，平铺在上述恒重的称量瓶中。

3. 含结晶水的氯化钡样品干燥与恒重

操作流程如拓展图2所示。

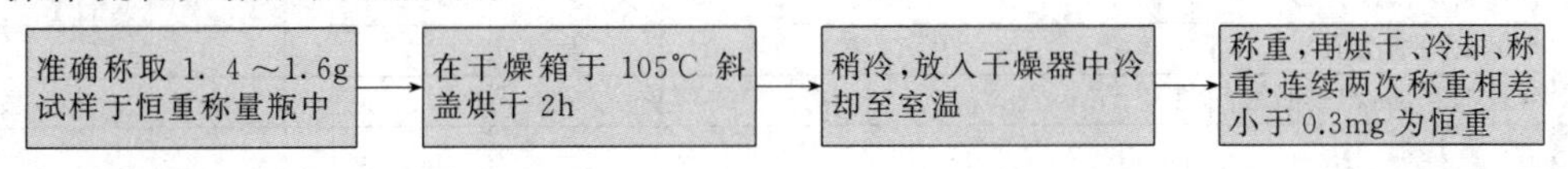

拓展图2　样品干燥与恒重

(1) 温度不要高于 125℃，且加热时间不能少于 1h，否则易产生误差。

(2) 在加热的情况下，称量瓶盖子不得盖严，以免冷却后盖子不易打开。

(3) 称量速度要快，在称扁形称量瓶与样品时，要盖好称量瓶盖子，以免称样过程中吸湿。

任务三　记录与处理数据

1. 计算公式

$$w(\text{结晶水})=\frac{m(\text{瓶}+\text{样})_{\text{干燥前}}-m(\text{瓶}+\text{样})_{\text{干燥后}}}{m(\text{瓶}+\text{样})_{\text{干燥前}}-m(\text{瓶})}\times 100\%$$

2. 数据记录与处理

见拓展表 4。

拓展表 4　数据记录表

实验编号		1	2	3
空称量瓶质量恒重	第一次烘干/g			
	第二次烘干/g			
	两次误差/g			
称量瓶+样品烘干前	第一次/g			
	第二次/g			
称量瓶+样品烘干后恒重	第一次烘干/g			
	第二次烘干/g			
	两次误差/g			
$BaCl_2 \cdot 2H_2O$ 的质量/g				
干燥后 $BaCl_2$ 的质量/g				
w(结晶水)/%				
$\bar{w}$(结晶水)/%				
相对极差				

见拓展表 5。

拓展表 5　评价表

评价项目及标准		配分	评价等级		
			自评	互评	教师评
1	按时出勤，无旷课、迟到、早退现象	4			
2	课前预习，有效获取信息	4			
3	合理制定检验方案	5			
4	与组员沟通交流	4			
5	与教师互动，积极回答问题	5			
6	语言表达能力	4			
7	书中预留问题的解决	5			

续表

评价项目及标准		配分	评价等级		
			自评	互评	教师评
8	新知识的理解，旧知识的应用	5			
9	合理分工准备试剂	4			
10	仪器的准备和使用	5			
11	称量瓶和试样的恒重操作	5			
12	干燥箱温度（105℃）的设置	5			
13	氯化钡试样平铺在称量瓶中	5			
14	烘干操作时称量瓶瓶盖倾斜	5			
15	烘干时间的控制	5			
16	在干燥器中冷却至室温称量	4			
17	记录表设计合理，数据填写规范	4			
18	测定结果处理正确	5			
19	测定结果精密度	5			
20	仪容仪表、工作服的穿戴	3			
21	安全、文明遵守情况	3			
22	学习的兴趣和积极性	3			
23	团队合作意识，创新精神	3			
总　分		100			

项目十三

根据 GB 和 HG 组织实训

GB是国家标准的代号，HG是化工行业的行业标准代号。从项目二到项目十二，酸碱等各种物质的测定方法，都是按照有关的国家标准编写而成的。

《中华人民共和国标准化法》将中国标准分为国家标准、行业标准、地方标准、企业标准四级，并将标准分为强制性标准和推荐性标准两类。国家标准是四级标准体系中的主题。

国家标准是由国务院标准化行政主管部门组织制定，统一编号、发布或由国务院标准化行政主管部门与有关部门联合发布，且在全国范围内统一的标准。对全国经济、技术发展有重大意义。

国家标准分为强制性国标（GB）和推荐性国标（GB/T）。国家标准的编号由国家标准的代号、国家标准发布的顺序号和国家标准发布的年号（发布年份）构成。如：

GB	209	—	2006	工业用氢氧化钠
代号	顺序号		年号	

行业标准是指对没有国家标准而又需要在全国某个行业范围内统一的技术要求，所制定的标准。行业标准是对国家标准的补充，是专业性、技术性较强的标准。例如化工行业强制性标准（HG）和推荐性标准（HG/T）。行业标准不得与国家标准相抵触，国家标准公布实施后，相应的行业标准即行废止。

本项目根据 GB 209—2006《工业氢氧化钠》国家标准和 HG/T 3467—2003《化学试剂 50%硝酸锰溶液》行业标准进行实训。

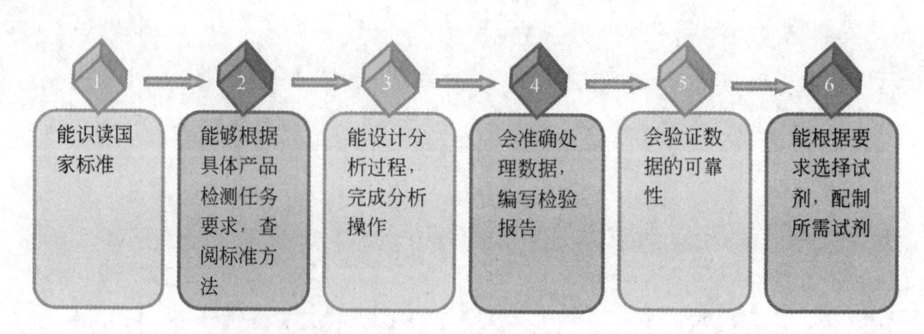

任务一　识读标准

活动一　查询标准

一、查询标准的常用网址

国家标准和化工行业标准均可通过多种方法进行查询，在此给大家介绍几个常用的查询网站。

(1)国家标准行业标准信息服务网：http://www.freebz.net(无需注册，测试可用，免费)。

(2)标准文献网：http://www.bzwxw.com(测试可用，免费，有论坛可注册)。

(3)标准分享网：http://www.bzfxw.com(测试可用，免费)。

(4)国家标准化管理委员会网：http://www.sac.gov.cn。

(5)国家标准文献共享服务平台：http://www.cssn.net.cn。

二、查询

国家标准的获得渠道很多，这里只介绍两种比较便捷的查询方法。

1. 通过百度查询

第一步：打开百度对话框。

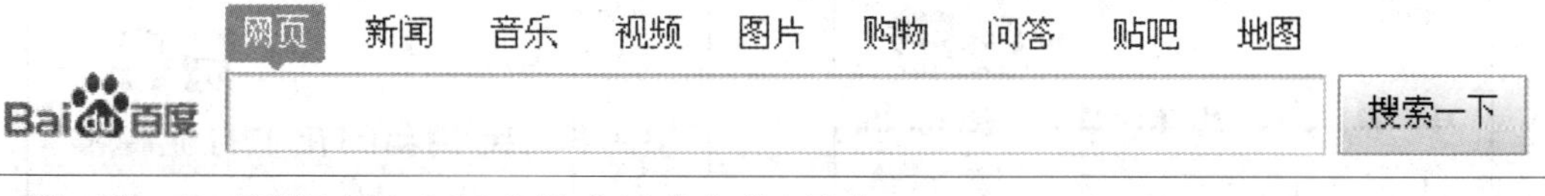

第二步：在对话框中输入标准号或标准名称，搜索。

网页　新闻　音乐　视频　图片　购物　问答　贴吧　地图

Baidu百度　HG/T3467-2003　搜索一下

第三步：打开搜索到的网页，即可查到该标准。

HG-T 3467-2003 化学试剂 50%硝酸锰溶液.pdf - docin.com豆丁网

[名称]HG-T 3467-2003 化学试剂 50%硝酸锰溶液.pdf [大小]130324 [时间]2007-4-11 0:54:20 [编辑]2007-4-11 0:54:20...

www.docin.com/p-344639... 2009-11-03 - 百度快照 - 76%好评

2. 通过国家标准文献共享服务平台查询

第一步：登录国家标准文献共享服务平台网站。

第二步：在首页的对话框中输入标准号或标准名称，搜索。

首页　资源检索　网上书店　标准动态　馆藏资讯　专题浏览　典型案例

GB/T 601　搜索　高级检索

标准　技术法规　ASTM检索　标准术语　科技文献

第三步:打开搜索结果,即可查到该标准。

标准号	标准名称	发布日期	实施日期
GB/T 601-2002 现行	化学试剂 标准滴定溶液的制备 Chemical reagent Preparations of standard volumetric solutions	2002-10-15	2003-04-01

活动二　认识国家标准与化工行业标准

一份标准通常有封面、前言、正文三部分组成。现在以 GB 209—2006《工业用氢氧化钠》和 HG/T 3467—2003《化学试剂　50%硝酸锰溶液》为例,介绍标准的组成。

1. 封面

见图 13-1。

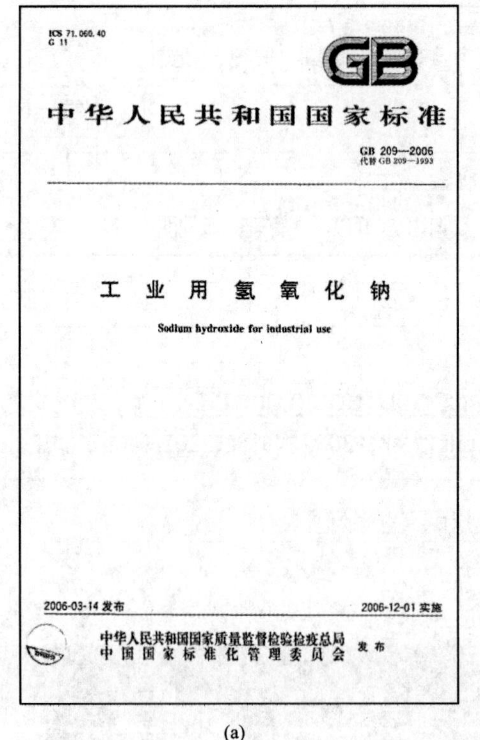

ICS 71.060.40
G 11

GB

中华人民共和国国家标准

GB 209—2006
代替 GB 209—1993

工业用氢氧化钠

Sodium hydroxide for industrial use

2006-03-14 发布　　2006-12-01 实施

中华人民共和国国家质量监督检验检疫总局
中国国家标准化管理委员会　发布

(a)

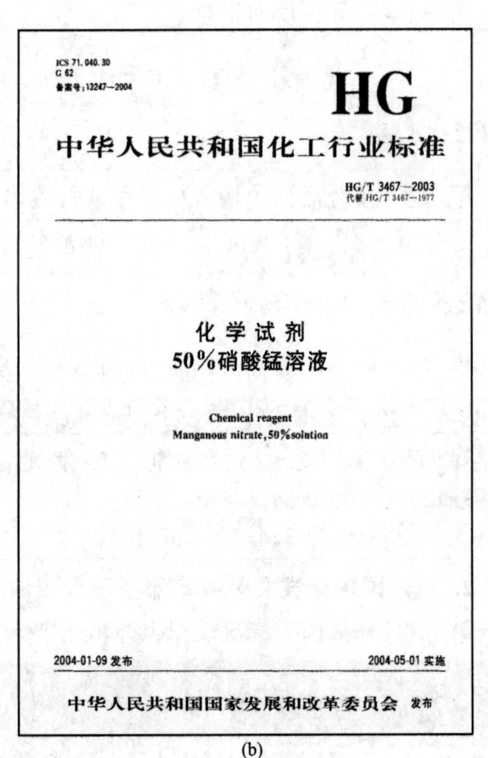

ICS 71.040.30
G 62
备案号:13247—2004

HG

中华人民共和国化工行业标准

HG/T 3467—2003
代替 HG/T 3467—1977

化学试剂
50%硝酸锰溶液

Chemical reagent
Manganous nitrate, 50% solution

2004-01-09 发布　　2004-05-01 实施

中华人民共和国国家发展和改革委员会　发布

(b)

图 13-1　封面

2. 前言

前言主要对本标准所用试剂,代替了哪一个标准,做了哪几个方面的修改,本标准制定的单位和人员、发布的时间等进行简单的介绍。

HG/T 3467—2003

前　　言

本标准给出分析纯、化学纯二个级别

本标准代替 HG/T 3467—1977.

本标准与 HG/T 3467—1977 相比主要变化如下。

——锌测定取消化学分析法，保留火焰原子吸收光谱法。

本标准由中国石油和化学工业协会提出。

本标准由全国化学标准化技术委员会化学试剂分会归口。

本标准起草单位：北京化学试剂研究所、上海恒信化学试剂有限公司。

本标准主要起草人：郝玉林、王素芳、孙筱林、徐萍。

本标准于 1960 年首次发布，于 1977 年第一次修订。

3. 正文

正文对①范围；②规范性引用文件；③性状；④规格；⑤试验方法；⑥检验规则；⑦包装及标志，做了具体详细的介绍。

任务二　设计分析过程，完成分析操作

活动一　准备仪器

根据 HG/T 3467—2003《化学试剂　50%硝酸锰溶液》中 5.1 含量测定的内容，列出所需仪器的名称、规格和数量，并领取相关仪器，洗净备用（表 13-1）。

表 13-1　硝酸锰含量测定所需仪器列表

仪器名称	规格	数量	备注
酸式滴定管	50mL	1 支	附体积校正曲线

活动二　准备试剂

填写所需试剂的名称和配制方法，根据小组用量，分工领取和配制所有试剂。

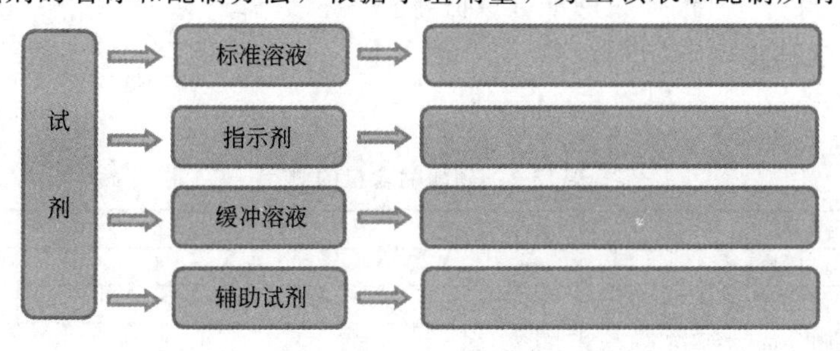

活动三　设计分析过程

见图 13-2。

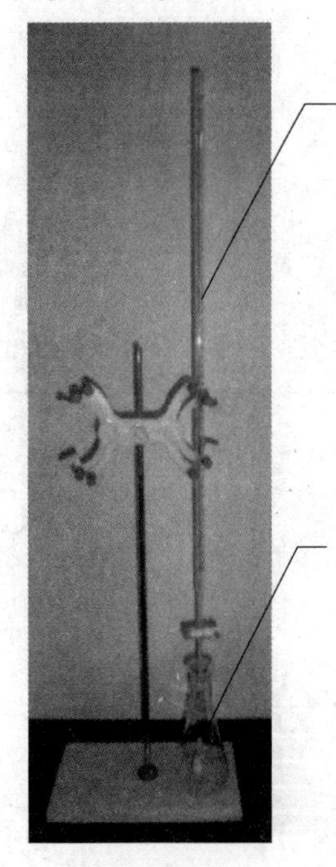

(1) 装入已标定的（　　）标准滴定溶液；
(2) 滴定至溶液由（　　）色变为（　　）色；
(3) 记录消耗标准溶液的体积；
(4) 平行测定 3 次，同时做空白试验。

(1) 称取 0.5g（0.4mL）样品（精确至 0.0001g）；
(2) 加入 100mL 蒸馏水溶解；
(3) 加入 100g/L（　　）2mL；
(4) 近终点时加（　　）缓冲溶液 10mL 及 5g/L 铬黑 T 指示液 5 滴。

图 13-2　测定硝酸锰溶液的浓度

任务三　准确处理数据，编写实验报告

活动一　记录和处理数据

1. 计算公式

$$w=\frac{c(\mathrm{EDTA})V(\mathrm{EDTA})M[\mathrm{Mn(NO_3)_2}]}{m}\times 100\%$$

式中　V（EDTA）——EDTA 标准滴定溶液体积的准确数值，mL；

c（EDTA）——EDTA 标准滴定溶液的浓度，mol/L；

$M[\mathrm{Mn(NO_3)_2}]$——硝酸锰摩尔质量，179.0g/mol；

m——样品质量的准确数值，g。

2. 数据记录和处理

见表 13-2。

表 13-2　硝酸锰含量的测定

测定次数	1	2	3
小滴瓶＋样品质量 m_1/g			
小滴瓶＋剩余样品的质量 m_2/g			
样品质量 m/g			

续表

测定次数	1	2	3
EDTA 标准溶液的浓度/(mol/L)			
滴定管初读数/mL			
滴定管终读数/mL			
滴定消耗 EDTA 溶液的体积/mL			
体积校正值/mL			
溶液温度/℃			
温度补正值			
溶液温度校正值/mL			
实际消耗 EDTA 溶液的体积/mL			
空白试验消耗 EDTA 溶液的体积/mL			
硝酸锰的含量/%			
硝酸锰的平均含量/%			
相对极差/%			

活动二　编写实验报告

见表 13-3。

表 13-3　实验报告单

物料名称	液体硝酸锰	检验日期	
检验依据	HG/T 3467—2003	判定依据	HG/T 3467—2003
检验项目	单位	指标	检验结果
硝酸锰的含量	%	49.0～51.0	
结论(是否合格)			

见表 13-4。

表 13-4　综合实训评价表

评价项目及标准		配分	评价等级		
			自评	互评	教师评
1	识读国家标准	5			
2	课前预习,有效获取信息	5			
3	合理制定检验方案	5			
4	与组员沟通交流	5			
5	与教师互动,积极回答问题	5			
6	语言表达能力	5			
7	预留问题的解决	5			
8	新知识的理解,旧知识的应用	5			
9	合理分工准备试剂	5			
10	仪器的准备和使用	5			
11	滴定分析基本操作技能	5			
12	熟悉操作步骤,任务完成顺畅	5			
13	记录表数据填写规范、整洁	5			
14	测定结果处理正确	5			
15	有效数字记录正确	5			

续表

评价项目及标准		配分	评价等级		
			自评	互评	教师评
16	仪容仪表、工作服的穿戴	5			
17	安全、文明遵守情况	5			
18	学习的兴趣和积极性	5			
19	团队合作意识,创新精神	5			
20	按时出勤,无旷课、迟到、早退现象	5			
总　分		100			

注：等级评定 A 为优（5 分）；B 为良（4 分）；C 为一般（3 分）；D 为有待提高（2 分）。

项目小结

知识要点

➢ 知道硝酸锰的测定原理

➢ 会查询标准方法

➢ 能识读国家标准

➢ 会准确处理数据，编写检验报告

技能要点

✧ 设计分析过程，完成分析任务

✧ 配制一般溶液和标准溶液

✧ 判断以铬黑 T 作指示剂的滴定终点

✧ 测定硝酸锰的含量

阅读材料

中华人民共和国标准化法简介

为了发展社会主义商品经济，促进技术进步，改进产品质量，提高社会经济效益，维护国家和人民的利益，使标准化工作适应社会主义现代化建设和发展对外经济关系的需要，制定本法。由中华人民共和国第七届全国人民代表大会常务委员会第五次会议于 1988 年 12 月 29 日修订通过，自 1989 年 4 月 1 日起施行。

一、对下列需要统一的技术要求，应当制定标准。

（1）工业产品的品种、规格、质量、等级或者安全、卫生要求。

（2）工业产品的设计、生产、检验、包装、储存、运输、使用的方法或者生产、储存、运输过程中的安全、卫生要求。

（3）有关环境保护的各项技术要求和检验方法。

（4）建设工程的设计、施工方法和安全要求。

（5）有关工业生产、工程建设和环境保护的技术术语、符号、代号和制图方法。

二、标准化工作的任务是制定标准、组织实施标准和对标准的实施进行监督。

三、国家鼓励积极采用国际标准。

四、国务院标准化行政主管部门统一管理全国标准化工作。国务院有关行政主管部门分工管理本部门、本行业的标准化工作。

五、对需要在全国范围内统一的技术要求，应当制定国家标准。国家标准由国务院标准化行政主管部门制定。对没有国家标准而又需要在全国某个行业范围内统一的技术要求，可以制定行业标准。行业标准由国务院有关行政主管部门制定，并报国务院标准化行政主管部门备案，在公布国家标准之后，该项行业标准即行废止。

对没有国家标准和行业标准而又需要在省、自治区、直辖市范围内统一的工业产品的安全、卫生要求，可以制定地方标准。地方标准由省、自治区、直辖市标准化行政主管部门制定，并报国务院标准化行政主管部门和国务院有关行政主管部门备案，在公布国家标准或者行业标准之后，该项地方标准即行废止。

企业生产的产品没有国家标准和行业标准的，应当制定企业标准，作为组织生产的依据。企业的产品标准须报当地政府标准化行政主管部门和有关行政主管部门备案。已有国家标准或者行业标准的，国家鼓励企业制定严于国家标准或者行业标准的企业标准，在企业内部适用。

目标检测

一、选择题

1. 我国企业产品质量检验不可用下列哪些标准（　　）。

A. 国家标准和行业标准　　B. 国际标准

C. 合同双方当事人约定的标准　　D. 企业自行制定的标准

2. GB/T 6583—92 中 6583 是指（　　）。

A、顺序号　　B. 制订年号　　C. 发布年号　　D. 有效期

3. 根据中华人民共和国标准化法规定，我国标准分为（　　）两类。

A. 国家标准和行业标准　　B. 国家标准和企业标准

C. 国家标准和地方标准　　D. 强制性标准和推荐性标准

4. 国家标准有效期一般为（　　）年。

A. 2 年　　B. 3 年　　C. 5 年　　D. 10 年

5. 强制性国家标准的编号是（　　）。

A. GB/T＋顺序号＋制定或修订年份　　B. HG/T＋顺序号＋制定或修订年份

C. GB＋序号＋制定或修订年份　　D. HG＋顺序号＋制定或修订年份

6. 我国的标准体系分为（　　）个级别。

A. 三　　B. 四　　C. 五　　D. 六

7. 下列标准属于推荐性标准的代号是（　　）。

A. GB/T　　B. QB/T　　C. GB　　D. HY

8. 化工行业的标准代号是（　　）。

A. MY　　B. HG　　C. YY　　D. B/T

二、判断题

1. 按《中华人民共和国标准化法》规定，我国标准分为四级，即国家标准、行业标准、地方标准和企业标准。（　　）

2. 国家标准是国内最先进的标准。（　　）

3. 国家标准是企业必须执行的标准。（　　）

4. 国家强制标准代号为GB。（ ）

5. 我国的标准等级分为国家标准、行业标准和企业标准三级。（ ）

6. 我国现在发布的国家标准的代号是GB ××××—××。（ ）

7. 中华人民共和国强制性国家标准的代号是GB/T。（ ）

8. 国标中的强制性标准，企业必须执行，而推荐性标准，国家鼓励企业自愿采用。（ ）

三、简答题

1. 简述我国标准的等级。

2. 简述国家标准的组成。

附　录

附录一　部分弱酸、弱碱在水中的离解常数（25℃）

名称	化学式	$K_{a(b)}$	$pK_{a(b)}$
硼酸	H_3BO_3	$5.8\times10^{-10}(K_{a1})$	9.24
碳酸	H_2CO_3	$4.5\times10^{-7}(K_{a1})$	6.35
		$4.7\times10^{-11}(K_{a2})$	10.33
铬酸	$HCrO_4^-$	$3.2\times10^{-7}(K_{a2})$	6.50
磷酸	H_3PO_4	$7.6\times10^{-3}(K_{a1})$	2.12
		$6.3\times10^{-8}(K_{a2})$	7.20
		$4.4\times10^{-13}(K_{a3})$	12.36
氢硫酸	H_2S	$5.7\times10^{-8}(K_{a1})$	7.24
		$1.2\times10^{-15}(K_{a2})$	14.92
硫酸	H_2SO_4	$1.2\times10^{-2}(K_{a2})$	1.99
亚硫酸	H_2SO_3	$1.3\times10^{-2}(K_{a1})$	1.90
		$6.3\times10^{-8}(K_{a2})$	7.20
硫氰酸	HSCN	1.4×10^{-1}	0.85
偏硅酸	H_2SiO_3	$1.7\times10^{-10}(K_{a1})$	9.77
		$1.6\times10^{-12}(K_{a2})$	11.80
草酸	$H_2C_2O_4$	$5.9\times10^{-2}(K_{a1})$	1.22
		$6.4\times10^{-5}(K_{a2})$	4.19
乙二胺四乙酸	H_6Y^{2+}	$0.1(K_{a1})$	0.90
(EDTA)	H_5Y^+	$3.0\times10^{-2}(K_{a2})$	1.60
	H_4Y	$1.0\times10^{-2}(K_{a3})$	2.00
	H_3Y^-	$2.1\times10^{-3}(K_{a4})$	2.67
	H_2Y^{2-}	$6.9\times10^{-7}(K_{a5})$	6.16
	HY^{3-}	$5.5\times10^{-11}(K_{a6})$	10.26
硫代硫酸	$H_2S_2O_3$	$5.0\times10^{-1}(K_{a1})$	0.30
		$1.0\times10^{-2}(K_{a2})$	2.00
氨水	$NH_3\cdot H_2O$	1.8×10^{-5}	4.74
苯胺	$C_6H_5NH_2$	4.2×10^{-10}	9.38
三乙酸胺	$(HOCH_2CH_2)_3N$	5.8×10^{-7}	6.24

附录二　常用指示剂

1. 酸碱指示剂

名称	变色范围(pH)	颜色变化	溶液配制方法
甲基紫	0.13～0.50(第一次变色) 1.0～1.5(第二次变色) 2.0～3.0(第三次变色)	黄色至绿色 绿色至蓝色 蓝色至紫色	0.5g/L 水溶液
百里酚蓝	1.2～2.8(第一次变色)	红色至黄色	1g/L 乙醇溶液
甲酚红	0.12～1.8(第一次变色)	红色至黄色	1g/L 乙醇溶液
甲基黄	2.9～4.0	红色至黄色	1g/L 乙醇溶液
甲基橙	3.1～4.4	红色至黄色	1g/L 水溶液
溴酚蓝	3.0～4.6	黄色至紫色	0.4g/L 乙醇溶液
刚果红	3.0～5.2	蓝紫色至红色	1g/L 水溶液
溴甲酚绿	3.8～5.4	黄色至蓝色	1g/L 乙醇溶液
甲基红	4.4～6.2	红色至黄色	1g/L 乙醇溶液
溴酚红	5.0～6.8	黄色至红色	1g/L 乙醇溶液
溴甲酚紫	5.2～6.8	黄色至紫色	1g/L 乙醇溶液
溴百里酚蓝	6.0～7.6	黄色至蓝色	1g/L 乙醇[50%(体积分数)]溶液
中性红	6.8～8.0	红色至亮黄色	1g/L 乙醇溶液
酚红	6.4～8.2	黄色至红色	1g/L 乙醇溶液
甲酚红	7.0～8.8(第二次变色)	黄色至紫红色	1g/L 乙醇溶液
百里酚蓝	8.0～9.6(第二次变色)	黄色至蓝色	1g/L 乙醇溶液
酚酞	8.2～10.0	无色至红色	10g/L 乙醇溶液
百里酚酞	9.4～10.6	无色至蓝色	1g/L 乙醇溶液

2. 酸碱混合指示剂

名称	变色点	颜色		配制方法	备注
		酸色	碱色		
甲基橙-靛蓝(二磺酸)	4.1	紫色	绿色	1 份 1g/L 甲基橙水溶液 1 份 2.5g/L 靛蓝(二磺酸)水溶液	
溴百里酚绿-甲基橙	4.3	黄色	蓝绿色	1 份 1g/L 溴百里酚绿钠盐水溶液 1 份 1g/L 甲基橙水溶液	pH=3.5 黄色 pH=4.05 绿黄色 pH=4.3 浅绿色
溴甲酚绿-甲基红	5.1	酒红色	绿色	3 份 1g/L 溴甲酚绿乙醇溶液 1 份 2g/L 甲基红乙醇溶液	
甲基红-亚甲基蓝	5.4	红紫色	绿色	2 份 1g/L 甲基红乙醇溶液 1 份 1g/L 亚甲基蓝乙醇溶液	pH=5.2 红紫色 pH=5.4 暗蓝色 pH=5.6 绿色
溴甲酚绿-氯酚红	6.1	黄绿色	蓝紫色	1 份 1g/L 溴甲酚绿钠盐水溶液 1 份 1g/L 氯酚红钠盐水溶液	pH=5.8 蓝色 pH=6.2 蓝紫色
溴甲酚紫-溴百里酚蓝	6.7	黄色	蓝紫色	1 份 1g/L 溴甲酚紫钠盐水溶液 1 份 1g/L 溴百里酚蓝钠盐水溶液	
中性红-亚甲基蓝	7.0	紫蓝色	绿色	1 份 1g/L 中性红乙醇溶液 1 份 1g/L 亚甲基蓝乙醇溶液	pH=7.0 蓝紫色
溴百里酚蓝-酚红	7.5	黄色	紫色	1 份 1g/L 溴百里酚蓝钠盐水溶液 1 份 1g/L 酚红钠盐水溶液	pH=7.2 暗绿色 pH=7.4 淡紫色 pH=7.6 深紫色
甲酚红-百里酚蓝	8.3	黄色	紫色	1 份 1g/L 甲酚红钠盐水溶液 3 份 1g/L 百里酚蓝钠盐水溶液	pH=8.2 玫瑰红色 pH=8.4 紫色
百里酚蓝-酚酞	9.0	黄色	紫色	1 份 1g/L 百里酚蓝乙醇溶液 3 份 1g/L 酚酞乙醇溶液	
酚酞-百里酚酞	9.9	无色	紫色	1 份 1g/L 酚酞乙醇溶液 1 份 1g/L 百里酚酞乙醇溶液	pH=9.6 玫瑰红色 pH=10 紫色

3. 金属离子指示剂

名称	颜色		配制方法
	化合物	游离态	
铬黑 T(EBT)	红色	蓝色	1. 称取 0.50g 铬黑 T 和 2.0g 盐酸羟胺，溶于乙醇，用乙醇稀释至 100mL，使用前制备 2. 将 1.0g 铬黑 T 与 100.0g NaCl 研细，混匀
二甲酚橙(XO)	红色	黄色	2g/L 水溶液(去离子水)
钙指示剂	酒红色	蓝色	0.50g 钙指示剂与 100.0g NaCl 研细，混匀
紫脲酸铵	黄色	紫色	1.0g 紫脲酸铵与 200.0g NaCl 研细，混匀
K-B 指示剂	红色	蓝色	0.50g 酸性铬蓝 K 加 1.250g 萘酚绿，再加 25.0gK_2SO_4 研细，混匀
磺基水杨酸	红色	无色	10g/L 水溶液
PAN	红色	黄色	2g/L 乙醇溶液
CuPAN(CuY+PAN)	Cu-PAN 红色	CuY-PAN 浅绿色	0.05mol/L Cu^{2+} 溶液 10mL，加 pH＝5～6 的 HAc 缓冲溶液 5mL，1 滴 PAN 指示剂，加热至 60℃ 左右，用 EDTA 滴至绿色。得到约 0.025mol/L 的 CuY 溶液，使用时取 2～3mL 于试液中.再加数滴 PAN 溶液

4. 氧化还原指示剂

名称	变色点	颜色		配制方法
	V	氧化态	还原态	
二苯胺	0.76	紫色	无色	1g 二苯胺在搅拌下溶于 100mL 浓硫酸中
二苯胺磺酸钠	0.85	紫色	无色	5g/L 水溶液
邻菲啰啉-Fe(Ⅱ)	1.06	淡蓝色	红色	0.5g $FeSO_4 \cdot 7H_2O$ 溶于 100mL，水中，加 2 滴硫酸，再加 0.5g 邻菲啰啉
邻苯氨基苯甲酸	1.08	紫红色	无色	0.2g 邻苯氨基苯甲酸，加热溶解在 100mL 0.2% Na_2CO_3 溶液中，必要时过滤
硝基邻二氮菲-Fe(Ⅱ)	1.25	淡蓝色	紫红色	1.7g 硝基邻二氮菲溶于 100mL 0.025mol/L Fe^{2+} 溶液中
淀粉				1g 可溶性淀粉加少许水调成糊状.在搅拌下注入 100mL 沸水中。微沸 2min。放置，取上层清液使用(若要保持稳定，可在研磨淀粉时加 1mg HgI_2)

5. 沉淀滴定法指示剂

名称	颜色变化		配制方法
铬酸钾	黄色	砖红色	5g K_2CrO_4 溶于水，稀释至 100mL
硫酸铁铵	无色	血红色	40g $NH_4Fe(SO_4)_2$；$12H_2O$ 溶于水，加几滴硫酸，用水稀释至 100mL
荧光黄	绿色荧光	玫瑰红色	0.5g 荧光黄溶于乙醇，用乙醇稀释至 100mL
二氯荧光黄	绿色荧光	玫瑰红色	0.1g 二氯荧光黄溶于乙醇，用乙醇稀释至 100mL
曙红	黄色	玫瑰红色	0.5g 曙红钠盐溶于水，稀释至 100mL

6. 沉淀及吸附指示剂

指示剂名称	颜色		配制方法
铬酸钾	黄色	砖红色	5g 铬酸钾溶于 100mL 水中
硫酸铁铵(40%饱和溶液)	无色	血红色	40g $NH_4Fe(SO_4)_2 \cdot 12H_2O$ 溶于 100mL 水中，加数滴浓硝酸
荧光黄	绿色荧光	玫瑰红色	0.5g 荧光黄溶于乙醇并用乙醇稀释至 100mL
二氯荧光黄	绿色荧光	玫瑰红色	0.1g 二氯荧光黄溶于 100mL 水中
曙红	橙色	深红	0.5g 曙红溶于 100mL 水中

附录三　氧化还原半反应的标准电极电位（25℃）

半反应	$\varphi^{\ominus}$/V
$Mg^{2+}+2e \rightleftharpoons Mg$	−2.372
$\frac{1}{2}H_2+e \rightleftharpoons H^-$	−2.230
$Mn^{2+}+2e \rightleftharpoons Mn$	−1.185
$Zn^{2+}+2e \rightleftharpoons Zn$	−0.7618
$Fe(OH)_3+e \rightleftharpoons Fe(OH)_2+OH^-$	−0.560
$Cr^{3+}+e \rightleftharpoons Cr^{2+}$	−0.407
$Fe^{2+}+2e \rightleftharpoons Fe$	−0.447
$MnO_2+2H_2O+2e \rightleftharpoons Mn(OH)_2+2OH^-$	−0.05
$Fe^{3+}+3e \rightleftharpoons Fe$	−0.037
$2H^++2e \rightleftharpoons H_2$	0.0000
$Sn^{4+}+2e \rightleftharpoons Sn^{2+}$	0.151
$Cu^{2+}+e \rightleftharpoons Cu^+$	0.153
$Cu^++e \rightleftharpoons Cu$	0.521
$I_2+2e \rightleftharpoons 2I^-$	0.5355
$MnO_4^-+e \rightleftharpoons MnO_4^{2-}$	0.564
$MnO_4^-+2H_2O+3e \rightleftharpoons MnO_2+4OH^-$	0.595
$Fe^{3+}+e \rightleftharpoons Fe^{2+}$	0.771
$MnO_2+4H^++2e \rightleftharpoons Mn^{2+}+2H_2O$	1.224
$MnO_4^-+8H^++5e \rightleftharpoons Mn^{2+}+4H_2O$	1.507
$Ce^{4+}+e \rightleftharpoons Ce^{3+}$	1.61
$MnO_4^-+4H^++3e \rightleftharpoons MnO_2+2H_2O$	1.679
$H_2O_2+2H^++2e \rightleftharpoons 2H_2O$	1.776

附录四　化合物的摩尔质量（M）

化合物	摩尔质量 M/(g/mol)	化合物	摩尔质量 M/(g/mol)
AgBr	187.77	$Al_2(SO_4)_3$	342.14
AgCl	143.32	$Al_2(SO_4)_3 \cdot 18H_2O$	666.41
AgCN	133.89	As_2O_3	197.84
AgSCN	165.95	As_2O_5	229.84
$AlCl_3$	133.34	As_2S_3	246.03
Ag_2CrO_4	331.73	$BaCO_3$	197.34
AgI	234.77	BaC_2O_4	225.35
$AgNO_3$	169.87	$BaCl_2$	208.24
$AlCl_3 \cdot 6H_2O$	241.43	$BaCl_2 \cdot 2H_2O$	244.27
$Al(NO_3)_3$	213.00	$BaCrO_4$	253.32
$Al(NO_3)_3 \cdot 9H_2O$	375.13	BaO	153.33
Al_2O_3	101.96	$Ba(OH)_2$	171.34
$Al(OH)_3$	78.00	$BaSO_4$	233.39

续表

化合物	摩尔质量 $M/(g/mol)$	化合物	摩尔质量 $M/(g/mol)$
$BiCl_3$	315.34	$FeSO_4 \cdot 7H_2O$	278.01
$BiOCl$	260.43	$Fe(NH_4)_2(SO_4)_2 \cdot 6H_2O$	392.13
CO_2	44.01	H_3AsO_3	125.94
CaO	56.08	H_3AsO_4	141.94
$CaCO_3$	100.09	H_3BO_3	61.83
CaC_2O_4	128.10	HBr	80.91
$CaCl_2$	110.99	HCN	27.03
$CaCl_2 \cdot 6H_2O$	219.08	$HCOOH$	46.03
$Ca(NO_3)_2 \cdot 4H_2O$	236.15	CH_3COOH	60.05
$Ca(OH)_2$	74.09	H_2CO_3	62.02
$Ca_3(PO_4)_2$	310.18	$H_2C_2O_4$	90.04
$CaSO_4$	136.14	$H_2C_2O_4 \cdot 2H_2O$	126.07
$CdCO_3$	172.42	$H_2C_4H_4O_6$	150.09
$CdCl_2$	183.82	HCl	36.46
CdS	144.47	HF	20.01
$Ce(SO_4)_2$	332.24	HIO_3	175.91
$CoCl_2$	129.84	HNO_2	47.01
$Co(NO_3)_2$	182.94	HNO_3	63.01
CoS	90.99	H_2O	18.015
$CoSO_4$	154.99	H_2O_2	34.02
$CO(NH_2)_2$	60.06	H_3PO_4	98.00
$CrCl_3$	158.36	H_2S	34.08
$Cr(NO_3)_3$	238.01	H_2SO_3	82.07
$CuCl$	99.00	H_2SO_4	98.07
$CuCl_2$	134.45	$Hg(CN)_2$	252.63
$CuCl_2 \cdot 2H_2O$	170.48	$HgCl_2$	271.50
$CuSCN$	121.62	Hg_2Cl_2	472.09
CuI	190.45	HgI_2	454.40
$Cu(NO_3)_2$	187.56	$Hg_2(NO_3)_2$	525.19
$Cu(NO_3) \cdot 3H_2O$	241.60	$Hg(NO_3)_2$	324.60
CuO	79.54	HgO	216.59
Cu_2O	143.09	HgS	232.65
CuS	95.61	$HgSO_4$	296.65
$CuSO_4$	159.06	Hg_2SO_4	497.24
$CuSO_4 \cdot 5H_2O$	249.68	$KAl(SO_4)_2 \cdot 12H_2O$	474.38
$FeCl_2$	126.75	KBr	119.00
$FeCl_2 \cdot 4H_2O$	198.81	$KBrO_3$	167.00
$FeCl_3$	162.21	KCl	74.55
$FeCl_3 \cdot 6H_2O$	270.30	$KClO_3$	122.55
$Fe(NO_3)_3$	241.86	$KClO_4$	138.55
$Fe(NO_3)_3\text{-}9H_2O$	404.00	KCN	65.12
FeO	71.85	$KSCN$	97.18
Fe_2O_3	159.69	K_2CO_3	138.21
Fe_3O_4	231.54	K_2CrO_4	194.19
$Fe(OH)_3$	106.87	$K_2Cr_2O_7$	294.18
FeS	87.91	$K_3Fe(CN)_6$	329.25
Fe_2S_3	207.87	$K_4Fe(CN)_6$	368.35
$FeSO_4$	151.91	$KFe(SO_4)_2 \cdot 12H_2O$	503.24

续表

化合物	摩尔质量 $M/(g/mol)$	化合物	摩尔质量 $M/(g/mol)$
$KHC_4H_4O_6$	188.18	$CH_3COONa \cdot 3H_2O$	136.08
$KHC_8H_4O_4$	204.22	$NaCl$	58.44
$KHSO_4$	136.16	$NaClO$	74.44
KI	166.00	$NaHCO_3$	84.01
KIO_3	214.00	$Na_2HPO_4 \cdot 12H_2O$	358.14
$KMnO_4$	158.03	$Na_2H_2C_{10}H_{12}O_8N_2$（EDTA二钠盐）	336.21
KNO_3	101.10	$NaNO_2$	69.00
KNO_2	85.10	$NaNO_3$	85.00
K_2O	94.20	Na_2O	61.98
KOH	56.11	Na_2O_2	77.98
K_2SO_4	174.25	$NaOH$	40.00
$MgCO_3$	84.31	Na_3PO_4	163.94
$MgCl_2$	95.21	Na_2S	78.04
$MgCl_2 \cdot 6H_2O$	203.30	Na_2SO_3	126.04
MgC_2O_4	112.33	Na_2SO_4	142.04
MgO	40.30	$Na_2S_2O_3$	158.10
$Mg(OH)_2$	58.32	$Na_2S_2O_3 \cdot 5H_2O$	248.17
$Mg_2P_2O_7$	222.55	P_2O_5	141.95
$MgSO_4 \cdot 7H_2O$	246.47	$PbCO_3$	267.21
$MnCO_3$	114.95	PbC_2O_4	295.22
$MnCl_2 . 4H_2O$	197.91	$PbCl_2$	278.10
MnO	70.94	$PbCrO_4$	323.19
MnO_2	86.94	$Pb(CH_3COO)_2$	325.29
MnS	87.00	PbI_2	461.01
$MnSO_4$	151.00	$Pb(NO_3)_2$	331.21
$MnSO_4 \cdot 4H_2O$	223.06	PbO	223.20
NO	30.01	PbO_2	239.20
NO_2	46.01	PbS	239.30
NH_3	17.03	$PbSO_4$	303.30
CH_3COONH_4	77.08	SO_3	80.06
$NH_2OH \cdot HCl$（盐酸羟氨）	69.49	SO_2	64.06
NH_4Cl	53.49	$SbCl_3$	228.11
$(NH_4)_2CO_3$	96.09	Sb_2O_3	291.50
$(NH_4)_2C_2O_4$	124.10	SiF_4	104.08
$(NH_4)_2C_2O_4 \cdot H_2O$	142.11	SiO_2	60.08
NH_4SCN	76.12	$SnCl_2$	189.60
NH_4HCO_3	79.06	$SnCl_2 \cdot 2H_2O$	225.63
$(NH_4)_2MoO_4$	196.01	$SnCl_4$	260.50
NH_4NO_3	80.04	$SrCO_3$	147.63
$(NH_4)_2HPO_4$	132.06	SrC_2O_4	175.64
$(NH_4)_2S$	68.14	$ZnCO_3$	125.39
$(NH_4)_2SO_4$	132.13	$UO_2(CH_3COO)_2 \cdot 2H_20$	424.15
Na_3AsO_3	191.89	$ZnCl_2$	136.29
$Na_2B_4O_7$	201.22	$Zn(NO_3)_2$	189.39
$Na_2B_4O_7 \cdot 10H_2O$	381.37	ZnO	81.38
$NaCN$	49.01	ZnS	97.44
$NaSCN$	81.07	$ZnSO_4$	161.54
Na_2CO_3	105.99		
$Na_2CO_3 \cdot 10H_2O$	286.14		
$Na_2C_2O_4$	134.00		
CH_3COONa	82.03		

附录五　部分难溶化合物的溶度积常数

难溶化合物	$K_{sp}^{\ominus}$	$pK_{sp}^{\ominus}$	难溶化合物	$K_{sp}^{\ominus}$	$pK_{sp}^{\ominus}$
AgBr	5.0×10^{-13}	12.30	$Fe(OH)_2$	8×10^{-16}	15.1
Ag_2CO_3	8.1×10^{-12}	11.09	$Fe(OH)_3$	4×10^{-38}	37.4
AgCl	1.8×10^{-10}	9.75	$BaSO_4$	1.1×10^{-10}	9.96
Ag_2CrO_4	2.0×10^{-12}	11.71	$Bi(OH)_3$	4×10^{-31}	30.4
AgCN	1.2×10^{-15}	15.92	$MgCO_3$	3.5×10^{-8}	7.46
AgOH	2.0×10^{-8}	7.71	MgF_2	6.4×10^{-9}	9.19
AgI	9.3×10^{-17}	16.03	$Mg(OH)_2$	1.8×10^{-11}	10.74
AgSCN	1.0×10^{-12}	12.00	$MnCO_3$	1.8×10^{-11}	10.74

附录六　强酸、强碱、氨溶液的质量分数与密度(ρ)和物质的量浓度(c)的关系

质量分数/%	H_2SO_4		HNO_3		HCl		KOH		NaOH		NH_3溶液	
	ρ/(g/cm³)	c/(mol/L)	ρ/(g/cm³)	c/(mol/L)	ρ/(g/cm³)	c/(mol/L)	ρ/(g/cm³)	c/(mol/L)	ρ/(g/cm³)	c/(mol/L)	ρ/(g/cm³)	c/(mol/L)
2	1.013		1.011		1.009		1.016		1.023		0.992	
4	1.027		1.022		1.019		1.033		1.046		0.983	
6	1.040		1.033		1.029		1.048		1.069		0.973	
8	1.055		1.044		1.039		1.065		1.092		0.967	
10	1.069	1.1	1.056	1.7	1.049	2.9	1.082	1.9	1.115	2.8	0.960	5.6
12	1.083		1.068		1.059		1.110		1.137		0.953	
14	1.098		1.080		1.069		1.118		1.159		0.964	
16	1.112		1.093		1.079		1.137		1.181		0.939	
18	1.127		1.106		1.089		1.156		1.213		0.932	
20	1.143	2.3	1.119	3.6	1.100	6	1.176	4.2	1.225	6.1	0.926	10.9
22	1.158		1.132		1.110		1.196		1.247		0.919	
24	1.178		1.145		0.121		1.217		1.268		0.913	12.9
26	1.190		1.158		1.132		1.240		1.289		0.908	13.9
28	1.205		1.171		1.142		1.263		1.310		0.903	
30	1.224	3.7	1.184	5.6	1.152	9.5	1.268	6.8	1.332	10	0.898	15.8
32	1.238		1.198		1.163		1.310		1.352		0.893	
34	1.255		1.211		1.173		1.334		1.374		0.889	
36	1.273		1.225		1.183	11.7	1.358		1.395		0.884	18.7
38	1.290		1.238		1.194	12.4	1.384		1.416			
40	1.307	5.3	1.251	7.9			1.411	10.1	1.437	14.4		
42	1.324		1.264				1.437		1.458			
44	1.342		1.277				1.460		1.478			
46	1.361		1.290				1.485		1.499			
48	1.380		1.303				1.511		1.519			
50	1.399	7.1	1.316	10.4			1.533	13.7	1.540	19.3		
52	1.419		1.328				1.564		1.560			
54	1.439		1.340				1.590		1.580			
56	1.460		1.351				1.616	16.1	1.601			
58	1.482		1.362						1.622			
60	1.503	9.2	1.373	13.3					1.643	24.6		
62	1.525		1.384									
64	1.547		1.394									
66	1.571		1.403	14.6								
68	1.594		1.412	15.2								
70	1.617	11.6	1.421	15.8								
72	1.640		1.429									
74	1.664		1.437									
76	1.687		1.445									
78	1.710		1.453									

续表

质量分数/%	H_2SO_4		HNO_3		HCl		KOH		NaOH		NH_3溶液	
	ρ/(g/cm^3)	c/(mol/L)	ρ/(g/cm^3)	c/(mol/L)	ρ/(g/cm^3)	c/(mol/L)	ρ/(g/cm^3)	c/(mol/L)	ρ/(g/cm^3)	c/(mol/L)	ρ/(g/cm^3)	c/(mol/L)
80	1.732		1.460	18.5								
82	1.755		1.467									
84	1.776		1.474									
86	1.793		1.480									
88	1.808		1.486									
90	1.819	16.7	1.491	23.1								
92	1.830		1.496									
94	1.837		1.500									
96	1.840		1.504									
98	1.841	18.4	1.510									
100	1.838		1.522	24								

附录七 分析结果准确度和精密度评价表

评价项目	评价标准	小组互评			教师评价
		是	否	得分	
标定结果精密度（10分）	极差的相对值≤0.10%，不扣分				
	0.10%＜极差的相对值≤0.20%，扣2分				
	0.20%＜极差的相对值≤0.30%，扣4分				
	0.30%＜极差的相对值≤0.40%，扣6分				
	0.40%＜极差的相对值≤0.50%，扣8分				
	极差的相对值＞0.50%，扣10分				
标定结果准确度（10分）	｜相对误差｜≤0.20%，不扣分				
	0.20%＜｜相对误差｜≤0.30%，扣2分				
	0.30%＜｜相对误差｜≤0.40%，扣4分				
	0.40%＜｜相对误差｜≤0.50%，扣6分				
	0.50%＜｜相对误差｜≤0.60%，扣8分				
	｜相对误差｜＞0.60%，扣10分				
测定结果精密度（10分）	极差的相对值≤0.10%，不扣分				
	0.10%＜极差的相对值≤0.20%，扣2分				
	0.20%＜极差的相对值≤0.30%，扣4分				
	0.30%＜极差的相对值≤0.40%，扣6分				
	0.40%＜极差的相对值≤0.50%，扣8分				
	极差的相对值＞0.50%，扣10分				
测定结果准确度（10分）	｜相对误差｜≤0.20%，不扣分				
	0.20%＜｜相对误差｜≤0.30%，扣2分				
	0.30%＜｜相对误差｜≤0.40%，扣4分				
	0.40%＜｜相对误差｜≤0.50%，扣6分				
	0.50%＜｜相对误差｜≤0.60%，扣8分				
	｜相对误差｜＞0.60%，扣10分				
总分					

附录八 不同温度下标准滴定溶液的体积补正值（GB/T 601—2002）

［1000mL 溶液由 t(℃)换算为 20℃ 时的补正值/(mL/L)］

温度/℃	水和0.05mol/L以下的各种水溶液	0.1mol/L和0.2mol/L各种水溶液	盐酸溶液 c(HCl)＝0.5mol/L	盐酸溶液 c(HCl)＝1mol/L	硫酸溶液 $c(\frac{1}{2}H_2SO_4)$＝0.5mol/L，氢氧化钠溶液 c(NaOH)＝0.5mol/L	硫酸溶液 $c(\frac{1}{2}H_2SO_4)$＝1mol/L，氢氧化钠溶液 c(NaOH)＝1mol/L	碳酸钠溶液 $c(\frac{1}{2}Na_2CO_3)$＝1mol/L	氢氧化钾-乙醇溶液 c(KOH)＝0.1mol/L
5	＋1.38	＋1.7	＋1.9	＋2.3	＋2.4	＋3.6	＋3.3	
6	＋1.38	＋1.7	＋1.9	＋2.2	＋2.3	＋3.4	＋3.2	
7	＋1.36	＋1.6	＋1.8	＋2.2	＋2.2	＋3.2	＋3.0	
8	＋1.33	＋1.6	＋1.8	＋2.1	＋2.2	＋3.0	＋2.8	
9	＋1.29	＋1.5	＋1.7	＋2.0	＋2.1	＋2.7	＋2.6	
10	＋1.23	＋1.5	＋1.6	＋1.9	＋2.0	＋2.5	＋2.4	＋10.8
11	＋1.17	＋1.4	＋1.5	＋1.8	＋1.8	＋2.3	＋2.2	＋9.6
12	＋1.10	＋1.3	＋1.4	＋1.6	＋1.7	＋2.0	＋2.0	＋8.5
13	＋0.99	＋1.1	＋1.2	＋1.4	＋1.5	＋1.8	＋1.8	＋7.4
14	＋0.88	＋1.0	＋1.1	＋1.2	＋1.3	＋1.6	＋1.5	＋6.5
15	＋0.77	＋0.9	＋0.9	＋1.0	＋1.1	＋1.3	＋1.3	＋5.2
16	＋0.64	＋0.7	＋0.8	＋0.8	＋0.9	＋1.1	＋1.1	＋4.2
17	＋0.50	＋0.6	＋0.6	＋0.6	＋0.7	＋0.8	＋0.8	＋3.1
18	＋0.34	＋0.4	＋0.4	＋0.4	＋0.5	＋0.6	＋0.6	＋2.1
19	＋0.18	＋0.2	＋0.2	＋0.2	＋0.2	＋0.3	＋0.3	＋1.0
20	0.00	0.00	0.00	0.0	0.0	0.0	0.0	0.0
21	－0.18	－0.2	－0.2	－0.2	－0.2	－0.3	－0.3	－1.1
22	－0.38	－0.4	－0.4	－0.5	－0.5	－0.6	－0.6	－2.2
23	－0.58	－0.6	－0.7	－0.7	－0.8	－0.9	－0.9	－3.3
24	－0.80	－0.9	－0.9	－1.0	－1.0	－1.2	－1.2	－4.2
25	－1.03	－1.1	－1.1	－1.2	－1.3	－1.5	－1.5	－5.3
26	－1.26	－1.4	－1.4	－1.4	－1.5	－1.8	－1.8	－6.4
27	－1.51	－1.7	－1.7	－1.7	－1.8	－2.1	－2.1	－7.5
28	－1.76	－2.0	－2.0	－2.0	－2.1	－2.4	－2.4	－8.5
29	－2.01	－2.3	－2.3	－2.3	－2.4	－2.8	－2.8	－9.6
30	－2.30	－2.5	－2.5	－2.6	－2.8	－3.2	－3.1	－10.6
31	－2.58	－2.7	－2.7	－2.9	－3.1	－3.5		－11.6
32	－2.86	－3.0	－3.0	－3.2	－3.4	－3.9		－12.6
33	－3.04	－3.2	－3.3	－3.5	－3.7	－4.2		－13.7
34	－3.47	－3.7	－3.6	－3.8	－4.1	－4.6		－14.8
35	－3.78	－4.0	－4.0	－4.1	－4.4	－5.0		－16.0
36	－4.10	－4.3	－4.3	－4.4	－4.7	－5.3		－17.0

注：1. 本表数值是以 20℃ 为标准温度以实测法测出。

2. 表中带有“＋”、“－”号的数值是以 20℃ 为分界。室温低于 20℃ 的补正值为“＋”，高于 20℃ 的补正值为“－”。

3. 本表的用法，如下：如 1L 硫酸溶液［$c(\frac{1}{2}H_2SO_4)$ ＝1mol/L］由 25℃ 换算为 20℃ 时，其体积补正值为 －1.5mL，故 40.00mL 换算为 20℃ 时的体积为：

$$40.00-\frac{1.5}{1000}\times 40.00=39.94(\text{mL})$$

附录九　部分配合物的稳定常数

金属离子	$\lg K_{MY}$	金属离子	$\lg K_{MY}$	金属离子	$\lg K_{MY}$
Ag^{+}	7.32	Co^{3+}	36.00	Pb^{2+}	18.04
Al^{3+}	16.30	Cr^{3+}	23.40	Pt^{3+}	16.40
Ba^{2+}	7.68(a)	Cu^{2+}	18.80	Sn^{2+}	18.30
Be^{2+}	9.20	Fe^{2+}	14.32(a)	Sn^{4+}	34.50
Bi^{3+}	27.94	Fe^{3+}	25.10	Sr^{2+}	8.73(a)
Ca^{2+}	10.70	Li^{+}	2.79(a)	Zn^{2+}	16.50
Cd^{2+}	16.46	Mg^{2+}	8.70(a)	Hg^{2+}	21.80
Ce^{3+}	16.00	Mn^{2+}	13.87	Ni^{2+}	18.60
Co^{2+}	16.31	Na^{+}	1.66(a)	Zr^{2+}	29.90

附录十　不同温度下玻璃容器中 1mL 纯水在空气中用黄铜砝码称得的质量

温度/℃	质量/g	温度/℃	质量/g	温度/℃	质量/g	温度/℃	质量/g
1	0.99824	11	0.99832	21	0.99700	31	0.99464
2	0.99832	12	0.99823	22	0.99680	32	0.99434
3	0.99839	13	0.99814	23	0.99660	33	0.99406
4	0.99844	14	0.99804	24	0.99638	34	0.99375
5	0.99848	15	0.99793	25	0.99617	35	0.99345
6	0.99851	16	0.99780	26	0.99593	36	0.99312
7	0.99850	17	0.99765	27	0.99569	37	0.99280
8	0.99848	18	0.99751	28	0.99544	38	0.99246
9	0.99844	19	0.99734	29	0.99518	39	0.99212
10	0.99839	20	0.99718	30	0.99491	40	0.99177

附录十一　HG/T 3467—2003《化学试剂 50%硝酸锰溶液》国家标准

ICS 71.040.30
G 62
备案号：13247—2004

HG

中华人民共和国化工行业标准

HG/T 3467—2003
代替 HG/T 3467—1977

化学试剂
50%硝酸锰溶液

Chemical reagent
Manganous nitrate，50%solution

2004-01-09 发布　　　　2004-05-01 实施

中华人民共和国国家发展和改革委员会　发布

前　言

本标准给出分析纯、化学纯二个级别

本标准代替 HG/T 3467—1977.

本标准与 HG/T 3467—1977 相比主要变化如下。

——锌测定取消化学分析法，保留火焰原子吸收光谱法。

本标准由中国石油和化学工业协会提出。

本标准由全国化学标准化技术委员会化学试剂分会归口。

本标准起草单位：北京化学试剂研究所、上海恒信化学试剂有限公司。

本标准主要起草人：郝玉林、王素芳、孙筱林、徐萍。

本标准于 1960 年首次发布，于 1977 年第一次修订。

化学试剂
50%硝酸锰溶液

分子式：Mn（NO_3）$_2$

相对分子质量：178.95（根据 1997 年国际相对原子质量）

1 范围

本标准规定了化学试剂 50%硝酸锰溶液的规格、试验方法、检验规则和包装及标志。

2 规范性引用文件

下列文件中的条款通过本标准的引用而成为本标准的条款。凡是注日期的引用文件，其随后所有的修改单（不包括勘误的内容）或修订版均不适用于本标准，然而，鼓励根据本标准达成协议的各方研究是否可使用这些文件的最新版本。凡是不注日期的引用文件，其最新版本适用于本标准。

GB/T 601 化学试剂 标准滴定溶液的制备

GB/T 602 化学试剂 杂质测定用标准溶液的制备

GB/T 603 化学试剂 试验方法中所用制剂及制品的制备

GB/T 619 化学试剂 采样及验收规则

GB/T 6682 分析实验室用水规格和试验方法（neq ISO 3696：1987）

GB/T 9723—88 化学试剂 火焰原子吸收光谱法通则（eqv ISO 6353-1：1982）

GB/T 9738 化学试剂 水不溶物测定通用方法（eqv ISO 6353-1：1982）

GB 15346 化学试剂 包装及标志

3 性状

本试剂为淡红色的液体，溶于醇。

4 规格

化学试剂 50%硝酸锰溶液应符合表 1 的规格。

表 1 50%硝酸锰溶液的规格

项目	分析纯	化学纯
含量[$Mn(NO_3)_2$]/%	49.0～51.0	49.0～51.0
水不溶物/% ≤	0.005	0.01
氯化物(Cl)/% ≤	0.001	0.002
硫酸盐(SO_4)/% ≤	0.01	0.04
铁(Fe)/% ≤	0.0005	0.002
锌(Zn)/% ≤	0.02	0.05
重金属(以 Pb 计)/% ≤	0.001	0.002
碱金属及碱土金属(以硫酸盐计)/% ≤	0.10	0.25

注：表中“%”指质量分数。

5　试验方法

本章中除另有规定外，所用标准滴定溶液、标准溶液、制剂及制品，均按 GB/T 601、GB/T 602、GB/T 603 的规定制备，实验用水应符合 GB/T 6682 中三级水规格，样品量取均精确至 0.1mL。

5.1　含量

称取 0.5g（0.4mL）样品（精确至 0.0001g）。加 100mL 水及 100g/L 氯化羟胺溶液 2mL，用乙二胺四乙酸二钠标准滴定溶液［c（EDTA）＝0.05 mol/L］滴定，近终点时加 pH≈10 氨-氯化铵缓冲溶液 10mL 及 5g/L 铬黑 T 指示液 5 滴，继续滴定至溶液由紫红色变为纯蓝色。

硝酸锰的质量分数 w，数值以“%”表示，按式（1）计算：

$$w=\frac{VcM}{m\times 1000}\times 100 \tag{1}$$

式中　V——乙二胺四乙酸二钠标准滴定溶液体积的准确数值，单位为毫升（mL）；

c——乙二胺四乙酸二钠标准滴定溶液浓度的准确数值，单位为摩尔每升（mol/L）；

M——硝酸锰摩尔质量的数值，单位为克每摩尔（g/mol）｛M［$Mn(NO_3)_2$］＝179.0｝；

m——样品质量的准确数值，单位为克（g）。

5.2　水不溶物

量取 40mL（50g）样品，加 100mL 水，在水浴上保温 1h 后，按 GB/T 9738 的规定测定。

5.3　氯化物

量取 0.8mL（1g）样品，加 20mL 水（必要时过滤），加 25%硝酸溶液 2mL 及 17g/L 硝酸银溶液 1mL，稀释至 25mL，摇匀，放置 10min。溶液所呈浊度不得大于标准比浊溶液。

标准比浊溶液的制备是取含下列数量的氯化物标准溶液：

分析纯	0.01mg Cl；
化学纯	0.02mg Cl。

与样品同时同样处理。

5.4　硫酸盐

量取 0.4mL（0.5g）样品，加 20mL，水、2mL，甲醛溶液及 2mL 盐酸，摇匀，温热至反应停止，在水浴上蒸干，残渣溶于水，稀释至 50mL。取 10mL，加 95%乙醇 5mL、10%盐酸溶液 1mL，在不断振摇下滴加 250g/L 氯化钡溶液 3mL，稀释至 25mL，摇匀，放置 10min。溶液所呈浊度不得大于标准比浊溶液。

标准比浊溶液的制备是取含下列数量的硫酸盐标准溶液：

分析纯	0.01mg SO_4；
化学纯	0.04mg SO_4。

稀释至 10mL，与同体积试液同时同样处理。

5.5　铁

量取 0.8mL（1g）样品，稀释至 25mL，加 1mL 盐酸、30mg 过硫酸铵及 250g/L 硫氰酸铵溶液 2mL，用 10mL 正丁醇萃取。有机相所呈红色不得深于标准比色溶液。

标准比色溶液的制备是取含下列数量的铁标准溶液：

分析纯	0.005mg Fe；
化学纯	0.020mg Fe。

与样品同时同样处理。

5.6　锌

按 GB/T 9723—88 的规定测定。

5.6.1 仪器条件

光源：锌空心阴极灯。
波长：213.9nm。
火焰：乙炔-空气。

5.6.2 测定

量取0.8mL（1g）样品，稀释至100mL。取10mL，共四份。按GB/T 9723—88中6.2.2的规定测定。

5.7 重金属

5.7.1 不含重金属的硝酸锰溶液的制备

量取4mL（5g）样品，稀释至70mL，加热至约80℃，加5%乙酸溶液5mL及20mL新制备的饱和硫化氢水溶液，摇匀，放置12～18h，过滤，煮沸，冷却，稀释至100mL。

5.7.2 测定

量取0.8mL（1g）样品，加5%乙酸溶液1mL，稀释至20mL，加95%乙醇10mL、10mL新制备的饱和硫化氢水溶液，摇匀，放置10min。溶液所呈暗色不得深于标准比色溶液。

标准比色溶液的制备是取20mL不含重金属的硝酸锰溶液及含下列数量的铅标准溶液：

分析纯	0.01mg Pb；
化学纯	0.02mg Pb。

与同体积试液同时同样处理。

5.8 碱金属及碱土金属

量取1.6mL（2g）样品，加90mL，无二氧化碳的水，煮沸，加10mL无碳酸盐的氨水，于60～70℃通入硫化氢，使锰沉淀完全，在水浴上加热至沉淀完全变为绿色。冷却，稀释至100mL，过滤，取50mL，置于已在800℃±50℃的高温炉中灼烧至恒量的蒸发皿中，加20%硫酸溶液2mL，在水浴上蒸发近干，加热至硫酸蒸气逸尽，于800℃±50℃的高温炉中灼烧至恒量。残渣质量不得大于：

分析纯	1.0mg；
化学纯	2.5mg。

6 检验规则

按GB/T 619的规定进行采样及验收。

7 包装及标志

按GB 15346的规定进行包装、贮存与运输，并给出标志。
包装单位：第4类。
内包装形式：NBY-20、NBY-21、NBY-23、NBY-24、NBY-26、NBY-27、NBY-28、NBY-29。
隔离材料：GC-2、GC-3、GC-4。
外包装形式：WB-1。

参 考 文 献

[1] 邢文卫，陈艾霞主编．分析化学．第2版．北京：化学工业出版社，2006.
[2] 陈艾霞主编．分析化学实验与实训．北京：化学工业出版社，2008.
[3] 李淑荣主编．化学检验工（中级）．北京：化学工业出版社，2007.
[4] 刘珍主编．化验员读本上册．第4版．北京：化学工业出版社，2004.
[5] 李敏主编．化学分析基本操作．北京：化学工业出版社，2013.
[6] 吴菊英主编．化学分析实验操作与实训．北京：化学工业出版社，2011.
[7] 干洪珍主编．化工分析．北京：化学工业出版社，2010.
[8] 胡斌主编．化工分析．北京：化学工业出版社，2005.
[9] 贺红举主编．化学基础．北京：化学工业出版社，2007.
[10] 李楚芝，王桂芝主编．分析化学实验．北京：化学工业出版社，2007.
[11] 姜洪文主编．分析化学．第3版．北京：化学工业出版社，2009.
[12] 王红云主编．分析化学．北京：化学工业出版社，2003.
[13] 余振宝、姜桂兰主编．分析化学实验．北京：化学工业出版社，2005.
[14] 高职高专化学教材编写组．分析化学．第4版．北京：高等教育出版社，2014.
[15] 甘中东主编．化工分析．北京：中国劳动社会保障出版社，2012.
[16] 张小康主编．工业分析．第2版．北京：化学工业出版社，2009.
[17] 孔令平主编．分析化验工口诀．北京：化学工业出版社，2008.
[18] 刘珍主编．化验员读本．第4版．北京：化学工业出版社，2004.
[19] 黄一石，乔子荣主编．定量化学分析．第2版．北京：化学工业出版社，2009.
[20] 马腾文主编．分析室基本知识及基本操作．北京：化学工业出版社，2005.